青少年科技创新丛书

当安卓遇上乐高

——用Android手机打造智能乐高机器人

王 元 著

清华大学出版社

北 京

内 容 简 介

本书通过 3 个 Android 手机与乐高 EV3 机器人成功结合的实践项目,介绍了 Android 手机与乐高 EV3 机器人之间的通信方法、Android 语音识别、利用 Android 手机摄像头进行图像采集和识别等多项 Android 手机编程及 EV3 编程知识。同时,书中也包含了一些基本的软件设计思想,并一步步引导读者学会如何从零开始构筑一个机器人。

由于本书涉及的知识内容较多,部分内容也有一定深度,为了让刚刚接触编程和乐高机器人的读者也能够阅读,书中对编程基础知识、Java、Android 编程等做了入门级的介绍。

作为乐高机器人的提高篇书籍,本书较适合具有一定编程经验和乐高机器人知识的读者阅读。对于没有基础的读者,只要能够在阅读的同时补充有关的基础知识,也完全可以掌握书中内容。

图书在版编目(CIP)数据

当安卓遇上乐高:用 Android 手机打造智能乐高机器人/王元著. --北京:清华大学出版社,2015
(青少年科技创新丛书)
ISBN 978-7-302-40080-6

Ⅰ.①当…　Ⅱ.①王…　Ⅲ.①移动终端－应用程序－程序设计－青少年读物 ②智能机器人－青少年读物　Ⅳ.①TN929.53-49 ②TP242.6-49

中国版本图书馆 CIP 数据核字(2015)第 089618 号

责任编辑:帅志清
封面设计:刘　莹
责任校对:袁　芳
责任印制:何　芊

出版发行:清华大学出版社
　　　　网　　　址:http://www.tup.com.cn,http://www.wqbook.com
　　　　地　　　址:北京清华大学学研大厦 A 座　　　　　　邮　　编:100084
　　　　社 总 机:010-62770175　　　　　　　　　　　　　邮　　购:010-62786544
　　　　投稿与读者服务:010-62776969,c-service@tup.tsinghua.edu.cn
　　　　质量反馈:010-62772015,zhiliang@tup.tsinghua.edu.cn
印 装 者:北京亿浓世纪彩色印刷有限公司
经　　销:全国新华书店
开　　本:185mm×260mm　　　印　　张:17.25　　　字　　数:379 千字
　　　　(附光盘 1 张)
版　　次:2015 年 6 月第 1 版　　　　　　　　　　印　　次:2015 年 6 月第 1 次印刷
印　　数:1~2500
定　　价:69.00 元

产品编号:063939-01

序 （1）

吹响信息科学技术基础教育改革的号角

（一）

信息科学技术是信息时代的标志性科学技术。信息科学技术在社会各个活动领域广泛而深入的应用，就是人们所熟知的信息化。信息化是 21 世纪最为重要的时代特征。作为信息时代的必然要求，它的经济、政治、文化、民生和安全都要接受信息化的洗礼。因此，生活在信息时代的人们应当具备信息科学的基本知识和应用信息技术的基础能力。

理论和实践表明，信息时代是一个优胜劣汰、激烈竞争的时代。谁先掌握了信息科学技术，谁就可能在激烈的竞争中赢得制胜的先机。因此，对于一个国家来说，信息科学技术教育的成败优劣，就成为关系国家兴衰和民族存亡的根本所在。

同其他学科的教育一样，信息科学技术的教育也包含基础教育和高等教育两个相互联系、相互作用、相辅相成的阶段。少年强则国强，少年智则国智。因此，信息科学技术的基础教育不仅具有基础性意义，而且具有全局性意义。

（二）

为了搞好信息科学技术的基础教育，首先需要明确：什么是信息科学技术？信息科学技术在整个科学技术体系中处于什么地位？在此基础上，明确：什么是基础教育阶段应当掌握的信息科学技术？

众所周知，人类一切活动的目的归根结底就是要通过认识世界和改造世界，不断地改善自身的生存环境和发展条件。为了认识世界，就必须获得世界（具体表现为外部世界存在的各种事物和问题）的信息，并把这些信息通过处理提炼成为相应的知识；为了改造世界（表现为变革各种具体的事物和解决各种具体的问题），就必须根据改善生存环境和发展条件的目的，利用所获得的信息和知识，制定能够解决问题的策略并把策略转换为可以实践的行为，通过行为解决问题、达到目的。

可见，在人类认识世界和改造世界的活动中，不断改善人类生存环境和发展条件这个目的是根本的出发点与归宿，获得信息是实现这个目的的基础和前提，处理信息、提炼知识和制定策略是实现目的的关键与核心，而把策略转换成行为则是解决问题、实现目的的最终手段。不难明白，认识世界所需要的知识、改造世界所需要的策略以及执行策略的行为是由信息加工分别提炼出来的产物。于是，确定目的、获得信息、处理信息、提炼知识、制定策略、执行策略、解决问题、实现目的，就自然地成为信息科学技术的基本任务。

这样，信息科学技术的基本内涵就应当包括：①信息的概念和理论；②信息的地位和作用,包括信息资源与物质资源的关系以及信息资源与人类社会的关系;③信息运动的基本规律与原理,包括获得信息、传递信息、处理信息、提炼知识、制定策略、生成行为、解决问题、实现目的的规律和原理;④利用上述规律构造认识世界和改造世界所需要的各种信息工具的原理和方法;⑤信息科学技术特有的方法论。

鉴于信息科学技术在人类认识世界和改造世界活动中所扮演的主导角色,同时鉴于信息资源在人类认识世界和改造世界活动中所处的基础地位,信息科学技术在整个科学技术体系中显然应当处于主导与基础双重地位。信息科学技术与物质科学技术的关系,可以表现为信息科学工具与物质科学工具之间的关系:一方面,信息科学工具与物质科学工具同样都是人类认识世界和改造世界的基本工具;另一方面,信息科学工具又驾驭物质科学工具。

参照信息科学技术的基本内涵,信息科学技术基础教育的内容可以归结为:①信息的基本概念;②信息的基本作用;③信息运动规律的基本概念和可能的实现方法;④构造各种简单信息工具的可能方法;⑤信息工具在日常活动中的典型应用。

(三)

与信息科学技术基础教育内容同样重要甚至更为重要的问题是要研究:怎样才能使中小学生真正喜爱并能够掌握基础信息科学技术? 其实,这就是如何认识和实践信息科学技术基础教育的基本规律的问题。

信息科学技术基础教育的基本规律有很丰富的内容,其中有两个重要问题:一是如何理解中小学生的一般认知规律;二是如何理解信息科学技术知识特有的认知规律和相应能力的形成规律。

在人类(包括中小学生)一般的认知规律中,有两个普遍的共识:一是"兴趣决定取舍";二是"方法决定成败"。前者表明,一个人如果对某种活动有了浓厚的兴趣和好奇心,就会主动、积极地探寻其奥秘;如果没有兴趣,就会放弃或者消极应付。后者表明,即使有了浓厚的兴趣,如果方法不恰当,最终也会导致失败。所以,为了成功地培育人才,激发浓厚的兴趣和启示良好的方法都非常重要。

小学教育处于由学前的非正规、非系统教育转为正规的系统教育的阶段,原则上属于启蒙教育。在这个阶段,调动兴趣和激发好奇心理更加重要。中学教育的基本要求同样是要不断调动学生的学习兴趣和激发他们的好奇心理,但是这一阶段越来越重要的任务是要培养他们的科学思维方法。

与物质科学技术学科相比,信息科学技术学科的特点是比较抽象、比较新颖。因此,信息科学技术的基础教育还要特别重视人类认识活动的另一个重要规律:人们的认识过程通常是由个别上升到一般,由直观上升到抽象,由简单上升到复杂。所以,从个别的、简单的、直观的学习内容开始,经过量变到质变的飞跃和升华,才能掌握一般的、抽象的、复杂的学习内容。其中,亲身实践是实现由直观到抽象过程的良好途径。

综合以上几方面的认知规律,小学的教育应当从个别的、简单的、直观的、实际的、有趣的学习内容开始,循序渐进,由此及彼,由表及里,由浅入深,边做边学,由低年级到高年级,由小学到中学,由初中到高中,逐步向一般的、抽象的、复杂的学习内容过渡。

（四）

我们欣喜地看到，在信息化需求的推动下，信息科学技术的基础教育已在我国众多的中小学校试行多年。感谢全国各中小学校的领导和教师的重视，特别感谢广大一线教师们坚持不懈的努力，克服了各种困难，展开了积极的探索，使我国信息科学技术的基础教育在摸索中不断前进，取得了不少可喜的成绩。

由于信息科学技术本身还在迅速发展，人们对它的认识还在不断深化。由于"重书本"、"重灌输"等传统教育思想和教学方法的影响，学生学习的主动性、积极性尚未得到充分发挥，加上部分学校的教学师资、教学设施和条件还不够充足，教学效果尚不能令人满意。总之，我国信息科学技术基础教育存在不少问题，亟须研究和解决。

针对这种情况，在教育部基础司的领导下，我国从事信息科学技术基础教育与研究的广大教育工作者正在积极探索解决这些问题的有效途径。与此同时，北京、上海、广东、浙江等省市的部分教师也在自下而上地联合起来，共同交流和梳理信息科学技术基础教育的知识体系与知识要点，编写新的教材。所有这些努力，都取得了积极的进展。

《青少年科技创新丛书》是这些努力的一个组成部分，也是这些努力的一个代表性成果。丛书的作者们是一批来自国内外大中学校的教师和教育产品创作者，他们怀着"让学生获得最好教育"的美好理想，本着"实践出兴趣，实践出真知，实践出才干"的清晰信念，利用国内外最新的信息科技资源和工具，精心编撰了这套重在培养学生动手能力与创新技能的丛书，希望为我国信息科学技术基础教育提供可资选用的教材和参考书，同时也为学生的科技活动提供可用的资源、工具和方法，以期激励学生学习信息科学技术的兴趣，启发他们创新的灵感。这套丛书突出体现了让学生动手和"做中学"的教学特点，而且大部分内容都是作者们所在学校开发的课程，经过了教学实践的检验，具有良好的效果。其中，也有引进的国外优秀课程，可以让学生直接接触世界先进的教育资源。

笔者看到，这套丛书给我国信息科学技术基础教育吹进了一股清风，开创了新的思路和风格。但愿这套丛书的出版成为一个号角，希望在它的鼓动下，有更多的志士仁人关注我国的信息科学技术基础教育的改革，提供更多优秀的作品和教学参考书，开创百花齐放、异彩纷呈的局面，为提高我国的信息科学技术基础教育水平作出更多、更好的贡献。

钟义信

2013 年冬于北京

序 （2）

探索的动力来自对所学内容的兴趣，这是古今中外之共识。正如爱因斯坦所说：一个贪婪的狮子，如果被人们强迫不断进食，也会失去对食物贪婪的本性。学习本应源于天性，而不是强迫地灌输。但是，当我们环顾目前教育的现状，却深感沮丧与悲哀：学生太累，压力太大，以至于使他们失去了对周围探索的兴趣。在很多学生的眼中，已经看不到对学习的渴望，他们无法享受学习带来的乐趣。

在传统的教育方式下，通常由教师设计各种实验让学生进行验证，这种方式与科学发现的过程相违背。那种从概念、公式、定理以及脱离实际的抽象符号中学习的过程，极易导致学生机械地记忆科学知识，不利于培养学生的科学兴趣、科学精神、科学技能，以及运用科学知识解决实际问题的能力，不能满足学生自身发展的需要和社会发展对创新人才的需求。

美国教育家杜威指出：成年人的认识成果是儿童学习的终点。儿童学习的起点是经验，"学与做相结合的教育将会取代传授他人学问的被动的教育"。如何开发学生潜在的创造力，使他们对世界充满好奇心，充满探索的愿望，是每一位教师都应该思考的问题，也是教育可以获得成功的关键。令人感到欣慰的是，新技术的发展使这一切成为可能。如今，我们正处在科技日新月异的时代，新产品、新技术不仅改变我们的生活，而且让我们的视野与前人迥然不同。我们可以有更多的途径接触新的信息、新的材料，同时在工作中也易于获得新的工具和方法，这正是当今时代有别于其他时代的特征。

当今时代，学生获得新知识的来源已经不再局限于书本，他们每天面对大量的信息，这些信息可以来自网络，也可以来自生活的各个方面，如手机、iPad、智能玩具等。新材料、新工具和新技术已经渗透到学生的生活之中，这也为教育提供了新的机遇与挑战。

将新的材料、工具和方法介绍给学生，不仅可以改变传统的教育内容与教育方式，而且将为学生提供一个实现创新梦想的舞台，教师在教学中可以更好地观察和了解学生的爱好、个性特点，更好地引导他们，更深入地挖掘他们的潜力，使他们具有更为广阔的视野、能力和责任。

本套丛书的作者大多是来自著名大学、著名中学的教师和教育产品的科研人员，他们在多年的实践中积累了丰富的经验，并在教学中形成了相关的课程，共同的理想让我们走到了一起，"让学生获得最好的教育"是我们共同的愿望。

　　本套丛书可以作为各校选修课程或必修课程的教材，同时也希望借此为学生提供一些科技创新的材料、工具和方法，让学生通过本套丛书获得对科技的兴趣，产生创新与发明的动力。

丛书编委会

2013 年 10 月 8 日

前　言

　　这是一本关于乐高的书,也是一本关于智能手机的书,还是一本讲述编程的书,抑或是一本有关网络的书……

　　这些说法都没有错,你可以用任何一种方式来描述本书。书中通过 3 个实际证实可行的项目向读者展示了如何通过智能手机让乐高机器人更加强大。

　　很多人觉得乐高就是玩具,是小孩子玩的东西,我却从不这么认为。乐高让拥有创造力的人们利用有限的零件实现了无限的可能。尤其在乐高推出了机器人模块之后,更是将范围从简单的搭建扩大到了软硬件结合的综合设计。然而,乐高机器人的传感器虽然种类繁多,却大多功能有限。

　　近些年,Google 公司推出的开放手机操作系统 Android 使智能手机迅速以不高的价格得以普及。时至今日,很多家庭都会拥有至少一部智能手机,我身边的同事甚至有人持有数部手机。Android 系统的开放性,让我们能够很方便地为其编写自己的程序(虽然苹果公司的 iPhone 也是一款具有革命性的伟大产品,然而在编程的便利性上却稍有欠缺)。智能手机上的重力传感器、高清摄像头、方便的网络连接等功能刚好可以弥补乐高机器人传感器的不足。

　　很多人都会和我一样想到让智能手机与乐高机器人结合在一起,创造出更加强大、更加智能的机器人。但并不是每个人都精通两种设备的编程方式,有时会需要一个引路人。我写这本书,就是希望能够成为这样一个带领人们进入崭新世界的向导。

　　我从大学毕业就一直在软件公司工作,到目前为止已在一家颇有历史的世界五百强公司工作了十多年。由于个人喜好,我在工作中始终坚持从事技术工作,虽然距离绝世高手还有着遥远的距离,但至少在众多技术领域都留下过足迹,也积累了一些实战经验。在业余时间,我也很喜欢学习一些新的技术知识或钻研一些技术问题。为了满足自己的需求,自学了 Android 编程,也写过几个 Android 应用程序供自己使用。

　　工作之外,我始终是一个童心未泯的“大孩子”。无论是变形金刚还是乐高机器人,都是我的最爱。因为喜欢变形金刚,我花了五年的时间,两次重写,完成了一部长篇小说;因为喜欢乐高,我曾为 leJOS NXT 写过一些工具和一个框架,其中一个工具现在已经被收录到 leJOS 的官方工具中。

　　或许是因为缘分,或许是命中注定,郑剑春老师的一双慧眼发现了我的作品,于是他邀请我来写这本书。而“出一本书”恰恰被我列为生命结束前要做的事情之一,虽然作为一个新手爸爸,我必须承担起照顾好刚刚出生儿子的责任,但我还是决定接下这个任务,为了带领大家走进一座新的殿堂,为了让更多的人了解乐高的魅力,也为了实现自己的一个梦想。

郑剑春老师说，我这本书将是一本高级乐高编程书，希望在里面放一些有点高度的项目，并且给我提供了 EV3 和相关的传感器。

由于我个人只拥有前一代机器人——NXT，以前的项目也都是在 NXT 下实现的，因此，我决定为了写这本书，针对 EV3 重新设计和实现全新的原创项目。最初设想的项目很多，后来由于篇幅和精力所限，做了一些精选。于是，诞生了本书中的 3 个项目。每个项目都不是很容易、很轻松就能完成的。在做的过程中，我遇到了各种各样的问题、挫折和失败，有些在书中也提到了，但我始终相信自己一定可以完成这些项目，于是不断查找资料、调试、寻找问题原因和解决方案，最终克服了所有困难，跟我最初一直坚信的一样，成功地完成了所有的项目，并写成了这本书。

本书中涉及的知识，有些是很基本的编程知识，也有些是具有一定高度和难度的知识，还有些甚至是别人的研究论文。古人云：人之为学有难易乎？学之，则难者亦易矣；不学，则易者亦难矣。只要肯动脑去学，肯动手去做，肯多方查找资料，本书中还没有包含无法被人学会的知识，也还远远没有触及目前科研前沿的那些知识。换句话说，本书中的知识都是很多人早已了然于胸的，也是普通人都可以学会的知识。

总之，希望各位读者在跟着本书完成自己的机器人时，如果遇到困难千万不要放弃。有句歌词写得好：不经历风雨怎么见彩虹。当我们历尽千辛万苦，最后看到机器人按照自己的意图动起来的时候，那一刻的喜悦是无法用言语来形容的。希望大家能够受到本书项目的启发，发挥自己的想象力和创造力，开发出更有趣、更强大的机器人。

为了方便读者学习，我尽可能地在本书涉及的程序中加入了注释。本书中提到的程序和随书光盘所带的程序都是经过多次测试证实可以顺利运行的。这些程序除了可以在随书光盘中找到，我还将它们分别放到了国内和国外两个版本管理库中，网址如下。

国内：OSChina,https://git.oschina.net/programus/android-lego

国外：GitHub,https://github.com/programus/android-lego

在这些版本管理库中，不仅可以看到最终成型的代码，也可以看到以前的版本历史。

不过，我想，很多读者可能还是会比较心急，比起慢慢读书钻研代码，估计更想立即看到能动起来的机器人。我也是一个心急的人，很能体会这些读者的心情。为了照顾这部分读者，我特意将每个项目的程序打好包，放到随书光盘的 programs 目录下。里面有可以直接安装到 Android 手机上的 apk 文件和安装好 leJOS 后上传到机器人上就可以运行的 jar 文件，心急的读者将这些文件安装妥当，就可以看到机器人运行的效果了。当然，为了知道每个机器人能干什么，还是要至少读一下每个项目的说明部分和构想部分。

本书从结构上分为两大部分。第一部分的实践篇介绍了 3 个项目，并讲解了其中的技术难题调研和软硬件设计，对于用到的知识则点到为止，没有做详细的展开说明。第二部分的知识篇则针对项目中用到的知识做了稍微详细些的入门介绍。由于本书的重点不是教授知识，所以只对一些最基础的知识和容易困惑的点做了较详细的说明，一些比较容易学、网上资料比较丰富的知识仅简单提及，还希望需要的读者能自主地寻找相关的资料和书籍进行补充学习。

另外，我要感谢我妻子的大力支持和我儿子的睡眠时间。本书的大多数写作时间都是在儿子睡着的时候进行的。虽然我儿子像个小神仙一样不怎么爱睡觉（据我妈说，我小时候也一样），但毕竟是初生的婴儿，睡得还是比我多很多的，否则想要完成这本书恐怕还要更多的时日才行。而我的妻子为了能让我有更多的时间来完成这本书，承担了大部分的育儿任务和家务，相信每一位妈妈都会知道她的辛苦。因此，请允许我稍微占用这一点篇幅，对她表示由衷的感谢。

当然，还要再次感谢郑剑春老师给我这次宝贵机会，也感谢所有身边支持我、帮助我完成这部作品的同事和朋友们。谢谢大家！

如果读者对本书中的程序或者叙述有疑问，可以给我发邮件。我的邮箱是 programus@gmail.com。邮件主题中不要忘记加上书名，我会尽可能在有时间的时候解答疑问。如果我没有回复，请不要等待，自己多多思考、多多动手，或许很快就可以靠自己的力量解决问题了。

如果对我以前的 NXT 作品有兴趣，可以在网上搜索"程序猎人"或者"programus"和"乐高"。前面两个是我的网络昵称。

最后，感谢你选购了这本书，希望它能为你的生活添加新的乐趣！

编　者
2015 年 1 月

目　　录

第一部分　实　践　篇

第二部分　知　识　篇

第一部分 实 践 篇

　　这是一本关于机器人编程实践的书。首先带领读者进行实践项目。项目中用到的专业知识，将在第二部分集中讲解。在第一部分中，仅告诉大家相关知识会在第二部分的哪个章节讲解。

　　本部分以项目为单位进行组织。项目内容主要有以下几个部分。

　　(1) 说明。它主要包括项目的目的，完成后会得到怎样的机器人等信息。

　　(2) 构想。希望完成的机器人功能、形态。

　　(3) 调研。对实现项目时可能出现的技术难点进行调研、可行性分析及方案选型。

　　(4) 硬件。说明如何设计符合项目要求的机器人硬件。

　　(5) 软件。带领读者一同设计机器人软件。

　　(6) 测试。带领读者一同对完成的机器人进行测试。

　　(7) 常见问题。列举完成项目时常会遇到的问题、错误，并说明如何解决。

准备工作

虽然人工智能机器人的种类千差万别，但其系统组成是一样的，通常都是由控制器、传感器、能源动力以及反馈系统等部分构成。通过传感器感知环境信息的变化，由中央处理器运算、处理，最后由输出装置完成特定的任务。本书仅以乐高机器人为例，说明各部分的功能。

说　　明

在本部分中，不会做出机器人，仅备齐后续项目所需的软硬件。

硬件和软件的选择

既然本书的主题是手机和乐高机器人的组合，一套乐高机器人和一部智能手机是必不可少的。

乐高机器人从很早的 RCX 到后来的 NXT，再到近期出现的 EV3，可以说每一次更新换代都是一次飞跃。尤其是 EV3，采用开放的 Linux 作为内置操作系统，还公开了源代码，吸引了很多极客对其进行改造、提高。到目前为止，除了 NXT 时代就已有的针对乐高机器人的编程环境 NXC、leJOS 等以外，还出现了支持 python 语言、JavaScript 语言的相关项目。

本书选择 EV3 智能单元（EV3 Intelligent Brick）作为乐高机器人的核心。EV3 智能单元外形如图 1-0-1 所示。

可以说，EV3 不仅在性能上较之 NXT 有了大幅度的提高，在编程灵活性以及选择面上也有了质的飞跃。

既然选择了 EV3，要构建一个机器人，自然少不了配套的传感器和电动机，常用的部分传感器和电动机如图 1-0-2 和图 1-0-3 所示。由于 EV3 也支持 NXT 的传感器和电动机，所以使用 NXT 系列的也可以，只

图 1-0-1　EV3 智能单元外形

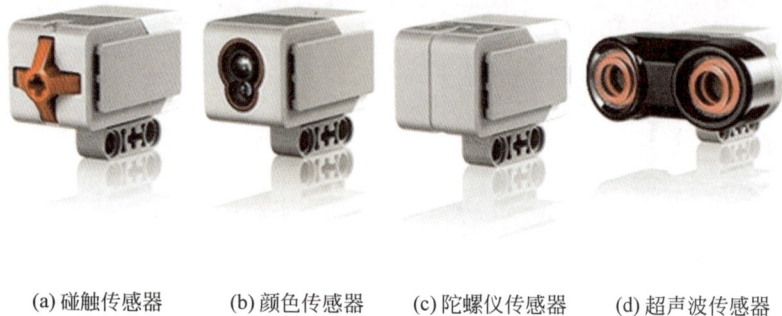

(a) 碰触传感器　　　(b) 颜色传感器　　　(c) 陀螺仪传感器　　　(d) 超声波传感器

图 1-0-2　EV3 传感器

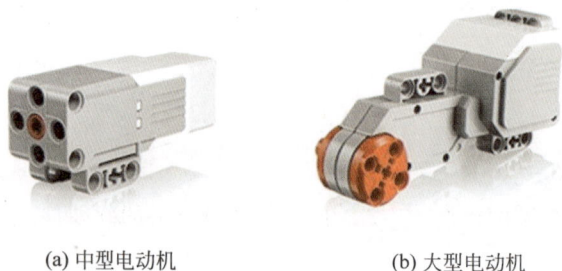

(a) 中型电动机　　　　　　　　　(b) 大型电动机

图 1-0-3　EV3 电动机

是程序要做相应的调整。

有关 EV3 和相关传感器、电动机的详细介绍,可以参阅本系列丛书的《乐高 EV3 机器人初级课程》和《乐高——实战 EV3》等书籍或查看乐高官方网站上的介绍。

此外,就是构建机器人所需的乐高零件了。在任何一个套装中都会有很多零件,也可以单独购买零件套装。关于这方面,可以参考乐高的产品目录。

本书项目所用到的零件,大多来自乐高 EV3 教育版(♯45544)和乐高教育版零件套装(♯9648)。

说完了乐高机器人,再来看看手机。目前比较流行的可编程手机主要分为三大阵营——苹果公司的 iPhone、使用 Google 开放系统 Android 的各厂商手机和微软的Windows Mobile。

由于目前 Windows Mobile 的市场占有率和普及状况仍处于劣势,所以本书未予以采纳。

苹果的 iPhone 是一款很好的设备,但若要开发 iPhone 的软件并在未"越狱"的真机上运行和测试,就必须注册成为苹果的开发者,需每年向苹果上缴 99 美元左右的费用;而且,编写好的程序,如果要在其他手机上安装,还必须通过苹果公司的层层审核发布到苹果商店中。作为本书作者,我不希望读者为了实现本书的项目而额外支出费用。所以,iPhone 也被排除在外。

剩下的就是使用 Android 系统的智能手机,它成为本书对手机的唯一选择。

使用 Android 系统的手机生产厂商较多,不同厂商的产品对程序的兼容性会有些许差异。本书中使用的程序都是在三星的 Galaxy Note Ⅱ下测试通过的。相信三星 Galaxy 系列手机应该都对本书程序拥有较好的兼容性。三星 Galaxy Note Ⅱ如图 1-0-4 所示。

图 1-0-4　三星 Galaxy Note Ⅱ

对 Android 系统的版本,本书中的代码需要 Android 4.1.2 以上版本。

另外,手机型号不同,大小也会存在差异,在构建机器人硬件时,需要自行根据实际手机大小对安装手机的结构进行修正。

既然选定了使用 Android 系统的手机,手机端的编程环境也就确定了。Android 的编程,通常使用 Eclipse＋ADT plug-in＋Android SDK/NDK 进行。相关的软件配置方式,在《Java 与乐高机器人》(清华大学出版社出版)一书中有专门章节介绍,网上也有很多类似的详细教程,本书就不赘述了。

而 Android 编程的语言,如果不涉及底层 Android NDK 编程,则主要使用 Java 语言。

为了统一编程语言,我们希望在乐高机器人编程上也能使用 Java 语言。所以,本书采用了 leJOS EV3 环境。

leJOS EV3 采用了可引导 Micro SD 卡的方式运行,可以在不影响 EV3 原厂固件的前提下运行 leJOS。为此,还需要一张 Micro SD 卡,也称为 TF 卡。EV3 的容量支持上限为 32GB,leJOS 运行推荐 2GB 以上空间。因此,Micro SD 卡的容量应在 2～32GB 之间。一张 4GB 的 Micro SD 卡如图 1-0-5 所示。

为了能通过计算机初始化 Micro SD 卡,或许还需要一个读卡器。在写这本书时,使用的是淘汰下来的 4GB Class 4 的卡和一个以前买手机赠送的 USB 读卡器。

图 1-0-5　容量为 4GB 的 Micro SD 卡

除此之外，为了能够在与 EV3 连接之后远程操作 EV3，还需要在所使用的计算机中安装 Telnet 和 SSH/SCP 访问工具。对于 Linux 和 Mac OS 来说，两者都是操作系统中自带的工具；对于 Windows 用户来说，操作系统中也配备了 Telnet，可以使用 Putty 来作为 SSH 客户端，用 WinSCP 来作为 SCP 客户端。由于本书定位是提高篇，所以这类基础工具的安装和使用就不做介绍了，各位读者可以自行到网络上搜索学习。

至此，完成本书项目所必需的基本软、硬件就介绍完了。在最后，为了方便查阅，对前面提到的软、硬件列出清单如下。

1. 硬件

- EV3 智能单元。
- EV3 配套电动机(3 个)。
- EV3 配套传感器。
- 乐高零件(♯45544＋♯9648)。
- 运行 Android 系统的智能手机一部。
- Micro SD 卡一张(容量为 2～32GB)。

2. 软件

- 手机系统 Android 4.1.2 或以上版本。
- Eclipse Luna (4.4.1) for Java Developers 或以上版本(获取地址：http://eclipse.org/downloads/)。
- 最新 Android SDK 并包含 4.1.2 API 库(获取地址：http://developer.android.com/sdk/)。
- 最新 ADT Plug-in。
- SSH(Linux/Mac OS)。
- Putty 和 WinSCP(Windows)。
- leJOS EV3 0.8.1 beta(获取方式：随书光盘)。

常 见 问 题

问：我使用的计算机需要安装什么操作系统？

答：Windows、Mac OS、Linux 均可。由于我的主要工作环境是 Mac OS，本书中的例子将主要以 Mac OS 为主。对 Windows 中差异较大的地方会特别加以说明。

问：我的 Micro SD 卡插入 EV3 之后就很难拔出来，有什么好办法吗？

答：EV3 的 Micro SD 卡插槽设计得确实不够人性化，可以在 Micro SD 卡的末端粘一段透明胶带，插入卡时，将透明胶带末端留在外面，拔卡时用力拉拽留在外面的胶带即可。

问：我以前没做过编程，读这本书会不会很难？会不会看不懂？

答：这本书虽然目标是以高级编程为主，但在第二部分也对相关知识做了面向零基础读者的介绍。世上无难事，只怕有心人。只要你愿意学习，愿意去网络中搜索相关解决方案，这本书当然是可以读懂的。

问：我怎么知道我的手机使用的 Android 版本是多少？

答：手机的系统设置中，通常有一项是"关于设备"或"关于手机"，进入其中可以看到 Android 版本信息。

问：我也使用三星 Galaxy Note Ⅱ，为什么 Android 版本是 4.0.2？

答：可以使用系统更新功能进行更新，也可以自行寻找 Android 4.1.2 的 ROM 刷机，不过刷机有风险，执行需谨慎。

问：怎么在 Micro SD 卡中安装 leJOS 并用其启动 EV3？

答：请参阅第二部分 leJOS 基础知识一章的相关介绍。

项目 1　带距离预警的手机遥控车

说　　明

本项目中,我们将用乐高零件组装一台乐高小车,然后用手机做遥控器,遥控小车移动。同时,在小车上使用超声传感器来测定前方障碍物距离,当距离障碍物过近时,向遥控的手机发出警告信号,当距离障碍物达到极限时,强制停止小车并通知遥控手机。

构　　想

对小车的控制方式采用常见的手机赛车游戏的控制方式:提供两个按钮,分别是油门和刹车,整部手机可以当作方向盘左右摇晃控制左右转向。

手机上实时显示小车的电动机转速、速度和行驶里程。

当超声传感器检测到障碍物过近时,在手机上显示警报图标;当障碍物距离进入危险范围时,小车自动停车,并在手机上显示相应的图标。

调　　研

根据上面提到的构想可以看出,本项目的技术难点主要在于以下几个方面。
- 手机与 EV3 的连接。
- 手机与 EV3 间的数据传输。
- 手机左右摇晃检测。

下面就逐个讲解如何实现。

手机与 EV3 的连接

EV3 多了一个 USB 接口,如果接上支持的无线上网卡是可以支持连接无线 WiFi 的。但到我写稿时,EV3 只支持两款无线上网卡,而且使用无线上网卡会影响 EV3 和其他乐高零件的拼装,本书就不介绍这种方式了。由于 EV3 支持基于蓝牙的个人局域网络(Personal Area Network,PAN),当连入 PAN 的时候,对程序来说,底层网络调用和连入 WiFi 的局域网是完全相同的,所以如果有读者想使用 WiFi 连接,只需要参考后面关于 PAN 连接的介绍即可。

接下来,先来研究如何通过蓝牙 PAN 连接 EV3 和 Android 手机。

如果你阅读下面内容时,有很多概念不了解其意思,可以阅读第二部分中的计算机网络基础知识章节进行学习。

无论是基于蓝牙的 PAN 还是基于 WiFi 的局域网,当建立连接后,都将形成一个基于 TCP/IP 协议的网络环境。那么连接在网络上的设备自然就可以通过 TCP/IP 协议进行通信。

基于 TCP/IP 协议的通信,在程序中,通常使用 Socket 来处理。基于 Socket 的编程,分为服务器端和客户端。考虑到手机的操作性要强一些,更适合成为需要设置服务器信息的客户端,因此我们将 EV3 设置为服务器。

既然是服务器,就要建立一个服务器端 Socket,打开相应的端口进行监听,并等待连接。代码如下:

```
ServerSocket server=new ServerSocket(PORT);    //建立服务器
Socket socket=server.accept();                 //监听网络
```

当 server. accept()被调用的时候,程序会阻塞住,等待客户端的接入,不再向后执行。当有客户端接入时,返回一个 Socket 对象,继续执行后续程序。

有了 Socket,就可以从中取得进行网络通信的输入/输出流(Input/Output Stream)对象来读取对方发来的数据和写入要发给对方的数据了。

作为调研程序,第一步先确认可以连接并传送数据,所以在 EV3 服务器端仅接收一个字节(byte)的数据。代码如下:

```
InputStream in=socket.getInputStream();        //获得输入流对象
int data=in.read();                            //读取一个字节数据
```

InputStream. read()函数也是阻塞式函数,程序运行到这里将会等待,直到有数据从对方发来或者流已经结束。

在这个初步调研程序中,让稍后会介绍的客户端程序发送数字 1 过来。在服务器端,如果收到数字 1,就发出"哔—"的声音;如果收到其他内容,则发出"噗—"的声音,然后断开网络连接,关闭服务器,退出程序。

```
if(data==1) {
    //如果收到数字 1
    Sound.beep();              //发出"哔—"
} else {
    Sound.buzz();              //发出"噗—"
}

in.close();                    //关闭输入流
socket.close();                //断开网络连接
server.close();                //关闭服务器
```

如果按照上面说的,在 Eclipse 中一步一步地把代码写下来,就会发现在很多代码下面会有红色的下划线,前面还会有刺眼的红叉。这是因为现在的代码存在错误,并没有做出相应的例外处理。

强制进行例外处理是 Java 语言的一种防止严重代码错误的机制,虽说这种机制的优劣尚有争议,但既然我们选择了 Java 语言,就要遵守它的规则。

在代码中,涉及网络连接、数据读写的部分都有可能因为网络环境的问题出现无法正常连接网络或无法正常读写数据的情况。类似这种与预想的顺利状况不同的情况就叫例外。在 Java 中将这类涉及数据读写或者说输入/输出的例外归入了 IOException 类。加上例外处理后,代码变为:

```java
ServerSocket server=null;
Socket socket=null;
InputStream in=null;
try {
    server=new ServerSocket(PORT);        //建立服务器
    socket=server.accept();

    in=socket.getInputStream();
    int data=in.read();                   //读取一个字节数据

    if(data==1) {
        //如果收到数字 1
        Sound.beep();                     //发出"哔—"
    } else {
        Sound.buzz();                     //发出"噗—"
    }
} catch (IOException e) {
    //TODO: 加入例外处理
} finally {
    if(in !=null) {
        try {
            in.close();                   //断开输入流
        } catch (IOException e) {
        }
    }
    if(socket !=null) {
        try {
            socket.close();               //断开网络连接
        } catch (IOException e) {
        }
    }
    if(server !=null) {
        try {
            server.close();               //关闭服务器
        } catch (IOException e) {
        }
    }
}
```

可以看到,刚才的代码被一个 try-catch-finally 块包了起来,并将一系列关闭处理放到了 finally 块中,这是为了确保无论是否发生例外,服务器都能被关闭,相关资源可以得到释放。在 catch 块中，我们只加了一条 TODO，TODO 是"待办"的意思，开发工具 Eclipse 会自动识别 TODO，并标记出来，以防随着代码规模的扩大忘记需要补充的代码。既然标记了 TODO，就意味着我们打算先放一放，暂时看看其他部分。

不太熟悉 Java 的读者可能会问，这里写出来的这么多代码应该放在哪里？

在成熟的软件产品中，通常会将联网这类代码单独整理到一个或者几个类中，由于这里仅仅是要做技术调研，所以不想大费周折，直接放到入口函数 main() 里就可以了。

然而，如果这样运行这段代码，屏幕上没有任何显示或者提示，程序运行后，甚至不知道是代码出错了还是在等待网络连接，所以，需要在代码中适当加入屏幕提示。

EV3 的屏幕显示是通过 GraphicsLCD 类来处理的。例如，要显示"正在等待连接……"的英文"waiting connection..."，代码如下：

```java
//取得 GraphicsLCD 实例
GraphicsLCD g=LocalEV3.get().getGraphicsLCD();
//在屏幕左上角显示文字
g.drawString("waiting connection...", 0, 0,
    GraphicsLCD.LEFT | GraphicsLCD.TOP);
```

利用这种方式，可以在代码相应的位置加入屏幕显示以说明程序现在的状态。同样，之前标记为 TODO 的地方也可以在出现例外的时候将错误信息显示出来。

经过修改，本次调研的 EV3 服务器端完整代码如下：

```java
package org.programus.book.mobilelego.research.connect;

import java.io.IOException;
import java.io.InputStream;
import java.net.ServerSocket;
import java.net.Socket;

import lejos.hardware.Button;
import lejos.hardware.Sound;
import lejos.hardware.ev3.LocalEV3;
import lejos.hardware.lcd.Font;
import lejos.hardware.lcd.GraphicsLCD;

public class TcpipServer {
    private final static int PORT=9988;

    public static void main(String[] args) {
        //取得 GraphicsLCD 实例
        GraphicsLCD g=LocalEV3.get().getGraphicsLCD();
        //设置为小字体
        g.setFont(Font.getSmallFont());

        ServerSocket server=null;
        Socket socket=null;
        InputStream in=null;
        try {
```

```
    server=new ServerSocket(PORT);        //建立服务器
    g.clear();                            //清屏
    //在屏幕左上角显示文字
    g.drawString("waiting connection...", 0, 0,
        GraphicsLCD.LEFT | GraphicsLCD.TOP);
    socket=server.accept();

    in=socket.getInputStream();
    int data=in.read();                   //读取一个字节数据

    if(data==1) {
        //如果收到数字 1
        Sound.beep();                     //发出"哔一"
    } else {
        Sound.buzz();                     //发出"嘟一"
    }
} catch (IOException e) {
    g.clear();                            //清屏
    g.drawString(e.getMessage(), 0, 0,
        GraphicsLCD.LEFT | GraphicsLCD.TOP);
    Button.waitForAnyPress();             //等待任意按键
} finally {
    if(in !=null) {
        try {
            in.close();                   //断开输入流
        } catch (IOException e) {
        }
    }
    if(socket !=null) {
        try {
            socket.close();               //断开网络连接
        } catch (IOException e) {
        }
    }
    if(server !=null) {
        try {
            server.close();               //关闭服务器
        } catch (IOException e) {
        }
    }
}
}
}
```

代码完成后,将其编译并上传到 EV3 上(具体步骤请参阅第二部分中的 leJOS 基础知识)。在 EV3 上启动程序,就会看到图 1-1-1 所示的运行结果。

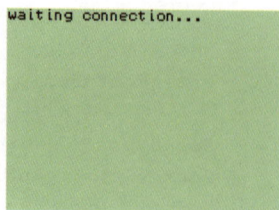

图 1-1-1　TcpipServer 等待连接界面

由图 1-1-1 中可以看出，程序在等待客户端的接入。由于客户端程序还没有写，可以先用计算机上的 Telnet 来模拟客户端连接到 EV3 上的服务器端程序。

由于打算使用基于蓝牙的 PAN 来实现底层网络，所以首先要让计算机与 EV3 建立蓝牙连接。

首先要确保 EV3 的蓝牙开启并处于可见状态，如图 1-1-2 中红色下划线部分所示。

在 Mac OS 上，只需要在蓝牙偏好设置中扫描找到 EV3 设备，EV3 设备名称将显示在 leJOS 的主菜单界面最上方中间，如图 1-1-3 所示。然后进行配对、连接即可。

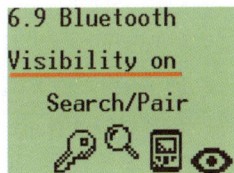

图 1-1-2 EV3 蓝牙设置界面（红线标注出查看可见状态的方式） 图 1-1-3 EV3 leJOS 主菜单屏幕

在 Windows 上，各个 Windows 版本可能略有不同，这里以 Windows 8 为例加以说明。在 Windows 8 上，首先确保蓝牙已经开启，然后从控制面板中找到"设备和打印机"并打开，单击上部的"添加设备"按钮，在弹出的对话框中等待计算机搜索 EV3，当 EV3 出现在对话框中央时，选择它并单击"下一步"按钮，当询问密码时，单击"是"按钮。接着，计算机会安装相应的驱动程序。稍等片刻，EV3 就被添加到设备中了。通常，在配对之后系统会自动与 EV3 建立 PAN 网络连接。希望断开网络的时候，在"设备和打印机"窗口中选择 EV3，然后单击上部的"断开设备网络连接"按钮即可。再次连接时，只要单击同样位置上的"连接时使用"按钮，然后从弹出的菜单中选择"接入点"命令即可。

建立好蓝牙 PAN 网络环境之后，执行 telnet，发送数据。

```
$telnet 10.0.1.1 9988
Trying 10.0.1.1...
Connected to 10.0.1.1.
Escape character is '^]'.
^A
Connection closed by foreign host.
$
```

这是在 Mac OS 下使用 telnet 连接的结果，其他操作系统也与此类似。其中黑色字是输入的内容，土黄色字是系统输出的内容。我们使用"telnet IP 地址 端口"的命令来连接服务器。其中 IP 会在 EV3 的主菜单屏幕上显示，端口则是程序中定义好的 9988。

连接建立后，需要输入数字 1。但由于使用的是命令行工具，如果输入"1"则代表字符 1，而不是数字 1。怎么办呢？这里有个窍门，按 Ctrl＋A 组合键，屏幕上显示为"^A"。这时，会听到 EV3 发出"哔—"的一声，刚好与程序设定相符；如果输入"^A"以外的内容，会听到"噗—"的一声。紧接着，连接被切断，EV3 也回到了文件列表的屏幕。

由此可以证明，服务器端程序是按照预期正常工作的。

那么接下来让我们一起来写运行在手机上的客户端程序。

客户端是一个 Android 程序，如果你对如何开发一个 Android 程序还不清楚，可以先学习一下第二部分中的 Android 编程基础知识。

首先，通过 ADT 的向导创建一个 Android Application Project。默认向导创建出来的 Activity 会使用 Fragment 来组合界面。这虽然是一种重用性更高、相对更好的方式，但会让代码变得复杂，影响我们关注真正想要的东西。所以，选择在创建项目时不使用向导创建 Activity，而是自己创建一个。

创建 Activity 少不了三样东西：一个 Layout XML、一个 Activity 类和 Android-Manifest. xml 中的描述。

先看一下描述界面的 Layout XML 文件，我们的 Activity 是为了提供一个链接 EV3、发送数据的界面，所以需要一个指定服务器 IP 地址的文本输入框、一个发送数据的按钮，此外，为了掌握连接、发送的状态，还需要一个显示状态的文本框。

布局文件，将其命名为 main_activity. xml，详细代码如下：

```xml
<?xml version="1.0" encoding="utf-8"?>
<LinearLayout
xmlns:android="http://schemas.android.com/apk/res/android"
    android:layout_width="match_parent"
    android:layout_height="match_parent"
    android:orientation="vertical">

    <EditText
        android:id="@+id/ip_input"
        android:layout_width="match_parent"
        android:layout_height="wrap_content"
        android:ems="10"
        android:inputType="number|text"
        android:text="@string/default_ip">

        <requestFocus />
    </EditText>

    <Button
        android:id="@+id/beep"
        android:layout_width="match_parent"
        android:layout_height="wrap_content"
        android:text="@string/label_beep" />

    <TextView
        android:id="@+id/log"
        android:layout_width="match_parent"
        android:layout_height="wrap_content" />

</LinearLayout>
```

在图形布局绘制工具中画好的布局如图 1-1-4 所示。

图 1-1-4 中使用的都是最基本的控件，所以内容就不多做解释了。如果有看不明白的地方，可以参考 Android 开发的帮助文档。

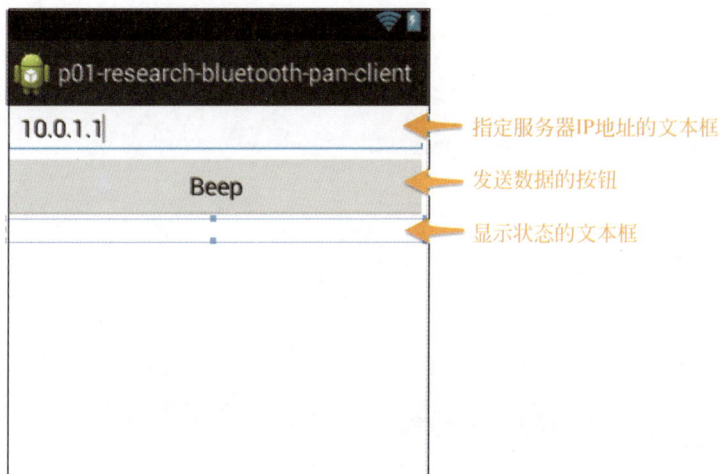

图 1-1-4 连接 EV3 的 Android 界面设计

再来看 Activity 类，我们将类命名为 MainActivity，继承自 Activity 类。需要在创建 Activity 的 onCreate()方法中指定它使用刚才创建的 main_activity. xml，并定义相应的变量来操作控件，当按钮被按下时，调用函数进行网络连接和数据发送。代码如下：

```
package org.programus.book.mobilelego.research.connect;

import android.app.Activity;
import android.os.Bundle;
import android.os.Handler;
import android.view.View;
import android.widget.Button;
import android.widget.TextView;

public class MainActivity extends Activity {
    private TextView mIpInput;
    private Button mBeep;
    private TextView mLog;

    @Override
    protected void onCreate(Bundle savedInstanceState) {
        super.onCreate(savedInstanceState);
        this.setContentView(R.layout.main_activity);
        this.initComponents();
    }

    private void initComponents() {
        this.mIpInput = (TextView) this.findViewById(
                R.id.ip_input);
        this.mLog = (TextView) this.findViewById(R.id.log);
        this.mBeep = (Button) this.findViewById(R.id.beep);
```

```java
        this.mBeep.setOnClickListener(new View.OnClickListener() {
            @Override
            public void onClick(View v) {
                //为防止界面线程阻塞,在新线程执行网络相关代码
                Thread t=new Thread("net-thread") {
                    @Override
                    public void run() {
                        connectAndSendData();
                    }
                };
                t.start();
            }
        });
    }


    private void connectAndSendData() {
        //TODO: 追加网络连接和发送数据代码
    }

}
```

或许有读者会问,为什么按钮按下后的事件响应函数中要启动新的线程？这是因为 connectAndSendData()方法中将包含可能很耗时的网络相关操作代码。而按钮的按下事件响应函数中的代码是在 UI 线程中执行的。UI 线程专门用来处理与界面相关的事件,如按钮按下、手指触摸、滑动等,这些事件通常会按照触发的顺序排成一个队列,逐个等待 UI 线程来处理。这就好像我们去快餐店排队买饭一样,快餐店中漂亮的收银员就是 UI 线程,那些饥饿的排队人就好像一个个事件。试想,如果有一个人特别麻烦,点餐的时候犹豫不决,问这问那,迟迟不能决定吃什么,就会导致整个队列停滞不前,后面的人很久还吃不到东西。体现在计算机中就是新产生的事件不能及时得到处理。比如,我们明明已经手指触摸到了屏幕,程序却没有给出相应的动作,这往往就是由于没能及时处理完前面的事件所导致。所以,Android 系统为了尽可能地防止开发者写出这类会导致停滞的程序,对于类似网络操作的代码,默认情况下是不允许写在 UI 线程处理中的,因此必须启动一个新的线程进行处理。

接下来完成 TODO 的部分。仍旧是 Socket 编程,这次是客户端,有了服务器端的经验,这里就不展开讲解了,可以阅读代码中的注释来了解各条语句的意思。

```java
    private void connectAndSendData() {
        this.clearLog();
        //从输入取得 IP 地址
        String ip=this.mIpInput.getText().toString();
        Socket socket=null;
        OutputStream out=null;
        try {
            //建立 Socket 连接
            this.appendLog(String.format("正在与%s:%d 建立连接..."
```

```
        ip, PORT));
    socket=new Socket(ip, PORT);
    this.appendLog(String.format("连接%s:%d成功！", ip, PORT));
    //取得输出流
    out=socket.getOutputStream();
    this.appendLog("成功取得输出流。");
    //输出数据
    out.write(1);
    this.appendLog(String.format("输出数据：%d.", 1));
    //清除本地缓存,确保数据发送出去
    out.flush();
} catch (IOException e) {
    this.appendLog(e);
} finally {
    //确保输出流和连接关闭
    if(out !=null) {
        try {
            this.appendLog("关闭输出流。");
            out.close();
        } catch (IOException e) {}
    }
    if(socket !=null) {
        try {
            this.appendLog("关闭 socket。");
            socket.close();
        } catch (IOException e) {}
    }
}
}
```

其中，appendLog（String）、appendLog（Exception）和 clearLog（）是类中的 3 个显示 Log 的方法。英文好的读者应该已经猜到了这 3 个方法的功能——前两个是添加日志内容，最后一个是清除所有日志。3 个方法的代码如下：

```
/**
 * 追加文本到日志文本框中
 * @param log 需要追加的文本
 */
private void appendLog(final String log) {
    this.runOnUiThread(new Runnable() {
        @Override
        public void run() {
            mLog.append(log);
            mLog.append("\n");
        }
    });
}
```

```java
/**
 * 追加例外信息到日志文本框中
 * @param e 需要追加的例外
 */
private void appendLog(final Exception e) {
    StringWriter sw=new StringWriter();
    PrintWriter pw=new PrintWriter(sw);
    e.printStackTrace(pw);
    pw.flush();
    String stackTrace=sw.toString();
    pw.close();
    this.appendLog(stackTrace);
}

/**
 * 清除日志
 */
private void clearLog() {
    this.runOnUiThread(new Runnable() {
        @Override
        public void run() {
            mLog.setText("");
        }
    });
}
```

上面代码中用到了 runOnUiThread 函数,这个函数的功能是将作为参数的 Runnable 实例中的 run()方法放到 UI 线程中执行。由于更新控件文本属于 UI 操作,只能在 UI 线程中执行,所以采用了这样的方式。

至此,MainActivity 类的代码编写就完成了。接下来要在 AndroidManifest. xml 中添加 Activity 的描述:

```xml
<activity android:name="MainActivity">
    <intent-filter>
        <action android:name="android.intent.action.MAIN"/>
        <category android:name="android.intent.category.LAUNCHER"/>
    </intent-filter>
</activity>
```

这个 Activity 是应用程序的入口,所以除了使用<activity>标签来声明外,还要加上<intent-filter>中的内容来通知系统,使用此 Activity 来启动应用。

要运行本程序,在 AndroidManifest. xml 中除了添加上述 Activity 描述以外,还需要加入访问互联网的许可声明:

```xml
<uses-permission android:name="android.permission.INTERNET"/>
```

完整的 AndroidManifest. xml 文件如下:

```
<manifest xmlns:android="http://schemas.android.com/apk/res/android"
    package="org.programus.book.mobilelego.research.connect"
    android:versionCode="1"
    android:versionName="1.0">

    <uses-sdk
        android:minSdkVersion="16"
        android:targetSdkVersion="19" />
    <uses-permission android:name="android.permission.INTERNET"/>

    <application
        android:allowBackup="true"
        android:icon="@drawable/ic_launcher"
        android:label="@string/app_name"
        android:theme="@style/AppTheme">
        <activity android:name="MainActivity">
            <intent-filter>
                <action android:name="android.intent.action.MAIN"/>
                <category android:name="android.intent.category.LAUNCHER"/>
            </intent-filter>
        </activity>
    </application>

</manifest>
```

到这里,手机端调研程序就算完成了。虽然不是很完美,但作为技术调研已经足够了。下面就来试试能否通过手机连接上 EV3 并发送数据让 EV3 发出"哔—"的声音。

为了防止程序的 BUG 导致无法正常连接,推荐在计算机上先用手机模拟器运行程序,然后在计算机与 EV3 建立起蓝牙 PAN 网络的状态下在模拟器中测试。模拟器中的测试界面如图 1-1-5 所示。

在模拟器中测试通过后,进行手机真机测试。同样需要先进行蓝牙配对和连接。保证 EV3 的蓝牙开启并处于可见状态(见图 1-1-2)的前提下,在手机的蓝牙设置中扫描找到 EV3 设备,单击找到的设备进行配对。配对成功后的界面如图 1-1-6 所示。再次单击,会出现"连接中……"、"已连接"的状态,但仅维持片刻就会再次断开连接。这说明无法构建基于蓝牙的 PAN 网络。

为什么手机无法与 EV3 建立起 PAN 呢?要回答这个问题,先得简单说明建立蓝牙 PAN 的必需条件。蓝牙 PAN 的建立,需要 PAN 服务器和 PAN 客户端,PAN 服务器等待配对的蓝牙客户端进行连接。然而,Android 设备,不知基于何种考虑,通常情况下仅可以被用作 PAN 服务器,无法用作 PAN 客户端。同样,EV3 上的 leJOS 也是只能被用作 PAN 服务器。这就导致两者之间无法建立起 PAN 网络。

那是不是上面的程序就白写了呢?作为调研程序,常常会出现这种情况。不过,这次也并不一定如此。

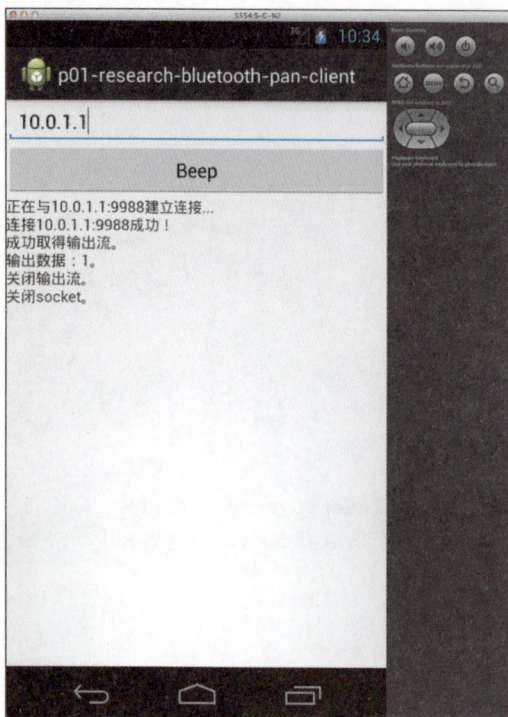

图 1-1-5　基于蓝牙 PAN 的手机客户端
　　　　　在模拟器中的运行结果

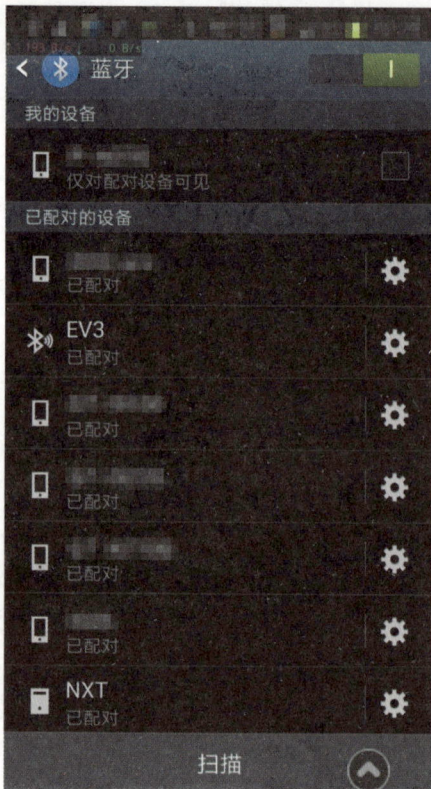

图 1-1-6　手机蓝牙设置界面

　　Android 操作系统是基于 Linux 操作系统的，Linux 本身是支持被用作蓝牙 PAN 客户端的，那么 Android 系统也理应可以支持这一功能。经过一番学习和调查，发现在 Android 上可以通过 Linux 命令 pand -connect 来连接 PAN 服务器。然而 pand 命令并没有公开给普通用户，若要执行此命令必须将 Android 设备 root 了才行。另外，在手机上输入一条命令是很痛苦的事情。再挖掘一下，可以找到一款应用，名叫 Bluetooth PAN for Root Users，它可以很方便地实现将 Android 设备用作 PAN 客户端。同样，从应用的名称就可以看出，它也需要设备已经 root。

　　在 root 过的手机上，使用 Bluetooth PAN for Root Users 与 EV3 建立 PAN 之后，再运行我们的程序，会发现结果和模拟器上一样，可以顺利连接 EV3 并发送数据。

　　Android 的 root，是让用户获取系统超级用户的过程。由于超级用户的用户名叫 root，所以这个破解的过程也被称为 root。因为获得超级用户权限，就有可能恶意加以利用，从而伤害到手机用户的安全和利益，root 是手机生产商并不希望用户去做的事情。大多数情况下，root 之后，手机也失去了支持官方系统更新的能力。由于这些原因，如果你不是很了解相关原理，我也不建议为了学习此书而将设备 root。当然，假如你的手机并不是从官方指定的经销商处购买，有些无良商人会在手机售出前就完成 root。所以，如果你因为这类原因恰好持有一部已经 root 过的手机，倒不妨试试这里的调研项目。

那么,是不是没有 root 过的手机,就没办法实现手机和 EV3 的连接了呢? 当然不可能是这样的。接下来就介绍如何使用另一种蓝牙连接方式实现手机与 EV3 的互联。

为了保证基于蓝牙连接设备之间的互通性,蓝牙技术联盟(Bluetooth Special Interest Group,SIG)制定了一系列蓝牙规范(Bluetooth Profile),上面介绍的 PAN 就是其中之一。由于需要 Android 设备的 root 权限,所以再来看看还有什么蓝牙规范可以使用。乐高机器人,不论是 NXT 还是 EV3 都支持串行端口规范(Serial Port Profile,SPP),而且 Android 端不需要 root 也可以支持 SPP。因此,下面就一起看看如何写一套基于蓝牙 SPP 的程序。

既然是网络连接,就要求一端是服务器,另一端是客户端。由于 leJOS 已经准备好了 SPP 服务器端的现成类和方法,我们仍旧让 EV3 来充当服务器。服务器端代码如下:

```java
package org.programus.book.mobilelego.research.connect;

import java.io.IOException;
import java.io.InputStream;

import lejos.hardware.Button;
import lejos.hardware.Sound;
import lejos.hardware.ev3.LocalEV3;
import lejos.hardware.lcd.Font;
import lejos.hardware.lcd.GraphicsLCD;
import lejos.remote.nxt.BTConnector;
import lejos.remote.nxt.NXTConnection;

public class SppServer {
    /**
     * 程序入口函数
     * @param args 命令行参数(未使用)
     */
    public static void main(String[] args) {
        //取得 GraphicsLCD 实例
        GraphicsLCD g=LocalEV3.get().getGraphicsLCD();
        //设置为小字体
        g.setFont(Font.getSmallFont());
        //新建基于 SPP 的蓝牙连接器
        BTConnector connector=new BTConnector();
        //在屏幕左上角显示文字
        g.drawString("waiting connection...", 0, 0,
            GraphicsLCD.LEFT | GraphicsLCD.TOP);          //等待连接
        NXTConnection conn=connector.waitForConnection(0,
            NXTConnection.RAW);
        if (conn !=null) {
            //连接成功的情况
            InputStream in=null;
            in=conn.openInputStream();
            try {
                int data=in.read();                       //读取一个字节数据
```

```
                if(data==1) {
                    //如果收到数字 1
                    Sound.beep();                                //发出"哔—"
                } else {
                    Sound.buzz();                                //发出"噗—"
                }
            } catch (IOException e) {
                g.clear();                                       //清屏
                g.drawString(e.getMessage(), 0, 0,
                    GraphicsLCD.LEFT | GraphicsLCD.TOP);
                Button.waitForAnyPress();                        //等待任意按键
            }
            finally {
                if(in !=null) {
                    try {
                        in.close();                              //断开输入流
                    } catch (IOException e) { }
                }
                try {
                    conn.close();
                } catch (IOException e) { }
            }
        } else {
            g.clear();
            g.drawString("Connect failed", 0, 0,
                GraphicsLCD.LEFT | GraphicsLCD.TOP);
            Button.waitForAnyPress();                            //等待任意按键
        }
    }
}
```

  有过上面基于蓝牙 PAN 的服务器代码说明，相信这段基于 SPP 的代码不需要过多的解释大家就可以读懂了。这里仅对建立连接处的代码做几点说明。

  有的读者估计已经注意到，连接类是 NXTConnection。为什么使用的是 EV3，类名却是 NXTConnection 呢？这是个历史遗留问题，因为对 SPP 的支持，在 NXT 中就已经实现了，所以 NXT 版 leJOS 中已经有了相关的类，EV3 版 leJOS 虽然并没有打算兼容 NXT 版，但由于是在 NXT 版的基础上扩展而来的，自然就保留了一部分历史内容。虽然名字里包含了 NXT，但应用时对 EV3 同样适用。

  另外，说一下 BTConnector. waitForConnection(int timeout, int mode) 中的两个参数。第一个参数，顾名思义，是等待超时时间，但在一些版本的 leJOS 中实际并未用到这个参数。第二个参数，mode 是模式的意思。共有 3 种模式可选，即 LCP、PACKET 和 RAW，前两个都是为了与乐高设备连接而用的，这次是与手机连接，所以使用最后一个 RAW。这一模式下，发送和接收的数据不会有任何额外的加工。

  连接 SPP，Android 端的程序要稍微复杂一些。在 Google 上有一页专门的编程指南来讲解。

首先,与之前的程序一样,需要一个 Activity,那么就需要一个 Layout XML、一个 Activity 类和 AndroidManifest.xml 中的描述。

Layout XML 文件跟刚才的大同小异,唯一不同的是,之前的 PAN 方式需要指定 IP 地址,而 SPP 方式则只要从已配对设备中选择要连接的设备即可。所以,把前面 Layout XML 中的文本框换成下拉列表框,Android 编程中的下拉列表框控件是 Spinner。完成后的文件如下:

```xml
<?xml version= "1.0" encoding= "utf-8"? >
<LinearLayout
xmlns:android= "http://schemas.android.com/apk/res/android"
    android:layout_width= "match_parent"
    android:layout_height= "match_parent"
    android:orientation= "vertical">

    <Spinner
        android:id= "@+id/paired_devices"
        android:layout_width= "match_parent"
        android:layout_height= "wrap_content" />

    <Button
        android:id= "@+id/beep"
        android:layout_width= "match_parent"
        android:layout_height= "wrap_content"
        android:text= "@string/label_beep" />
    <TextView
        android:id= "@+id/log"
        android:layout_width= "match_parent"
        android:layout_height= "wrap_content" />


</LinearLayout>
```

接着是 Activity 的类。Activity 类的整体外壳与之前的程序相差无几,但其中建立连接的部分与前面基于 PAN 的程序会差很多。

之前的 PAN 连接,实际上是将与蓝牙设备相关的信息通过 PAN 网络屏蔽掉了,对编程人员来说,使用蓝牙的 PAN 还是 WiFi 的 LAN 都是一样的。而这次连接 SPP 则需要与蓝牙设备信息打交道,所以,程序启动时要检查蓝牙是否被支持、是否已经开启,如果没有开启,要提示用户开启蓝牙,接着还要列出所有已配对设备……

由于任务比较多,需要一个一个执行。首先检查蓝牙是否被设备支持、是否开启。在 Android 程序中,对蓝牙设备的操作是通过 BluetoothAdapter 这个类的对象来进行的。而这个对象由系统提供,可以通过 BluetoothAdapter.getDefaultAdapter() 来取得。如果取得的对象是 null,也就是不存在,那么就说明设备并不支持蓝牙。接着,通过取得的对象,可以检查蓝牙是否开启。代码如下:

```
/**
 * 取得蓝牙信息,并在未开启蓝牙时提示开启蓝牙
```

```
    */
    private void enableBluetooth() {
        //取得蓝牙适配器
        this.mBtAdapter=BluetoothAdapter.getDefaultAdapter();
        if(this.mBtAdapter==null) {
            //无法取得蓝牙适配器，说明设备不支持蓝牙
            Toast.makeText(this,
                R.string.msg_bluetooth_not_supported
                Toast.LENGTH_LONG).show();
            this.finish();
        }
        //检查蓝牙是否已经开启
        if(!this.mBtAdapter.isEnabled()) {
            //如果没有开启，请求开启
            this.requestEnableBluetooth();
        } else {
            //如果已经开启，将已配对设备列表填入下拉列表框
            this.fillBtDevicesToSpinner();
        }
    }
```

这段代码中出现了 R. string. msg_bluetooth_not_supported 这样一行代码。这其实代表了一段字符串资源，可以从 strings. xml 文件中找到对应的实际文本内容。

```
<string name="msg_bluetooth_not_supported">此设备不支持蓝牙！
</string>
```

Android 编程中，推荐使用这种方式，因为这样可以更方便地替换文本以及今后追加的多语言支持。

接下来看看刚才这段代码中的两个主要函数——请求开启蓝牙的 requestEnable-Bluetooth() 和将所有已配对蓝牙设备填充进下拉列表框的 fillBtDevicesToSpinner()。

首先是 requestEnableBluetooth() 的代码。

```
/**
 * 请求用户开启蓝牙
 */
private void requestEnableBluetooth() {
    Intent enableBtIntent=
            new Intent(BluetoothAdapter.ACTION_REQUEST_ENABLE);
    this.startActivityForResult(
            enableBtIntent, REQUEST_ENABLE_BT);
}
```

这段代码是 Android 蓝牙编程中的固定写法，具体作用是调用系统的 Activity 来询问用户是否要开启蓝牙，用户做出响应后会自动调用 onActivityResult() 函数，并将结果发送过去。由于 onActivityResult() 函数是用来响应所有 Activity 返回的函数，所以为了区分是什么 Activity 的结果，需要一个编程者自己定义的请求码（Request Code），这里用

的请求码就是 REQUEST_ENABLE_BT,其值可以是任意整数。

onActivityResult()函数目前仅对蓝牙开启请求的结果作出响应,代码如下:

```java
@Override
public void onActivityResult(int requestCode, int resultCode, Intent data) {
    if(requestCode==REQUEST_ENABLE_BT) {
        if(resultCode==Activity.RESULT_OK) {
            //用户开启了蓝牙,填充已配对设备列表
            this.fillBtDevicesToSpinner();
        } else {
            //否则提示需要蓝牙并退出程序
            Toast.makeText(this,
                    R.string.msg_bluetooth_is_necessary,
                    Toast.LENGTH_LONG).show();
            this.finish();
        }
    }
    super.onActivityResult(requestCode, resultCode, data);
}
```

从代码中可以看出,当用户开启蓝牙后,也会填充下拉列表框。那么接下来就看看这个填充下拉列表框的函数:

```java
/**
 * 将已配对设备填入下拉列表框
 */
private void fillBtDevicesToSpinner() {
    if(this.mBtAdapter !=null) {
        //取出已配对设备
        Set<BluetoothDevice>deviceSet=
            this.mBtAdapter.getBondedDevices();
        if(this.mDeviceList==null) {
            //如果存储设备信息的列表未初始化,则初始化
            this.mDeviceList=
                new ArrayList<BluetoothDevice>(deviceSet.size());
        }

        //新建下拉列表用的 Adapter
        ArrayAdapter<String>adapter=
            new ArrayAdapter<String>(
                    this, android.R.layout.simple_spinner_item);
        adapter.setDropDownViewResource(
                android.R.layout.simple_spinner_dropdown_item);
        //循环将设备信息写入列表和下拉列表用的 Adapter
        for(BluetoothDevice device: deviceSet) {
            this.mDeviceList.add(device);
            adapter.add(device.getName());
```

```
        }
        //将 Adapter 与下拉列表关联
        this.mDevices.setAdapter(adapter);
    }
}
```

这段代码有些长，稍微讲解一下。首先从系统取得所有已配对设备，取出来的设备放在一个 Set 里面。Set 是一种计算机数据结构，对应数学中的集合，学过集合的读者都知道，集合中不会有重复元素，而且集合只关心自己里面有什么而不关心顺序。由于我们接下来要把设备信息放到下拉列表框里，并且还要根据列表框的选择进行连接，所以需要一个有顺序的数据结构——List，List 对应数学中的数列。代码中的 mDeviceList 就是定义好的 List。在计算机中，List 是有大小的，而且 List 的大小关系到使用的内存大小。虽然系统会依据一定的算法来根据需要扩张 List 的大小，但这些算法为了保证不出错，往往会多保留一些内存，造成系统内存的浪费。这里的 List 由于是从 Set 转过来的，所以完全可以预知大小，故而在初始化的时候指定了大小。

这段代码中还出现了一个 ArrayAdapter，它是用来往下拉列表框中填充数据用的。为了保证数据与显示的分离，在 Android 中，对于列表框、下拉列表框这类控件都不允许编程人员直接设置里面的值，而是通过 Adapter 来准备数据，然后将 Adapter 与控件关联，控件就会自动从 Adapter 中获取数据。因此，准备了一个 ArrayAdapter 来为下拉列表框填充数据。为了保证后面选择的时候能找到正确的设备，让 Adapter 里面的设备顺序与 List 中的设备顺序一致。

至此，我们的 Activity 代码完成了蓝牙连接前的准备工作。为了保证可以访问蓝牙设备，还要在 AndroidManifest.xml 中加上蓝牙的权限：

```
<uses-permission android:name="android.permission.BLUETOOTH"/>
```

当然，AndroidManifest.xml 中还要加上 Activity 的信息，由于内容与 PAN 相似，这里就不重复了。

现在，可以阶段性地先测试一下我们的程序，看看下拉列表框中是不是有了我们的 EV3 设备。当然，在此之前先要做好配对。配对的方法在前面已经描述过了，这里就不赘述了。程序运行后的界面如图 1-1-7 所示，由图中可以看出，我们的 EV3 设备已经出现在列表中了。

设备已经列出，接下来实现单击按钮后的代码，这里仍使用基于 PAN 代码中的函数名，代码如下：

```
/**
 * 连接并发送数据到 EV3
 */
private void connectAndSendData() {
    this.clearLog();
    if(this.mDeviceList !=null && this.mDeviceList.size()>0) {
        //从列表中取得用户选择的设备
        BluetoothDevice device=this.mDeviceList.get(
```

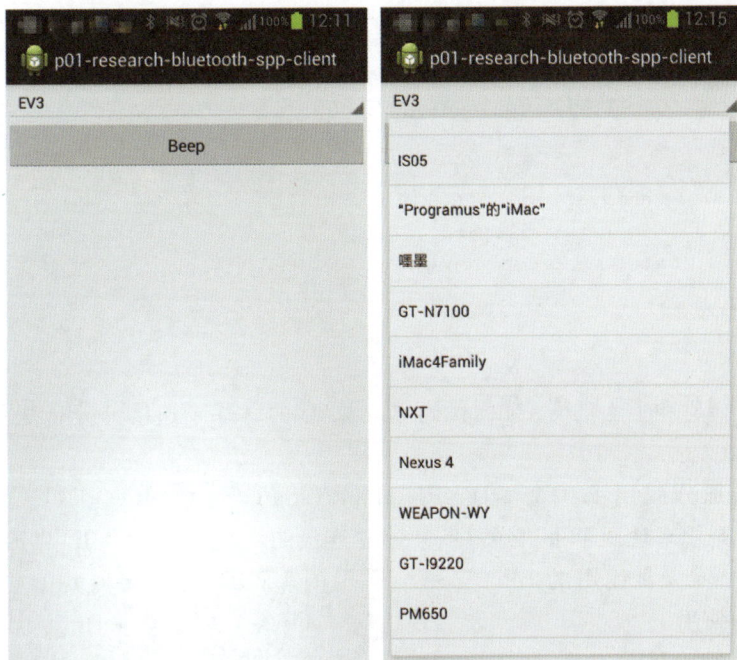

(a) 列表未展开   (b) 列表展开

图 1-1-7 已配对设备列表

```java
        this.mDevices.getSelectedItemPosition());
BluetoothSocket socket=null;
OutputStream out=null;
try {
    //与设备建立 SPP 连接
    this.appendLog(String.format("正在与%s[%s]建立连接...",
            device.getName(), device.getAddress()));
    socket=device.createRfcommSocketToServiceRecord(
            UUID.fromString(SPP_UUID));
    socket.connect();
    this.appendLog(String.format("连接%s[%s]成功!",
            device.getName(), device.getAddress()));
    //取得输出流
    out=socket.getOutputStream();
    this.appendLog("成功取得输出流。");
    //输出数据
    out.write(1);
    this.appendLog(String.format("输出数据：%d。", 1));
    //清除本地缓存,确保数据发送出去
    out.flush();
} catch (IOException e) {
    this.appendLog(e);
} finally {
    //确保输出流和连接关闭
    if(out !=null) {
```

```
        try {
            this.appendLog("关闭输出流。");
            out.close();
        } catch (IOException e) {}
    }
    try {
        this.appendLog("关闭 socket。");
        socket.close();
    } catch (IOException e) {}
}
```

比较这段代码和上面的 PAN 的代码可以看出，两者除了连接部分有些差异，其他基本相同。

在连接的部分调用了一个 createRfcommSocketToServiceRecord（UUID）的函数。这个函数原本是用来让两个手机通过蓝牙建立连接的，其参数的 UUID 也通常是由程序自己定义的。然而，要使用的 SPP 有一个通用的 UUID，我们将其定义为常量 SPP_UUID，在这里使用。

这个通用的 UUID 的值是 00001101-0000-1000-8000-00805F9B34FB。在 Android 的文档中也提到了这一点。

至此，一个通过 SPP 连接 EV3 的手机程序就完成了。由于代码比较长，就不在本书正文中列出完整代码了，如有疑问可以在 p01-research-bluetooth-spp-client 工程中找到全部代码。

接下来是测试，过程与基于 PAN 的连接基本一样，就不详述了。如果一切正常，我们也将听到 EV3 发出"哔—"的一声。同时，手机端会有图 1-1-8 所示的结果。

手机与 EV3 间的数据传输

成功完成手机与 EV3 的连接后，接下来看看如何高效地在两者之间传输数据。

由于本书中的项目全部涉及手机与乐高机器人的通信，所以，最好能在一开始就架设好一个方便、清晰、扩展性强的通信架构。为了做到这一点，让我们暂时忘记写程序的事儿，来思考这样一个问题：如果我们要远程指挥一批人操作一台复杂的机器，应该如何安排？

为了更好地说明，先细化一下这个场景。例如，《星际迷航》系列中有一艘飞船，叫企业号，也有

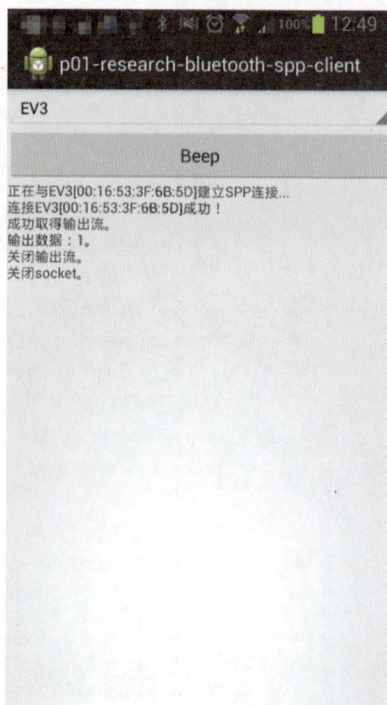

图 1-1-8 基于 SPP 连接的手机端测试结果界面

翻译成进取号的,英文是 Enterprise。船长是柯克,上面有一批精英船员。很显然,要想开动这样一艘宇宙飞船,不是一个人能做到的。平常都是柯克船长在指挥室里对掌管各个系统的高级船员下达命令,这些指挥室里的船员又会进一步将命令下达到各个系统的操作室,从而驱动整艘飞船。现在,由于一项特殊任务,柯克船长必须离开飞船,但根据任务要求,他还要能够对飞船做出全权指挥和控制。作为柯克船长,怎样安排才能做好这件事呢?

首先,因为需要全权指挥和控制飞船,所以就不能设立代理船长来代劳,但如果远程控制还要分别对不同的船员下达命令,也明显不是个明智的做法。通常会设置一个专门负责传达指令的通信员。这个人要不断等待柯克船长发来的命令,并根据命令的种类转达给负责处理相关命令的船员。例如,与飞船行进相关的命令要发给舵手苏鲁,与科学鉴定相关的命令要发给科学官史波克……同时,这名通信员还要负责将各个船员那里的反馈信息发回给柯克船长。这样柯克船长只需要跟通信员一个人接触,而不需要考虑整艘飞船中复杂的人员和设备。其次,飞船如果出现状况,也要经由通信员及时汇报给柯克船长。比如,一直监视着飞船运转状况的轮机长斯科特突然发现一架引擎出现了故障,就要通过通信员向柯克船长汇报。此外,如果柯克船长下令保持关注数据也要及时地汇报观测结果。例如,由于得知有恶人在前方的行星上,欲改造 X 行星的大气环境以杀死原住民并征用为殖民地,船长下令,对 X 行星保持关注,每隔一个小时汇报一次行星上的大气组成。那么,史波克接到命令后,就会发出探测器检测 X 行星大气组成,并每隔一小时通过通信员向柯克船长汇报一次。

在整个过程中,有些命令很快就可以得到执行,通信员就可以等着命令得到执行后再读取柯克船长发来的下一条命令;而有些命令的执行很耗时,这时候就需要通信员和执行命令的船员各干各的,同时进行。

计算机科学其实可以算是一门仿生科学,程序的运行方式很多都来自于平时处理事情的方式。当使用手机遥控机器人的时候,在机器人上发生的事情就很像上面提到的企业号。我们也需要在上面构建一个通信员,这个通信员一边不断读取通过网络传来的消息,一边负责通过网络向对方发送消息。

下面就一起看看怎么用程序编写一个通信员。在 Java 中,一切都是对象,所以我们的通信员也是一个对象,要为他构建一个类。Communicate 是交流、通信的意思,加一个表示人的后缀"-or",可以将通信员这个类命名为 Communicator。

我们在关于连接的调研中可以看到,发送和接收数据是通过输出流和输入流来完成的。所以,Communicator 中也需要有一个输入流和一个输出流。

```java
/**
 * 通信员类
 * 通信员负责持续监听网络,取得消息
 * 并将其转发给相应的操作员——{@link Processor}
 * 同时提供发送数据功能
 * @author programus
 */
public class Communicator {
```

```java
/** 读取消息用的输入流 */
private ObjectInputStream input;
/** 发送消息用的输出流 */
private ObjectOutputStream output;
}
```

大家或许已经注意到了，这里使用的输入流和输出流类是 ObjectInputStream 和 ObjectOutputStream。之所以使用这两者，是为了方便程序的编写。为了进一步说明，就要提到另一个通信所涉及的问题——协议（Protocol）。

回到刚才《星际迷航》的例子，当柯克船长的命令发送到通信员那里时，通信员之所以能识别命令的种类，并转发给相应的高级船员处理，是因为船长和通信员之间有一种对命令的约定，柯克船长会按照约定来发出命令，而通信员则按照约定来理解命令。或许有人会说，柯克船长就是简单地发出命令，如"全速前进"，并不一定有什么特殊的约定吧。然而，要读懂"全速前进"这个命令，通信员要和柯克船长使用同样的语言，并且具有相关的知识来理解"全速前进"这个词的含义。这里，他们所使用的语言中所包含的语法、语义、词汇等知识本身就是我们所说的约定。显然，我们不会为了写一个程序而创造一种语言，所以使用一些简单的约定，这种约定就是协议。

回到刚才的问题，在 Java 中，一切都是对象，如果能够在网络间传送对象，也就意味着我们什么都可以传送了。而 ObjectInputStream 和 ObjectOutputStream 就是用来传送对象的输入/输出流。具体如何传送对象，则可以交给 Java 的 API 了。

这里，使用 ObjectInputStream 和 ObjectOutputStream 直接传送 Java 的对象这个约定，就是协议。这样的好处是，可以为每一种通过网络传递的命令或者消息定义一个类，在里面配备有意义的变量名和函数，就可以让程序的意义一目了然，可读性更强。

为了明确地表明一个类是一种网络消息（命令也是网络消息的一种），可为这些类创造一个共同的接口——NetMessage。

```java
/**
 * 所有网络消息的共同接口
 * @author programus
 */
public interface NetMessage extends Serializable {
}
```

因为 Java 规定，可以被传送的对象必须实现 Serializable 接口，所以，我们让 NetMessage 继承这个接口，以保证网络消息对象都可以被正常传送。

有了通信员和基于协议的网络消息，还需要能够处理消息的"高级船员"，在机器人问题里，称他们为操作员。操作员将会有很多，而对于操作员，只有一个要求——可以处理网络上传来的消息，所以要为所有的操作员定义一个接口，名叫 Processor。又因为所有的操作员都要等待通信员分发命令才能工作，为了方便，将操作员设为通信员的一个内嵌接口。这样，Communicator 的代码就变为：

```
/**
 * 通信员类
 * 通信员负责持续监听网络,取得消息
 * 并将其转发给相应的操作员——{@link Processor},
 * 同时提供发送数据功能
 * @author programus
 */
public class Communicator {
    /**
     * 操作员接口,所有操作员类必须实现此接口
     * 用以操作通信员传来的消息
     * @param <T>操作员可处理的消息类型
     */
    public static interface Processor<T extends NetMessage>{
        void process(T msg, Communicator communicator);
    }

    /** 读取消息用的输入流 */
    private ObjectInputStream input;
    /** 发送消息用的输出流 */
    private ObjectOutputStream output;
}
```

　　为了让操作员工作更加专心,规定一个操作员只能处理一种网络消息,所以在接口定义上加了一个泛型 T,来指定这个操作员所处理的消息所对应的网络消息类。

　　一个具体的操作员类(后面会有例子),要实现这个 Processor 接口,就要写出自己的 process()方法。在方法中提供两个参数:一个是要处理的命令对象;一个是分发消息的 Communicator 对象。有了这个 Communicator 的对象,在处理命令的过程中如果需要发送反馈,就可以直接让这个"通信员"去做了。

　　有了操作员接口,可以编写很多操作员类来处理各种不同的网络消息,为了能够将消息转发给正确的操作员,通信员需要知道所有的操作员,以及他们都是处理什么消息类型的。但通信员怎么知道我们都有哪些操作员呢?

　　因此,还需要一个能够让通信员掌握所有操作员的机制。为了解决这个问题,还是先考虑现实生活中的情况。如果我们自己是通信员,那么怎么才能掌握所有的操作员呢?首先,需要有人告诉我们什么操作员是负责处理哪种消息的。然后,作为通信员,我们自己也要记录一个清单,来列出什么消息应该转发给哪些操作员。由于有的时候一个命令可能由多个操作员处理,所以我们的清单看起来应该如表 1-1-1 所示。

表 1-1-1　命令清单

消息类型	操作员
清洁命令	擦窗的猴子 擦地的乌龟 擦墙的壁虎

消息类型	操作员
做饭命令	切菜的螳螂
	炖肉的肥猪
	烧鱼的鸭子
保卫命令	看门的灰狗
⋮	⋮

我们的程序也一样,通信员也需要程序告知都有哪些操作员,所以,Communicator 类需要一个函数来加入对应的操作员对象。

```java
/**
 * 添加需要通信员转发消息的操作员
 * @param type 要追加的操作员可以处理的网络消息类型
 * @param processor 操作员对象
 */
public<M extends NetMessage>void addProcessor(
        Class<M>type, Processor<M>processor) {
    //TODO: 添加函数内容
}
```

函数有两个参数,第一个参数指定了所追加的操作员可以处理何种消息类型,第二个参数指定了操作员对象本身。

同样,程序中还需要一个清单,用来存储命令和操作员之间的对应关系。从上面清单的例子可以看出,需要一个一对多的数据结构。由于实际使用清单时,需要根据消息类型快速找到所有能够处理这一消息类型的操作员,所以,数据结构还要能够建立起 A 和 B 两种信息的关联关系,并最好能够通过 A 快速找到 B。在 Java 中 Map 这种数据结构刚好能够实现关联两种信息,并快速根据其中的索引信息(Key)找到所关联的内容。然而,Map 不支持一对多,但可以采取一种变通的方式,让一个消息类型对应一个操作员的列表。在 Java 中有 List 这种数据结构来表示列表。这样,数据结构就是一个 Map,其索引信息是消息类型,存储内容是存放操作员的列表。Java 代码表述为:

```java
Map<String, List<Processor<? extends NetMessage>>>
```

这里要稍微提一点,由于使用类来作为索引信息有可能产生内存泄露问题,所以,将索引信息的类型换为字符串(String),其内容将是网络消息类的名字。

另外,由于我们的列表中可能存储的操作员所处理的消息类型在这个阶段是无法确定的,所以,操作员的泛型参数使用了"? extends NetMessage",表示虽然现在不知道这会是个什么类(所以用了问号),但一定是 NetMessage 的子类。

在 Java 中,Map 是个接口,因为这个数据结构在 Java 提供的 API 中有很多种实现。这里使用 HashMap 这种实现,因为它在处理以字符串为索引的数据时效率较高。

这样,Communicator 类的代码变为:

```java
/**
 * 通信员类
 * 通信员负责持续监听网络,取得消息
 * 并将其转发给相应的操作员——{@link Processor}
 * 同时提供发送数据功能
 * @author programus
 */
public class Communicator {
    /**
     * 操作员接口,所有操作员类必须实现此接口
     * 用以操作通信员传来的消息
     * @param <T> 操作员可处理的消息类型
     */
    public static interface Processor<T extends NetMessage> {
        void process(T msg, Communicator communicator);
    }

    /** 存储所有操作员的 Map */
    private Map<String, List<Processor<? extends NetMessage>>>
        processorMap=
        new HashMap<String,
            List<Processor<? extends NetMessage>>>();

    /** 读取消息用的输入流 */
    private ObjectInputStream input;
    /** 发送消息用的输出流 */
    private ObjectOutputStream output;

    /**
     * 添加需要通信员转发消息的操作员
     * @param type 要追加的操作员可以处理的消息类型
     * @param processor 操作员对象
     */
    public<M extends NetMessage>void addProcessor(
            Class<M>type, Processor<M>processor) {
        //TODO: 添加函数内容
    }
}
```

接下来,将 addProcessor() 函数的内容写完整,代码如下:

```java
/**
 * 添加需要通信员转发消息的操作员
 * @param type 要追加的操作员可以处理的消息类型
 * @param processor 操作员对象
 */
public<M extends NetMessage>void addProcessor(
    Class<M>type, Processor<M>processor) {
    //从 Map 中取出此消息类型对应的操作员列表
    List<Processor<? extends NetMessage>>processorList=
```

```
            processorMap.get(type.getName());
        if(processorList==null) {
            //如果列表不存在,说明目前为止尚无此类型操作员被加入
            //创建列表
            processorList=
                    new LinkedList<Processor<? extends NetMessage>>();
            //将列表放入 Map
            processorMap.put(type.getName(), processorList);
        }
        //向列表中追加操作员
        processorList.add(processor);
    }
```

这段程序中,首先从 Map 中取出对应消息类型的操作员列表(函数体第一行),然后向列表中追加新指定的操作员对象(函数体最后一行)。然而,有一种情况是指定的消息类型所对应的操作员尚不存在,也就没有相应的列表存在 Map 中。这时,根据 Java 文档的说明,会取出一个 null,也就是不存在的意思。这种情况下,要创建一个新的列表并放进 Map 中。在 Java 中,列表的实现也有很多种,所以 List 其实也是个接口。比较常用的列表是 ArrayList,它内部是使用数组来存储内容的,好处是可以通过数字索引快速访问到其中的任意元素(例如,要取得第 2 个元素,就是通过数字索引"2"来访问第 2 个元素)。然而当内容个数频繁变动的时候,会造成内存的浪费和碎片。这里选用了 LinkedList,中文称为链表。内部使用一种好像链条的数据结构来存储内容。查找一个元素时,只能像链条一样从头开始一环一环地找下去,所以根据数字索引访问内容的速度不如 ArrayList,然而,它却像链条一样可以随时拆卸任意一环,对数据量有变动的存储很合适。这次的程序不需要根据数字索引查找其中的元素,只需要进行所有内容的遍历,加之数据量不定,所以做出了这样的选择。

现在通信员已经能够得到和管理好所有操作员的信息了。接下来该看看他如何完成自己的本职工作——接收和分发消息到相关操作员及发送消息。

首先,发送消息是很容易的,与前一个调研中写过的代码相差不大,核心代码只有两句:

```
output.writeObject(msg);
output.flush();
```

第一句,发送消息;第二句,清空发送端缓存,确保数据被发送。然而,考虑到线程安全及例外处理,还得多加点零碎,最终函数如下:

```
/**
 * 发送消息
 * @param msg 消息
 */
public void send(NetMessage msg) {
    synchronized (output) {
        try {
            System.out.println(String.format(
```

```
            "Send: %s", msg.toString())));
        output.writeObject(msg);
        output.flush();
    } catch (IOException e) {
        available=false;
    }
    }
}
```

这里的 available 是用来设置和表示通信员是否仍在活动的变量,当数据发送出现错误的时候,认为或许网络连接出现了问题,所以终止通信员的工作。

synchronized 是 Java 中的一个关键字,用来处理线程间的同步问题。为了防止数据发送出现混乱,一次只允许一个线程来发送消息,所以将整段代码放进了 synchronized 块,以保证输出流 output 不会同时被多个线程访问。

为什么要考虑多线程的问题呢? 这就涉及接下来要说的消息接收了。

当程序使用 read() 函数从输入流读取数据的时候,程序会阻塞,也就是说会停在那里等待数据的传入而不继续执行下去。如果没有相应的并行处理机制,程序就无法做其他任何事情了——无法发送数据、无法控制机器人的运转等。而计算机中的并行处理机制主要有两种,一种是多进程处理,另一种是多线程处理。多个程序间的并行使用多进程,一个程序内则常用多线程。程序只有一个,所以采用多线程方式处理。

在 Communicator 类中,单独启动一个线程,不断地循环读取输入流里的网络消息,并将消息转给相关的操作员处理。在 Java 中,创建线程,使用 Thread 类。可以通过继承 Thread 类并覆盖重写 run() 函数来创建自己的线程,但这种方法无法为线程指定一个名字。所以,这里采用了另一种方法,创建一个实现了 Runnable 接口的匿名类,并用这个匿名类来创建线程。

```
/**
 * 启动读取输入流的线程
 */
private void startInputReadThread() {
    //创建一个新线程
    Thread t=new Thread(new Runnable() {
        @Override
        public void run() {
            //TODO: 填写线程执行代码
        }
    }, "read-input");
    //启动线程
    t.start();
}
```

接下来,将 run() 函数补全。run() 函数中主要就是循环读取消息,然后处理消息。

```
while (available) {
    //当通信员未被关闭时,循环
    Object o=null;
```

```
        try {
            //读取消息
            o=input.readObject();
        } catch (Exception e) {
            available=false;
            break;
        }
        if(o !=null) {
            if(o instanceof ExitSignal) {
                //如果消息为退出命令,则关闭通信员
                close();
                //退出循环
                break;
            } else {
                NetMessage msg= (NetMessage) o;
                //处理消息
                processReceived(msg);
            }
        }
    }
    //结束通信员工作
    finish();
```

对于退出命令,因为不需要额外的操作员处理,单独在这里做了特殊处理。对于其他命令的处理,转到 processReceived()函数中做处理。在 processReceived()函数里,从清单 processorMap 中取出消息所对应的操作员列表,并将消息传给每一个操作员。

```
/ **
 *  将接收到的消息转给操作员处理
 *  @param msg 接收到的消息
 * /
private<M extends NetMessage>void processReceived(M msg) {
    //检查传入参数的有效性
    if(msg !=null) {
        //取出消息类型对应的操作员列表
        List<Processor<? extends NetMessage>>processorList=
            processorMap.get(msg.getClass().getName());
        if(processorList !=null) {
            //当操作员列表存在时,循环所有操作员
            for(Processor<? extends NetMessage>processor:
                processorList) {

                //强制转换操作员类型为实际的类型
                @SuppressWarnings("unchecked")
                Processor<M>p=(Processor<M>) processor;
                //让操作员处理消息
                p.process(msg, this);
            }
        }
```

```
    }
  }
```

到这里,一个通信员的主要部分就完成了。其他,还有一些函数,如通信员结束工作时的收尾函数 finish()、让通信员结束工作的 close() 函数、重设通信员的 reset() 函数等因为相对比较简单,就不在这里展开说明了。仅在下面列出代码。完整的 Communicator 类,可以在 p01-research-bluetooth-comm-lib 工程中找到。

```
/**
 * 使用新的输入输出流对象重设通信员。此函数不会重设已添加的操作员信息
 * @param input 输入流
 * @param output 输出流
 * @throws IOException 当创建输入输出流出错时抛出
 */
public synchronized void reset(InputStream input,
        OutputStream output) throws IOException {
    if(this.available) {
        this.finish();
    }
    this.available=true;
    this.output=new ObjectOutputStream(output);
    //对 ObjectOutputStream,必须在建立输出流后立即清空缓存,方能避免阻塞
    this.output.flush();
    this.input=new ObjectInputStream(input);
    this.startInputReadThread();
}

/**
 * 建议通信员结束工作。此函数不会强制关闭输入输出流
 */
public void close() {
    this.available=false;
}

/**
 * 确认输入流读取线程仍在工作
 * @return 当输入流读取线程仍在工作时返回真
 */
public boolean isAvailable() {
    return this.available;
}

/**
 * 彻底结束通信员工作,关闭输入输出流
 */
private synchronized void finish() {
    this.available=false;
    try {
        input.close();
```

```
        } catch (IOException e) {
        }
        synchronized (output) {
            try {
                output.close();
            } catch (IOException e) {
            }
        }
    }
```

接下来，看看如何写一个网络消息类。

为了证明上面所说的一切都能够正常工作，在本调研中，我们来做一个简单的遥控机器人——用手机控制 EV3 上连接的一个电动机，控制电动机的运转、停止并可以设置速度，同时当开启报告时，让 EV3 向手机持续发送电动机的实际运转速度和转过的角度。

为了完成这个遥控功能，需要能够告知 EV3 控制电动机的网络消息。然而，控制电动机的运转和命令开启/关闭报告功能所需要的数据显然不同——前者需要速度和电动机如何运转的信息，而后者只需要一个说明开/关的数据即可。所以，为它们各设计一个网络消息类。

先说说比较简单的报告命令。由于只需要告诉机器人是要打开还是关闭报告功能，所以一个布尔类型的变量就足够了。那么这个网络消息类的代码如下：

```java
/**
 * 通知 EV3 打开/关闭电动机报告功能的网络消息
 * @author programus
 *
 */
public class MotorReportCommand implements NetMessage {
    private static final long serialVersionUID=
        -3009205522237798520L;

    private boolean reportOn;

    public boolean isReportOn() {
        return reportOn;
    }

    public void setReportOn(boolean reportOn) {
        this.reportOn=reportOn;
    }


    @Override
    public String toString() {
        return "MotorReportCommand [reportOn="+reportOn+"]";
    }
}
```

　　其中的 serialVersionUID 是 Java 建议实现了 Serializable 接口的类添加的变量。作用是在类有所变更的时候能够加以识别,在我们的程序中虽然没有什么用处,但还是保留了这一变量。毕竟有句俗话说得好:"听人劝吃饱饭。"这个变量的数值是 Eclipse 工具自动生成的。至于 toString() 函数,是用来在调试的时候能够更容易得知消息内容的。

　　对于遥控电动机运转情况的网络消息,需要速度数值和命令种类,代码如下:

```java
/**
 * 控制电动机运转的命令
 * @author programus
 *
 */
public class MotorMoveCommand implements NetMessage {
    /**
     * 命令种类枚举
     * @author programus
     *
     */
    public enum Command {
        /** 前进 */
        Forward,
        /** 后退 */
        Backword,
        /** 切断动力、惯性滑行 */
        Float,
        /** 停止 */
        Stop,
    }
    private static final long serialVersionUID=
        -7523347542695340161L;

    private Command command;
    private float speed;

    public Command getCommand() {
        return command;
    }
    public void setCommand(Command command) {
        this.command=command;
    }
    public float getSpeed() {
        return speed;
    }
    public void setSpeed(float speed) {
        this.speed=speed;
    }
    @Override
    public String toString() {
        return "MotorMoveCommand [command="+command
```

```
        +", speed="+speed+"]";
    }
}
```

为了更方地便使用和减少错误,将所有的命令种类定义在一个内嵌枚举类型 Command 中,当使用时,就可以使用 MotorMoveCommand. Command. Forward 这种方式,让阅读代码的人一看就明白其意义。

写好了网络消息类,下面该为每一个类写一个操作员了。

先来看一下控制电动机运转的操作员类——MotorMoveProcessor,这个类比较简单,只是根据收到的命令调用电动机的相应函数即可。

```java
/**
 * 控制电动机运转的操作员
 * @author programus
 */
public class MotorMoveProcessor implements
        Processor<MotorMoveCommand>{
    /** 需要控制的电动机 */
    private BaseRegulatedMotor motor;

    public MotorMoveProcessor(BaseRegulatedMotor motor) {
        this.motor=motor;
    }

    @Override
    public void process(MotorMoveCommand cmd,
            Communicator communicator) {
        Command command=cmd.getCommand();
        float speed=cmd.getSpeed();
        motor.setSpeed(speed);
        switch(command) {
        case Forward:
            motor.forward();
            break;
        case Backword:
            motor.backward();
            break;
        case Float:
            motor.flt(true);
            break;
        case Stop:
            motor.stop();
            break;
        }
    }
}
```

由于 EV3 中有两种类型的电动机——大型电动机和中型电动机(见图 1-0-3),这里使用它们的父类 BaseRegulatedMotor 来定义电动机以保证两者都可以操作。

然后,再来看看处理报告命令的操作员类。当接到命令后,操作员需要判断命令是让开启报告功能还是关闭报告功能。如果是开启报告功能,则需要持续监视电动机的状态,并将数值通过通信员发送出去。很显然,持续监视将产生一个循环,在接收到停止报告命令之前不会停止。这样的代码要分离到一个新的线程中执行;否则会影响到其他代码的执行。

对于这种定时执行的多线程操作,Java 提供了一种更方便的方式——Timer(定时器)+TimerTask(定时器任务)。只需要在 TimerTask 的子类中写明每次定时循环需要执行的代码,然后使用 Timer 启动即可。完整代码如下:

```java
/**
 * 处理开启/关闭报告命令的操作员类
 * @author programus
 */
public class MotorReportProcessor implements
Processor<MotorReportCommand>{
    /** 所操作的电动机 */
    private BaseRegulatedMotor motor;

    /** 用以获取电动机参数的定时器 */
    private Timer timer=new Timer("Reporting Timer", true);
    /** 用以获取电动机参数的定时任务 */
    private TimerTask task=null;

    /**
     * 构造函数
     * @param motor 所操作的电动机
     */
    public MotorReportProcessor(BaseRegulatedMotor motor) {
        this.motor=motor;
    }

    /**
     * 发送电动机数据报告,当报告内容没有变化时,不予发送
     * @param communicator 帮助发送消息的通信员
     * @param prevMsg 前次报告的内容
     * @return 本次报告的内容
     */
    private MotorReportMessage sendReport(
            Communicator communicator,
            MotorReportMessage prevMsg) {
        //假定报告没有变化,将前次报告赋值给本次报告
        MotorReportMessage msg=prevMsg;
        //获取转速和转过的角度
        int speed=motor.getRotationSpeed();
        int tachoCount=motor.getTachoCount();
```

```java
        //检查数值是否有变化(当报告为 null 时,表示这是第一次报告)
        if(msg==null ||
                speed !=prevMsg.getSpeed() ||
                tachoCount !=prevMsg.getTachoCount()) {
            //使用新的数值创建新报告
            msg=new MotorReportMessage();
            msg.setSpeed(speed);
            msg.setTachoCount(tachoCount);
            //发送报告
            communicator.send(msg);
        }

        //返回本次报告内容
        return msg;
    }

    /**
     * 启动定时报告任务
     * @param communicator 帮助发送报告的通信员
     */
    private void startReportTask(
            final Communicator communicator) {
        //因为定时器启动任务,会等待一个循环周期时间后第一次运行
        //所以在此立即发送一次报告
        final MotorReportMessage msg=
                sendReport(communicator, null);
        if(task==null) {
            //任务不存在,意味着任务未启动,创建新任务
            //报告定时任务的匿名类
            task=new TimerTask() {
                //用以存储前次报告的变量,初始值为启动前发送的报告
                MotorReportMessage prevMsg=msg;
                @Override
                public void run() {
                    //发送报告,并将本次报告内容存为下次报告时的前次报告
                    prevMsg=sendReport(communicator, prevMsg);
                }
            };

            //启动定时器,执行间隔 100 毫秒
            timer.schedule(task, 0, 100);
        }
    }

    /**
     * 停止定时报告任务
     */
    private void stopReportTask() {
```

```
    if(task !=null) {
        //当任务存在时,意味着定时器正在运行
        //取消任务
        task.cancel();
        //将任务置空
        task=null;
        //刷新定时器
        timer.purge();
    }
}

@Override
public void process(MotorReportCommand msg,
        Communicator communicator) {
    if(msg.isReportOn()) {
        this.startReportTask(communicator);
    } else {
        this.stopReportTask();
    }
}
}
```

在这段代码中,为了减少网络传输的次数,在发送前对报告的内容进行了检查,如果报告没有变化,则不进行发送。这样可以防止过于频繁的网络传输影响数据传送速度。

在这里,还涉及一个 MotorReportMessage 类。这是发向手机端的网络消息类型。有了上面两个网络消息类的经验,这个就不列代码了,请读者自行完成。在这里要提一下关于网络消息类的命名。为了更好地区分消息的流向,在这个调研程序中和后面将出现的程序中都将使用同样的命名规则——手机发向 EV3 的类,将命名为 XxxxCommand;而 EV3 发向手机的,将命名为 XxxxMessage。其中的 Xxxx 部分是此消息类型的功能。

有了通信员-网络消息-操作员架构(不妨用 3 个类的第一个字母简写为 CNO 架构),我们的全双工并行网络通信就解决了。与《星际迷航》例子中,一方是飞船、一方是船长柯克不同,我们的程序在遥控手机端也存在复杂的分工和功能,所以在手机端也同样需要利用这个架构,然后编写好处理 EV3 发来消息的操作员来实现手机端的功能。由此可以看出,架构中的通信员和网络消息类在 EV3 端和手机端都是同样的内容,可以单独设置一个工程安装,然后在两边共享。这也体现出选择 leJOS,可以在手机和 EV3 上都使用 Java 的优势了。

关于通信部分调研的核心部分到这里就讲完了,因为代码量较大,加之很多与之前调研中的内容重复,所以很多代码没有在正文列出,可以参考以下 3 个工程中的代码。

(1) p01-research-bluetooth-comm-lib——通信框架的共享代码。

(2) p01-research-bluetooth-comm-server——EV3 端代码。

(3) p01-research-bluetooth-comm-client——手机端代码。

最终的实现效果是通过图 1-1-9 所示的手机界面来操纵 EV3 上的一个电动机(上面工程中的代码里,电动机是连接在 B 口上的),并能读到电动机上的转速和角度数据。

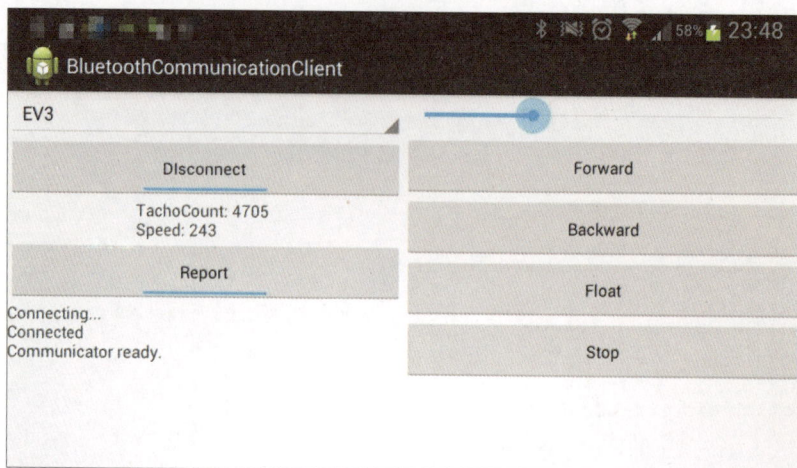

图 1-1-9 通信调研程序手机界面

手机左右摇晃检测

在正式创建我们的机器人之前,还有最后一个技术障碍需要克服,那就是如何检测到手机在左右摇晃并通过这个摇晃来控制 EV3 机器人的左右转弯。

有了之前的通信框架,可以不必担心如何发送摇晃数据的问题了,在本调研中,让我们集中精力来解决如何取得手机摇晃数据的问题。完成这一调研,只需要一部手机,可以让 EV3 休息了。如果经过前两个调研的调试,EV3 中的电池电量或许已经所剩不多,可以利用这个时间去充电或者换电池了。

言归正传,要检测手机的摇晃,就要使用到手机的传感器。关于传感器,在 Google 的官方 Android 开发者网站里有专门的一个篇章来说明。这次要用到的是动作传感器(Motion Sensor),相关介绍的网址如下:

- http://developer.android.com/guide/topics/sensors/sensors_overview.html
- http://developer.android.com/guide/topics/sensors/sensors_motion.html

在传感器概述(Sensor Overview)中,对传感器的使用已经有了比较清晰的描述。只需要从系统取得 SensorManager 的对象,再通过 SensorManager 中的 getDefaultSensor() 函数取得相应的 Sensor 对象,然后注册一个 SensorEventListener 就可以在这个 SensorEventListener 中完成对传感器数据的监控了。

```
/**
 * 初始化传感器
 */
private void initSensor() {
    mSensorManager=
        (SensorManager) this.getSystemService(SENSOR_SERVICE);
    mGravity=
        mSensorManager.getDefaultSensor(Sensor.TYPE_GRAVITY);
    mSensorListener=new SensorEventListener() {
```

```
    @Override
    public void onSensorChanged(SensorEvent event) {
        //TODO：处理传感器数据,计算手机偏转角
    }

    @Override
    public void onAccuracyChanged(
        Sensor sensor, int accuracy) {
        //不关心精度的变化,不做任何事
    }
};
}


@Override
protected void onResume() {
    super.onResume();
    //注册传感器事件监听器
    mSensorManager.registerListener(
        mSensorListener, mGravity,
        SensorManager.SENSOR_DELAY_GAME);
}


@Override
protected void onPause() {
    super.onPause();
    //解除传感器时间监听器
    mSensorManager.unregisterListener(mSensorListener);
}
```

Google 推荐将注册传感器监听器的代码写在 onResume()函数中,并将注销传感器监听器的代码写在 onPause()函数中,以保证传感器在窗口不显示的时候不继续工作,这样可以节省电能。

在这个例子中,使用了重力传感器,因为当手机倾斜时,将会与永远竖直向下的重力有一个夹角,这个夹角的数值可以用来指示机器人的转向角度。

接下来探讨如何实现传感器数据的处理。从动作传感器的说明页中可以知道,重力传感器将传回 3 个值,分别是 X、Y、Z 3 个方向上的重力值,单位是 m/s²。X、Y、Z 3 个坐标方向与手机的关系如图 1-1-10 所示。

图 1-1-10 手机传感器坐标系统

当横着拿手机时,根据牛顿力学的力的分解可以得到图 1-1-11 所示的手机受重力分析图。由图可知,重力在 Y 轴上的分量可以帮助我们计算出手机的倾角 α。公式为

$$\sin\alpha = \frac{\text{手机平面方向上的重力加速度分量}}{\text{重力加速度}}$$

$$\alpha = \arcsin\left(\frac{\text{手机平面方向上的重力加速度分量}}{\text{重力加速度}}\right)$$

得到的 α 将是以 rad(弧度)为单位的值。

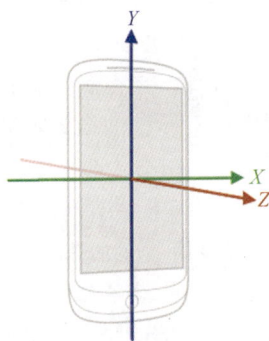

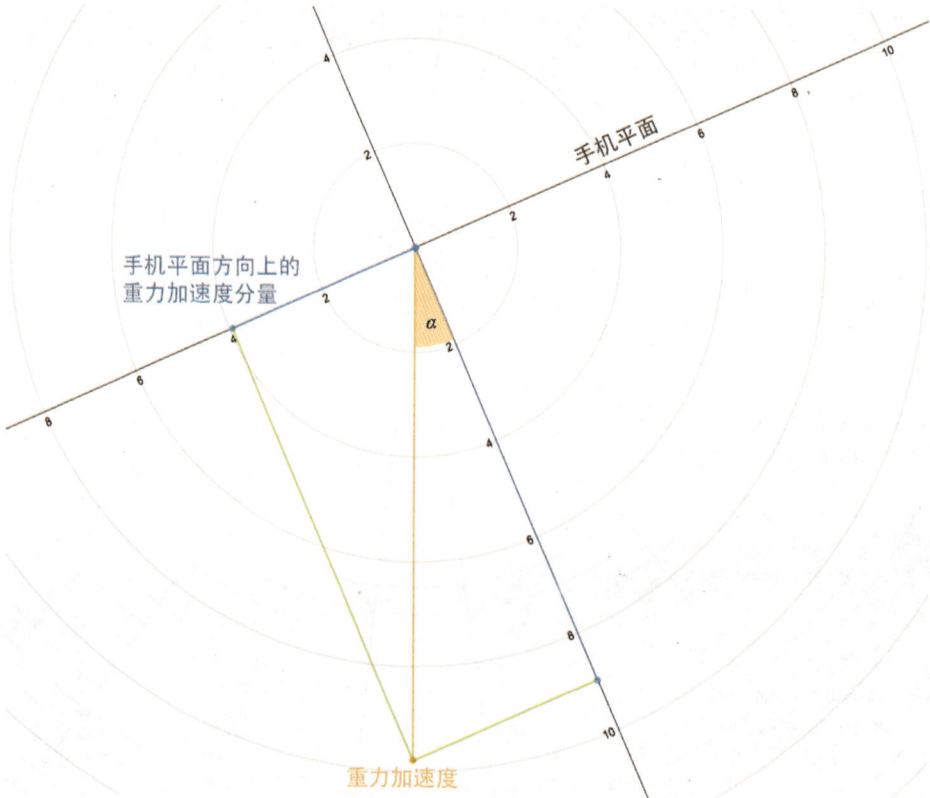

图 1-1-11　重力分解图

　　为了方便控制,将程序设计为横版界面。这就意味着,如果使用手机,需要将手机横过来操作,"手机平面方向上的重力加速度分量"就是 Y 轴上的分量;而如果使用平板设备,由于本身就是横版设备,"手机平面方向上的重力加速度分量"则是 X 轴上的分量。而且,由于坐标轴的指向不同,分量的正负也会有所差异。

　　另外,Android 系统中的重力传感器给出的数值是来源于加速度传感器的,从系统得到的数值实际上并不是重力加速度的数值,而是相对于无加速度的惯性参考系得出的手机加速度数值。无加速度的惯性参考系在地球上指的是做自由落体运动物体所在的参考系,因此我们的设备总是拥有一个由于托在手里或者放在桌上的支撑力而产生的加速度。这个加速度的绝对数值与重力相同,方向相反。

　　考虑了上述种种因素后,计算手机偏转角的代码如下:

```
@Override
public void onSensorChanged(SensorEvent event) {
    //取得界面旋转信息
    int rotation=getWindowManager()
            .getDefaultDisplay().getRotation();
    float g=0;
    switch (rotation) {
    case Surface.ROTATION_0:
```

```
        //界面无旋转,取 X 轴方向分量
        //右转为正,数据取反
        g=-event.values[0];
        break;
    case Surface.ROTATION_90:
        //界面逆时针 90°旋转,取 Y 轴分量
        g=event.values[1];
        break;
    case Surface.ROTATION_180:
        //界面旋转 180°,取 X 轴方向分量
        g=event.values[0];
        break;
    case Surface.ROTATION_270:
        //界面逆时针旋转 270°,取 Y 轴分量
        //右转为正,数据取反
        g=-event.values[1];
        break;
    }
    double alpha=Math.asin(g/SensorManager.GRAVITY_EARTH);
    displayAngle(alpha);
}
```

在函数的最后,调用了 displayAngle()函数来将计算出的角度显示在界面上。虽然弧度值在计算中应用更多,但直观感受还是看角度更方便一些,所以显示时同时显示角度和弧度数值。

```
private void displayAngle(double angle) {
    double degree=Math.toDegrees(angle);
    mAngle.setText(String.format("%f/%f", angle, degree));
}
```

程序运行后效果如图 1-1-12 所示。

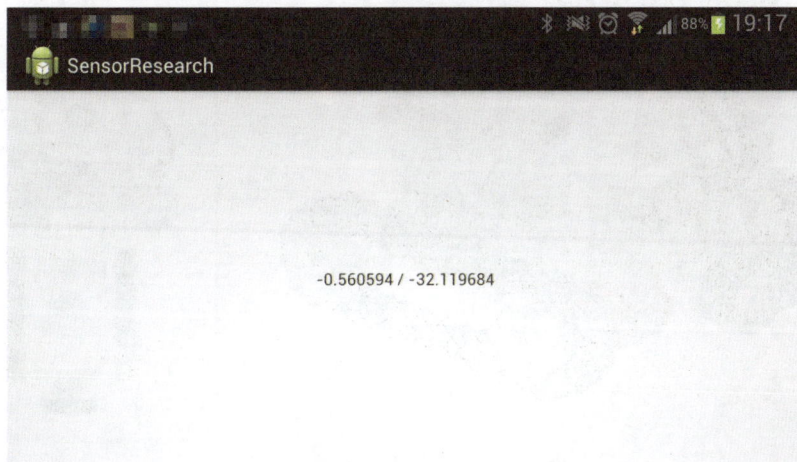

图 1-1-12　手机倾斜检测测试程序界面(左倾时)

至此,所有的技术难题调研都结束了,下一步就可以设计机器人了。

硬　　件

这一节,让我们一起来设计一下机器人的硬件。作为一个机器人,肯定是需要 EV3 智能模块的。

然后,我们的机器人要能够前后移动和左右转弯,所以至少需要两个电动机。可转向的机器人结构,可以设计为类似汽车的结构——两个轮子负责动力,两个轮子负责转向;也可以设计成两个电动机分别连接两侧的轮子,通过电动机转速的差异达到转向的目的。前者需要考虑转向时轮子的转速同步问题,还要设计复杂的转向轮结构。这个项目的重点不在于机械结构,所以选择了后一种设计,同时将两侧设计成履带结构以达到整体的稳定。当然,也可以使用 EV3 教育套装中的三轮车结构,如图 1-1-13 所示。

接着,我们的机器人还要能够检测前方障碍,所以需要一个可以测距的超声波传感器或者红外线传感器。

图 1-1-13　乐高 EV3 教育套装中的三轮车结构

总体来说,这个项目所需的机器人结构比较简单。机器人最终样式如图 1-1-14 所示。

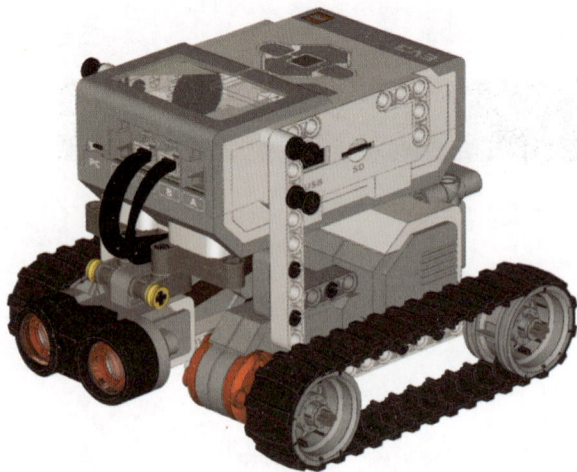

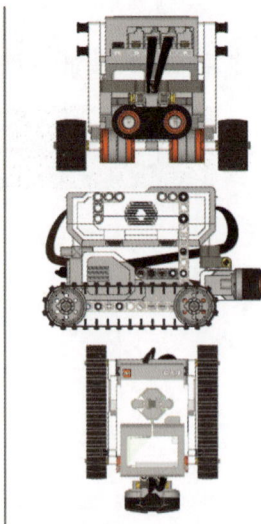

图 1-1-14　项目 1 的机器人模型

这一机器人的组装图,可以参考 p01-vehicle.lxf 文件。由于 LDD 软件的 BUG,履带无法绘制到正确位置,但实际安装时可以直接套在轮子上。

其中各个元件的连接端口如下。

左轮电动机:端口 B。

右轮电动机:端口 C。

超声传感器:端口 3。

软　件

对于这个项目来说,软件才是重头戏。下面就来说一下软件的设计。

通信协议

作为一个遥控机器人,在调研中设计出的 CNO 架构显然是必需的。基于 CNO 架构,要先确定必需的消息类型。

首先,机器人要能够前行、后退和转向。所以,需要一个机器人移动命令,即 RobotMoveCommand。用这个命令,可以让机器人知道自己需要多快的速度,做何种移动,移动时转向角度是多少。因此,这个类设计如下:

```java
/**
 * 控制机器人移动的命令
 * @author programus
 *
 */
public class RobotMoveCommand implements NetMessage {
    /**
     * 命令种类枚举
     */
    public enum Command {
        /** 前进 */
        Forward,
        /** 后退 */
        Backward,
        /** 切断动力,惯性滑行 */
        Float,
        /** 停止,禁止转向 */
        Stop,
    }
    private static final long serialVersionUID=
        -7523347542695340161L;

    private Command command;
    /** 机器人行进时的引擎转速,单位:度/s */
    private short speed;
    /** 机器人转向角度,单位:度 */
    private short rotation;
```

```java
    public Command getCommand() {
        return command;
    }
    public void setCommand(Command command) {
        this.command=command;
    }
    public short getSpeed() {
        return speed;
    }
    public void setSpeed(short speed) {
        this.speed=speed;
    }
    public short getRotation() {
        return rotation;
    }
    public void setRotation(short rotation) {
        this.rotation=rotation;
    }
    @Override
    public String toString() {
        return "RobotMoveCommand [command="+command+ ",
            speed="+speed+", rotation="+rotation+"]";
    }
}
```

对于一个比较精确的程序来说,速度和旋转角度值本应该是双精度浮点型才对。然而,在大多数计算机硬件上,浮点数运算速度都要远远小于整数类型的运算。尤其在相对运算速度较低的 EV3 上表现得尤其严重。为了在运算速度和精确度上取得平衡,这里采用范围在 $-32\,768 \sim 32\,767$ 的整数型 short 来存储速度和旋转角度,然后将单位分别设为较小的 mm/s 和度。

此外,在遥控器上要知道机器人的运行状态。根据前面提到的构想,机器人的行进速度、电动机的转速以及机器人行进的总里程都需要传送给手机遥控端。所以,这里需要一个通报这些信息的消息,即 RobotReportMessage。

```java
/**
 * 机器人数据报告消息
 * @author programus
 */
public class RobotReportMessage implements NetMessage {
    private static final long serialVersionUID=
        -8702695106516789834L;

    /** 机器人行进速度,单位:mm/s */
    private short speed;
    /** 机器人引擎转速,单位:度/s */
    private short rotationSpeed;
    /** 机器人行进总里程,单位:mm
     * (里程从每次程序运行时开始重新从零计算)
```

```
    */
    private int distance;

    public short getSpeed() {
        return speed;
    }
    public void setSpeed(short speed) {
        this.speed=speed;
    }
    public short getRotationSpeed() {
        return rotationSpeed;
    }
    public void setRotationSpeed(short rotationSpeed) {
        this.rotationSpeed=rotationSpeed;
    }
    public int getDistance() {
        return distance;
    }
    public void setDistance(int distance) {
        this.distance=distance;
    }

    public boolean isSameAs(RobotReportMessage msg) {
        return this.speed==msg.speed &&
            this.rotationSpeed==msg.rotationSpeed &&
            this.distance==msg.distance;
    }
    @Override
    public String toString() {
        return "RobotReportMessage [speed="+speed+ ",
        rotationSpeed="+rotationSpeed+ ",
            distance="+distance+"]";
    }
}
```

同样,为了提高性能,都使用整数类型的变量。

此外,机器人还要能够监测前方障碍物状况,传送给手机遥控端,所以这里还设计了一个障碍物信息消息,即 ObstacleInforMessage。

```
/**
 * 障碍物信息消息
 * 用以向遥控手机端通报障碍物信息
 * @author programus
 *
 */
public class ObstacleInforMessage implements NetMessage {
    private static final long serialVersionUID=
        5173579547303936055L;
```

```
public static enum Type {
    Safe((short)800),
    Warning((short)400),
    Danger((short)200),
    Unknown((short)0);

    private final short value;
    Type(short mm) {
        this.value=mm;
    }
}

private Type type;
/** 障碍物距离,单位: mm */
private int distance;

public Type getType() {
    if(this.distance<Type.Unknown.value) {
        type=Type.Unknown;
    } else if (this.distance<Type.Danger.value) {
        type=Type.Danger;
    } else if (this.distance<Type.Warning.value) {
        type=Type.Warning;
    } else {
        type=Type.Safe;
    }
    return type;
}

public int getDistance() {
    return distance;
}

/**
 * 取得浮点类型距离值
 * @return 距离值,单位: mm
 */
public float getFloatDistanceInMm() {
    float result=this.distance;
    //对非常规数值进行转换,与 setDistance(float)中的处理对应
    switch (this.distance) {
    case -1:
        result=Float.POSITIVE_INFINITY;
        break;
    case -2:
        result=Float.NEGATIVE_INFINITY;
        break;
    case -3:
        result=Float.NaN;
```

```
                break;
            }
        return result;
    }


    /**
     * 设置障碍物距离值,单位: m
     * @param distance 障碍物距离值
     */
    public void setDistance(float distance) {
        if(Float.POSITIVE_INFINITY==distance) {
            //正无穷大,转为-1
            this.distance=-1;
        } else if(Float.NEGATIVE_INFINITY==distance) {
            //负无穷大,转为-2
            this.distance=-2;
        } else if(Float.isNaN(distance)) {
            //非合法数字,转为-3
            this.distance=-3;
        } else {
            this.distance=(int) (distance * 1000);
        }
    }


    /**
     * 设置障碍物距离值,单位: mm
     * @param distance 障碍物距离值
     */
    public void setDistance(int distance) {
        this.distance=distance;
    }


    @Override
    public String toString() {
        return "ObstacleInforMessage [type="+this.getType()+ ",
            distance="+distance+"]";
    }
}
```

实际上,障碍物的信息只有一个,就是障碍物距离。但为了在处理过程中能够方便地取得障碍物距离属于危险范围、警告范围还是安全范围的数值,在这里添加了一个表示距离类型的枚举。

网络通信用到的消息主要就是这些。

EV3 端

Java 是面向对象的语言,对于面向对象的程序设计,通常就参考实际问题中出现的对象来设计即可。我们现在有一个车型机器人,能够前进、后退、转弯,还能检测到障碍物的距离。那么，就设计一个类来产生这个对象。由于是车型机器人，将其命名为 VehicleRobot。而在 EV3 端，程序中只需要有一个机器人对象就足够了，所以这里使用单例（singleton）设计模式来保证在整个 EV3 端只能取得一个机器人对象，并且无论在哪里都可以取得这个机器人对象。下面这段代码就是实现了单例设计模式的核心内容。

```java
/**
 * 被遥控的机器人
 * @author programus
 *
 */
public class VehicleRobot {

    private static VehicleRobot inst=new VehicleRobot();

    private VehicleRobot() {
        //构造函数内容……
    }

    public static VehicleRobot getInstance() {
        return inst;
    }
}
```

其中将构造函数设置为 private，保证了这个类的对象不能用 new 来创建。而静态的成员变量 inst，保证了唯一对象的存在。使用静态方法 getInstance() 则可以让外界取得这个唯一对象。使用时，只需要使用以下代码的方式调用，即可取得唯一的 VehicleRobot 类的对象。

```java
VehicleRobot robot=VehicleRobot.getInstance();
```

解决了唯一对象的问题，接下来要设计 VehicleRobot 的功能。这个机器人能前后移动，所以需要一个 forward() 方法和一个 backward() 方法。同时，机器人可以转弯。实际上，转弯和前进、后退是同时发生的，可以将它们归到一起处理。另外，为了防止重复计算，可以把 backward() 看作速度为负数的 forward()。

```java
public void backward(int speed, int angle) {
    this.forward(-speed, angle);
}
```

那么，关于机器人的移动只需要将 forward() 方法写好就行了。而这个 forward() 方法，归根到底，就是计算控制两个轮子的电动机的速度。

对于直行，也就是转向角为 0°的情况，两个电动机的转速是相同的。如果将函数的第一个速度参数设计成电动机转速，那么两个电动机的速度就是这个速度值。当机器人转向时，为保持前进速度，在指定速度的基础上，其中一个电动机的速度要减小，另一个电动机的速度要增大，减小和增大的数值是相等的。可以记作：

$$Speed_{left} = Speed + dv$$

$$\text{Speed}_{\text{right}} = \text{Speed} - \text{dv}$$

显而易见,dv 是机器人转弯角速度 angle 的某种函数,即

$$\text{dv} = f(\text{angle})$$

只要理清其中的函数关系,机器人的移动就不再是个问题了。

图 1-1-15 是以机器人的旋转中心为原点绘制的坐标图,当机器人转弯的时候,其车轮相对于旋转中心所做的运动是圆周运动,图中并未完全显示的大圆就是机器人车轮的旋转轨迹,角 α 是单位时间内机器人转过的转角;左侧的两个小圆是机器人旋转前后的车轮位置,实际车轮应该是与绘图平面垂直的。为了方便描述,图中将车轮放倒绘制在同一个平面上,这一转变并不影响车轮转过角度的计算。图中 dv 就是单位时间内车轮转过的角度,也就是电动机的转速。

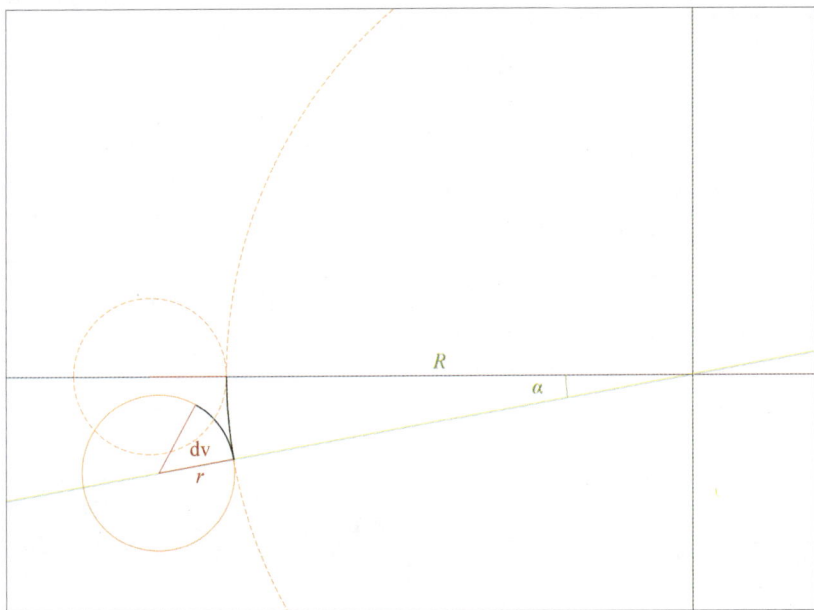

图 1-1-15　车轮转速示意图

很显然,两个圆的转角所对应的圆弧长度是一样的。于是,根据圆弧长度的计算公式可以得出两个角度值之间的关系为

$$\text{弧长} = \frac{\alpha \pi R}{180} = \frac{\text{dv} \cdot \pi \cdot r}{180}$$

$$\text{dv} = \frac{R}{r} \times \alpha$$

这里的 α 就是上文提到的 angle,因此,dv 与 angle 的函数关系就是简单的正比关系,可以记做

$$\text{dv} = \text{RATE} \times \text{angle}$$

公式中的 angle(同时也是 forward()函数的参数)将由手机旋转产生后传给机器人,如果希望机器人转得相对快一些,就可以将 RATE 设置为一个比较大的值;如果希望相对转慢一点,就将 RATE 设小一点。这样,两个电动机的转速就都有了。

　　然而,还有一个问题是：电动机是有速度上限的,如果转弯时转速较快的电动机的速度超过了速度上限,EV3 实际运转电动机的时候将以速度上限运转它,这时,就无法保证转弯的速度。所以,当有电动机达到速度上限时,需要对速度做出调整,让转速快的电动机以速度上限运转,另一边的电动机设为"上限速度－dv×2"。这样,就能够保证机器人的转向了。

　　最终,就得到以下代码：

```java
/**
 * 机器人前进
 * @param speed 前进时的平均引擎角速度,为负数时机器人后退
 * @param angle 机器人转弯角度,数值来自遥控手机,单位为度
 */
public void forward(int speed, int angle) {
    if(signum(speed) !=signum(this.speed)) {
        //若驶向相反方向,则更新距离值
        //以免距离值被反向运动中和
        updateDistance();
    }

    //保证速度不超过上限
    speed=adjustSpeed(speed);

    //计算转弯时的两轮角速度与平均角速度之间的差
    int dv=angle * ANGULAR_RATE;
    if(speed<0) {
        //倒车时,差值取相反值
        dv=-dv;
    }
    //粗求两轮引擎的角速度,结果可能超过引擎速度上限
    int[] speeds={ speed+dv, speed-dv};
    //循环计算两轮引擎实际角速度
    for (int i=0; i<speeds.length; i++) {
        int x=speeds[i];
        int adv=Math.abs(dv)<<1;
        if(Math.abs(x)>speedLimit) {
            //如果粗算角速度值超过速度上限
            //当前引擎速度设为上限
            speeds[i]=x>0 ? speedLimit: -speedLimit;
            //对另外一个引擎的速度做出相应处理
            speeds[(~i) & 0x01]=x>0 ?
                speedLimit-adv: -speedLimit+adv;
            break;
        }
    }

    //将计算出的速度设置到电动机上
    for (int i=0; i<wheelMotors.length; i++) {
        BaseRegulatedMotor motor=wheelMotors[i];
```

```
    int sp=speeds[i];
    motor.setSpeed(sp);
    int currSpeed=motor.getRotationSpeed();
    //仅在速度方向发生改变时,重新调用 forward()或 backward()方法
    if(sp>0 && currSpeed<=0) {
        motor.forward();
    } else if(sp<0 && currSpeed>=0){
        motor.backward();
    }
    }
}
```

　　这里,使用一个只有两个元素的数组来存储两个电动机的速度,第一个元素是左轮,第二个元素是右轮。同时,电动机也是用数组来处理的,这样可以通过循环来进行处理以减少重复代码。

　　细心的读者应该注意到了,代码一开头,有一个更新里程的部分。为什么会有这样一段程序呢? 这里就要说一下里程的计算。

　　里程,说到底就是基于电动机转过的角度的总和得来的数值。在 leJOS 中为电动机提供了一个函数——getTachoCount(),可以取得电动机的总转角,然而当电动机从正向旋转变为反向旋转时,已经累积的角度值会减少。而一辆车走过的里程,不论是前行还是后退,都应该是不断累加的。因此,在电动机转向发生变化的时候,就有必要及时地将到目前为止的里程保存下来,并开始计算新的里程。电动机会发生转向的原因,就是我们的机器人速度从正变成负或者从负变成正,换句话说,就是符号发生了改变。所以,有了函数最开头那段判断速度符号,并更新里程的代码。

　　既然说到这里,就顺便看看更新里程的函数吧!

```
private synchronized void updateDistance() {
    int tachoCount=getTotalTachoCount();
this.distance+=
        this.getDistanceFromTotalTachoCount(
            Math.abs(tachoCount-prevTachoCount));
    prevTachoCount=tachoCount;
}
```

　　函数所做的事情就如上面说到的,取得当前的转角值,计算当前转角值与记录点值之差的绝对值,然后将这个绝对值累加到里程上,最后更新记录点值为当前转角值。

　　当然,实际的里程值不能是转角,而是这个转角对应的弧长。所以,这里调用了一个 getDistanceFromTotalTachoCount()函数来计算弧长。由于代码不是太难,这里就不列出来了,可以自行去本书附带的工程中寻找。

　　除此之外,我们的机器人还要能返回速度、转速以及障碍物信息。转速就是电动机的旋转速度,通过 leJOS 提供的 getRotationSpeed()函数即可轻松得到;速度则是转速对应的单位时间经过的弧长,仍旧是弧长计算,也不赘述了。

　　障碍物的信息,需要用到超声波传感器(如果你用的是 EV3 家庭套装,也可以用红外线传感器代替,只是两者的代码略有不同)。在针对 EV3 的 leJOS 中,对传感器数值的取

得方式采用了统一的传感器框架。

所有的传感器，都被归类为 SensorModes，可以使用 getMode()方法取得对应的 SampleProvider。而我们想要的数值，通过 SampleProvider. fetchSample()函数就可以得到了。

由于传感器的种类不同，取得的数值就可能不同，为了统一，在 fetchSample()函数中填充了一个 float[]数组来满足各种传感器的需求。

我们这次要进行距离的测量，无论是使用超声波传感器还是红外线传感器，它们都有一个 distance mode，从 leJOS 的文档中可以看到，两个传感器都有一个 getDistanceMode() 函数（或者 getMode("Distance")）可以返回一个 SampleProvider，而这个 SampleProvider 取值的时候，只有一个距离数值，所以用来取值用的 float[]数组的长度设为 1 就够了。

传感器框架中取出来的数值都是国际单位制的，也就是说取出的距离值的单位将会是 m。而前面介绍的障碍物信息消息中，为了提高运算速度，将单位设为 mm，并采用了整数，所以在创建障碍物消息时，需要做一下转换。

对于传感器的信息和机器人的运行数据的发送，分别使用两个单独的对象来处理。这两个对象所对应的类也有所不同。然而，这两个类的处理机制大同小异，都是启动一个定时器，在新的线程中定时获取数据并通过通信员发送。其代码内容与调研项目中发送报告的部分类似，这里就不展开说明了。

至此，EV3 端的主要内容就设计完成了。在机器人程序的主函数中，只需要获取机器人对象，启动服务器，创建连接后，设置好相应的处理员，并启动报告和障碍物信息监听就可以了，代码如下：

```
public static void main(String[] args) {
    //取得机器人对象
    final VehicleRobot robot=VehicleRobot.getInstance();
    //取得服务器对象
    Server server=Server.getInstance();
    //提示服务器等待连接
    promptWait();
    //启动服务器，等待连接
    server.start();
    //通知已连接
    promptConnected();
    try {
        //取得通信员对象
        Communicator communicator=server.getCommunicator();
        //追加机器人移动命令处理员
        communicator.addProcessor(RobotMoveCommand.class,
            new RobotMoveProcessor(robot));
        //追加退出命令处理员
        communicator.addProcessor(ExitSignal.class,
            new Communicator.Processor<ExitSignal>() {
            @Override
            public void process(ExitSignal msg,
```

```
                    Communicator communicator) {
                        //退出时释放机器人资源
                        robot.release();
                    }
                });
                //创建障碍物监视器并启动
                ObstacleMonitor obsMonitor=
                    new ObstacleMonitor(robot, communicator);
                obsMonitor.startReporting();
                //创建机器人状态报告器并启动
                RobotReporter reporter=
                    new RobotReporter(robot, communicator);
                reporter.startReporting();
        } catch (IOException e) {
            Sound.buzz();
            e.printStackTrace();
        }
    }
```

手机端

完成了 EV3 端的设计,再来看看手机端如何设计。

手机端的主要功能是遥控机器人和查看机器人传回的数据,所以不仅要能够实现功能,还需要有一个简洁方便的界面。比如,控制机器人的前后移动、设置速度等最好都在手指容易触到的地方,而信息显示部分虽然不要求手指能触到,但最好能直观地看到数值的变化。

另外,在调研时使用了一个下拉列表框和一个按钮来选择 EV3 设备并创建蓝牙连接。但这次的手机遥控涉及的内容比较多,我们就不希望这个蓝牙连接的部分还占用屏幕的大片区域了。从 Android 3.0 起,Google 提倡使用 Action Bar 来放置常用功能菜单,所以,把这个蓝牙连接的功能改到 Action Bar 上面。

至于其他功能如何摆放,则需要规划一下。在正式绘制软件界面之前,先画一个草图,如图 1-1-16 所示。如上所述,控制机器人的部分需要手指容易触到,由于界面采用横屏,所以将调整移动方向和速度等控制类控件放在界面的两边。仿照汽车的操作设计,将油门(速度控制)和刹车放在右边,挡位(前后方向)放在左边。中间部分则显示机器人返回的信息:速度、转速、里程以及障碍物信息。中间部分的最下面,显示蓝牙连接的日志、错误信息等内容。

有了这份草图,接下来就在 Android 开发的图形界面设计器上开始画这个界面。控制速度的条状控件,使用 SeekBar 是最理想的,然而不幸的是,Android 标准控件中只有横向的 SeekBar,没有纵向的 SeekBar。所以,需要自己做一些调整,在搜索引擎(如 Google)上搜索"Android SeekBar Vertical",可以找到很多开放源代码的纵向 SeekBar 的实现。我们可以选取其中之一,修改一些 Bug 并针对需要的功能稍做改变即可。

最终,控制界面设计如图 1-1-17 所示(实际运行时的界面)。

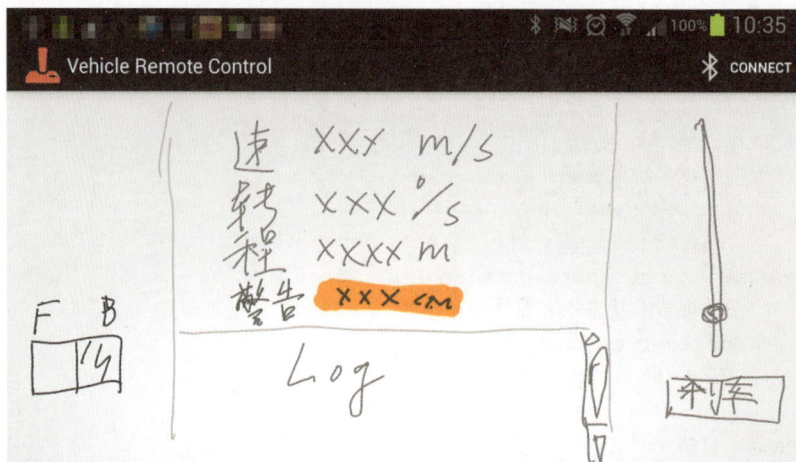

图 1-1-16　手机遥控界面设计草稿

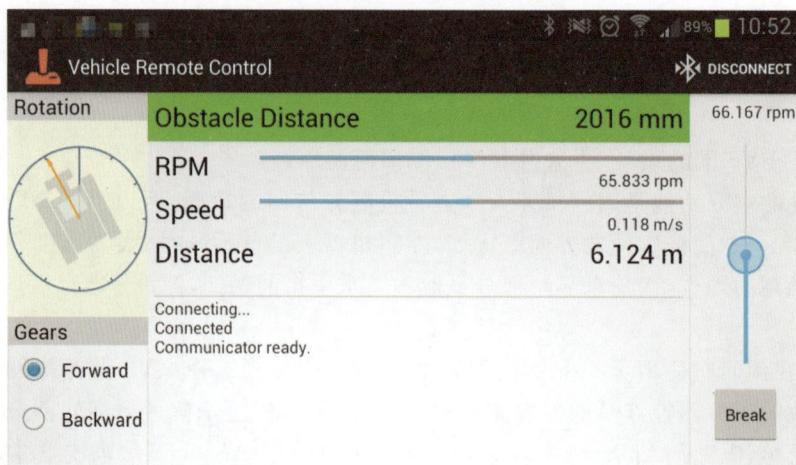

图 1-1-17　手机遥控界面最终效果

其中,前进、后退挡位的部分没有采用设计草稿的开关方式,而是改作了单选框;左上角追加了转向角示意图;中间的信息显示部分,将草稿中位于下部的障碍物信息挪到了顶部;对转速和速度添加了进度条显示,这样可以让速度的大小更加直观。

然而,所有这些控制在手机和 EV3 建立连接之前,显然是不希望用户操作的。所以,在蓝牙连接前如果能加一个遮罩最好。另外,蓝牙连接的控制放在 Action Bar 上,也不够醒目,最好能给出一个提示来让用户知道如何连接 EV3。所以,在程序刚启动后,会显示一个图 1-1-18 所示的界面。使用半透明的遮罩来挡住控件,并在右上角用文字提示用户单击 CONNECT 按钮。

要实现这种界面效果,需要在设置界面的 XML 中以 FrameLayout 作为最底层的布局,因为 FrameLayout 允许上面的控件重叠,然后在其中放置两层界面内容——下面一层是遥控操纵的部分,上面一层则是一个带提示的半透明遮罩。当蓝牙连接成功后,只要

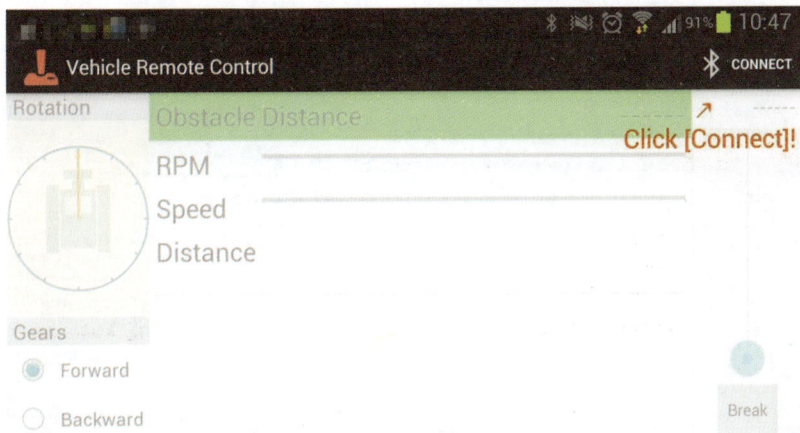

图 1-1-18 手机遥控启动界面

将上一层的显示属性(visibility)设置为消失(gone)就可以显露出下面一层的内容并允许用户操纵了。

回过头来再多说两句蓝牙连接。蓝牙连接功能放在 Action Bar 的菜单按钮上,使得我们没有办法在单击按钮之前选择要连接的设备,所以,需要在单击按钮后提醒用户选择设备,这里使用列表对话框实现这一功能,效果如图 1-1-19 所示。列表对话框的实现,在 Android 官方的编程指南中有所介绍,只需要在创建对话框时用 setItems()方法指定列表中的内容和选中时的处理方式即可。代码如下:

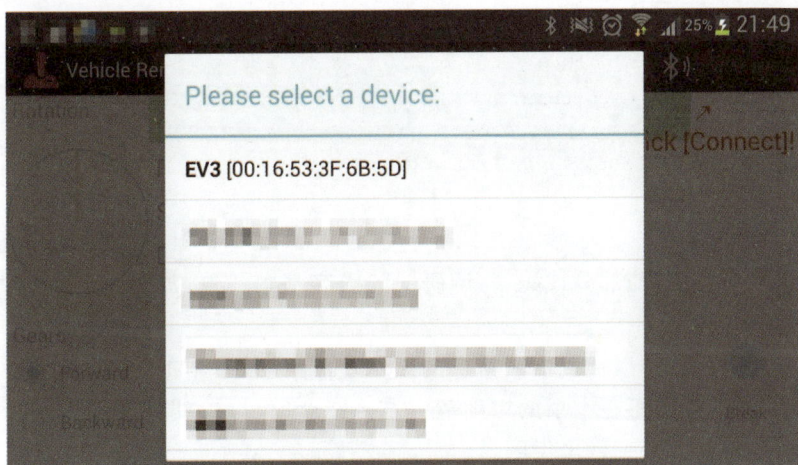

图 1-1-19 手机遥控选择蓝牙设备界面

```
private void askForDeviceSel(final BluetoothDevice[] devices) {
    if(devices.length>0) {
        CharSequence[] deviceDescriptions=
            new CharSequence[devices.length];
        for(int i=0; i<devices.length; i++) {
```

```
            deviceDescriptions[i]=Html.fromHtml(
                String.format("<b>%s</b>[%s]",
                devices[i].getName(), devices[i].getAddress()));
        }
        AlertDialog.Builder builder=
            new AlertDialog.Builder(this);
        builder.setTitle(R.string.title_select_device)
            .setItems(deviceDescriptions,
                new DialogInterface.OnClickListener() {
                @Override
                public void onClick(DialogInterface dialog, int which) {
                    if(which<0) {
                        setBtConnectState(
                            BtConnectState.Disconnected);
                    } else {
                        connect(devices[which]);
                    }
                }
            });
        AlertDialog dialog=builder.create();
        dialog.setOnCancelListener(
            new DialogInterface.OnCancelListener() {
            @Override
            public void onCancel(DialogInterface dialog) {
                setBtConnectState(BtConnectState.Disconnected);
            }
        });
        dialog.show();
    } else {
        Toast.makeText(this,
            R.string.msg_bluetooth_pair_necessary,
            Toast.LENGTH_LONG).show();
    }
}
```

关于蓝牙连接的其他部分代码,与调研中的内容基本一致,加之代码量较大,就不在正文中列出了。

对于手机操控部分,以及机器人信息的显示,都是比较基本的 Android 控件处理,由于 Android 编程的细节不在本书的讨论范围之内,读者可以参阅其他 Android 编程书籍学习和理解,也不在此一一列出说明了。

在这里想说一下的是机器人移动命令的发送。

首先是发送命令的时机。在没有新的命令到达时,机器人将维持上次命令给出的速度和转向角进行移动,所以,理论上只要速度或者转向角发生了变化,就应该发送新的命令。在我们的手机端程序中,速度通过拖动纵向 SeekBar 来改变,转向角由手机的倾斜变化来改变。两者都可能在很短的时间内发生很多次改变。例如,用手指缓慢地推动速度设置条,其中的数值就会不断地变化;同样,手机倾斜时,倾斜角在整个转动过程中都是不断变化的。如果在数值发生变化时就向机器人发送命令，就会出现瞬间产生巨量命令的情况。这无论对 EV3 的处理能力还是蓝牙网络的吞吐量都是一个极大的挑战。实际测试的结果也证明，这种方式会因为命令无法得到及时处理产生命令的延迟执行。例如，手机端已经将速度提到最大，机器人却还在缓慢地加速。显然，这不是我们所期望的结果。

那么，如何解决这个问题呢？

为了让命令可以及时得到处理，必须减少发送命令的频度，每次数值有变都发送命令是不行的。可以采取的方案有以下几种。

（1）设定一个命令数据采集间隔，每隔一定时间采集一次命令数据，并发送命令。

（2）每次发送命令后都留一段空白时间，忽略在空白时间中出现的数值变化。

（3）每次发送命令后都留一段空白时间，将空白时间中出现的数值变化暂存起来，下次发送。

3 个方案都可以有效地解决命令无法及时得到处理的问题。然而，第（1）个方案，如果命令发出的时间刚好在一次数据采集之后，这个命令就会被延迟一个间隔。此外，第（1）个和第（2）个方案中，如果在采集数据的间隔期间或空白时间中出现了停止之类的关键命令，就有可能被忽略，会导致机器人的行为与发出的命令不符。而第（3）个方案，如果暂存起来的命令过多，仍然会出现命令处理延迟的问题。

那怎么做才好呢？可以从一些游戏中学到解决的方法。当我们玩一些大型 3D 游戏的时候，由于机器配置不佳，常常会出现运行缓慢或者卡顿的情况。常见的有两种：一种是做出的一系列操作，要等一段时间画面才会有所响应，如赛车游戏中，我们按下左右左的操作，会发现屏幕上的赛车会忠实地按顺序执行左转右转左转，只是慢了半拍；另一种是我们过快做出的一系列操作中只有最后的操作被游戏接受，中间的部分操作被抛弃了，同样以赛车游戏为例，按下左右左，会发现由于卡顿，最后赛车只有左转，中间的右转操作被无视了。显然，对于激烈对抗的游戏，后一种方式能让玩家更好地进行操作，因为在这种需要快速反应的游戏中，最后的操作才是最符合当时情况的，后一种方式更能反映玩家最新的判断结果。

我们现在面临的问题和上面提到的游戏很像，都是由于输入数据过多，但处理速度跟不上导致的。在没有办法完美处理所有输入的情况下，我们选用抛弃部分命令的方案来处理。或者说，相当于前面提到的第（2）种和第（3）种方案的一个折中方案，空白时间中仅暂存最后得到的命令，中间的命令抛弃掉。但是这样做，仍然会出现如停止之类的关键命令被抛弃的情况。所以，将机器人移动命令分为两类：一是移动类命令；二是停止类命令。用在 RobotMoveCommand 中定义的命令类型来说，移动类命令包含 Forward 和 Backward，停止类命令包含 Float 和 Stop。对于移动类命令，采用上面提到的发送—等待—丢弃—暂存的方案发送；对于停止类命令，无论何时都立即发送。

那么，这个发送—等待—丢弃—暂存的方案如何用代码实现呢？

首先设置一个变量，用以存储暂存的命令。然后构建一个新的线程，在其中检查暂存的命令，当暂存的命令存在时，发送命令并休眠一段时间，休眠结束后，继续检查暂存的命令，如此循环。当速度或转向角发生变化时，由主程序请求发送一个命令，这个命令将存在暂存命令的变量里。由于只有一个存储暂存命令的变量，当新的命令被请求后，旧的命令如果尚未发出，就会被覆盖，这样就保证了只有最新的命令才被暂存起来。

为了让程序结构清晰，将发送机器人移动命令部分移出来，单独创建了一个类，名叫 RobotMoveCommandSender。上面提到的发送—等待—丢弃—暂存的实现，主要在以下几个函数中：

```java
private void requestSendMove(RobotMoveCommand cmd) {
    mLock.lock();
    try {
        mWaitCommand=cmd;
        mHasCommand.signal();
    } finally {
        mLock.unlock();
    }
}


private void startCommandSendThread() {
    //创建命令发送线程
    Thread t=new Thread(new Runnable() {
        @Override
        public void run() {
            RobotMoveCommand cmd=null;
            while(true) {
                try {
                    mLock.lockInterruptibly();
                    try {
                        //没有命令等待时，线程暂停
                        while(mWaitCommand==null) {
                            mHasCommand.await();
                        }
                        //有命令等待时，取出命令
                        cmd=mWaitCommand;
                        mWaitCommand=null;
                    } finally {
                        mLock.unlock();
                    }
                    if(!isDuplicatedCommand(cmd)) {
                        //若此命令与前次命令不同,则发送此命令
                        sendMoveCommand(cmd);
                        mPrevCommand=cmd;
                    }
                } catch (InterruptedException e) {
                    break;
                }
            }
        }
    }, "Command send thread");
    t.setDaemon(true);
    t.start();
}
```

```java
/**
 * 发送移动类命令,包括前进(forward)和后退(backward)
 * @param cmd 移动类命令
 * @throws InterruptedException 线程被打断时抛出
 */
private synchronized void sendMoveCommand(RobotMoveCommand cmd)
throws InterruptedException {
    if(mComm !=null) {
        mComm.send(cmd);
        //为确保机器人的处理时间,暂停一段时间
        Thread.sleep(SEND_ITERVAL);
    }
}
```

对于暂存命令的变量 mWaitCommand,将会有两个线程对其进行访问,所以就涉及一个访问同步的问题。如果不做好同步,就有可能因为另一个线程的干扰,出现前一行代码中变量还是旧的值,下一行代码就莫名其妙地变成了新的值。所以,这里使用一个锁(Lock)和一个条件(Condition)来处理同步。这是 Java 标准的高级线程同步方式。具体来说,在处理命令的线程中,当发现没有暂存的命令时(mWaitCommand == null),需要暂停下来等待,所以执行了 mHasCommand.await(),这里的 mHasCommand 就是条件,调用 await()函数表示需要在此等待条件得到满足。由于这个部分涉及 mWaitCommand 的操作,所以,需要在这之间加锁,故而前面调用了 mLock.lockInterruptibly(),后面调用了 mLock.unlock()。在这两段代码之间,除了条件的 await()方法主动解开锁定时以外,保证没有其他同样夹在 mLock.lockInterruptibly()和 mLock.unlock()之间的代码可以执行。只要保证所有对 mWaitCommand 操作的代码都夹在这两句之间,就可以保证线程的同步了。所以,在 requestSendMove()函数中也使用了锁,因为里面对 mWaitCommand 进行了赋值。在赋值之后,调用了 mHasCommand.signal()通知计算机,我们的条件现在被满足了。如果有因为调用了 mHasCommand.await()而停在那里的代码,此时将会继续开始执行。也就是说,如果处理暂存命令的线程刚好正在等待,此时将向下执行,去发送暂存的命令,在发送命令的函数中,使用 Thread.sleep()函数让线程进入休眠状态一段时间。在这段时间,如果有新的命令请求,将在 requestSendMove()函数中覆盖 mWaitCommand。同时,由于没有因为调用了 mHasCommand.await()而停在那里的线程,所以 mHasCommand.signal()将不起任何作用。

这样,就相对完美地解决了命令积压而导致的延迟处理问题。

软件设计部分,要在本书正文中说明的主要就是这么多。至于代码的详细内容,请参考以下 3 个工程。

(1) p01-motion-rc-vehicle-lib:CNO 架构及网络协议消息。

(2) p01-motion-rc-vehicle-remotecontrol:手机遥控端代码。

(3) p01-motion-rc-vehicle-robot:EV3 机器人端代码。

测　　试

硬件组装好，软件安装好，接下来要让自己的机器人动起来了！引用魔术师刘谦老师的一句话——"接下来就是见证奇迹的时刻！"

一定有很多人这么想吧？

但残酷的现实往往并不让人如意。第一次启动机器人程序和手机程序后，最初的兴奋与期待，或许很快就被各种摸不着头脑的问题折磨殆尽，甚至变成了满腔的怒火。

所以，在讲解测试之前，首先希望各位读者能够静下心来，稍稍降低一些期望值。遇到问题不要慌，冷静地分析原因，一个一个地去解决。

任何程序在经过测试之前，通常都是问题满身、千疮百孔的，只有通过测试才能发现这些问题，然后修正它们，以保证程序的健壮性。事实上，前面章节中列出的程序几乎都不是一次成型的，而是经历了规模大小不等的测试之后，修改好的程序。

具体如何测试，是软件工程中单独的一门学科，也有很多方法。针对某个函数，可以使用单元测试来确定函数的输出是我们想要的结果；针对整体功能，可以使用用户验收测试来确定达到了我们最初的期望和构想……由于我们的程序规模较小，而且主要是自娱自乐，就不套用那些过于复杂的测试理论，而仅针对较为复杂的函数和整体功能进行一些基本的测试。

在此，以实际运行本项目程序的经过来做一下简单的说明。

本书的撰写方式，实际上是一边写程序一边写文字的。所以，软件设计部分提到的程序也都是在写完硬件设计章节之后才写出来的。由于有了前面的调研程序，所以最初对自己程序的信心还是蛮大的，开发过程中几乎没有进行针对函数的测试，仅在完成蓝牙连接部分后，做了连接的测试。之后，就在全部开发完后，直接开始控制机器人测试。

然而，实际运行效果让人大跌眼镜——机器人的运动完全不听从命令指挥。经过一番努力分析和排查之后，才找到问题的原因之一：在最初的设计中，所有消息中传送的信息都是以国际单位制存储的单精度或双精度浮点型，这使得机器人无法及时地计算出电动机转速，也就无法及时处理消息。通过在 VehicleRobot.forward() 函数中追加时间测量代码，发现执行一次 forward() 函数竟然需要 100ms 以上，而手机端在 1s 内会产生几十甚至上百的移动命令。针对这个原因修改了设计，将浮点数都改为整数类型，加快了处理速度，问题虽然有所改善，但仍然无法达到要求。于是在手机端增加了发送—等待—丢弃—暂存的消息发送机制。

出现机器人运动异常的另一个原因，则是因为 forward() 函数中存在多处计算错误。几次修改都没有得到理想的效果，最终认识到 forward() 函数内的逻辑确实略有些复杂，于是决定单独针对这个函数用程序进行测试。测试方法是传入一些关键值，查看计算后的电动机速度值。为了方便测试，对 forward() 函数进行了稍许改造，将设置电动机速度部分改为输出电动机速度。

测试用代码如下：

```
VehicleRobot robot=VehicleRobot.getInstance();
int [] speeds={0, 500, 800};
for(int speed: speeds) {
    for(int i=-89; i<90; i++) {
        System.out.printf(">>>>speed: %d, angle: %d\n", speed, i);
        robot.forward(speed, i);
        robot.backward(speed, i);
    }
}
```

输出类似：

```
>>>>speed: 0, angle: -89
sp[0]: -445
sp[1]: 445
sp[0]: -445
sp[1]: 445
>>>>speed: 0, angle: -88
sp[0]: -440
sp[1]: 440
sp[0]: -440
sp[1]: 440
>>>>speed: 0, angle: -87
sp[0]: -435
⋮
sp[1]: 40
>>>>speed: 800, angle: 85
sp[0]: 800
sp[1]: -50
sp[0]: -800
sp[1]: 50
>>>>speed: 800, angle: 86
sp[0]: 800
sp[1]: -60
sp[0]: -800
sp[1]: 60
>>>>speed: 800, angle: 87
sp[0]: 800
sp[1]: -70
sp[0]: -800
sp[1]: 70
>>>>speed: 800, angle: 88
sp[0]: 800
sp[1]: -80
sp[0]: -800
sp[1]: 80
>>>>speed: 800, angle: 89
```

```
sp[0]: 800
sp[1]: -90
sp[0]: -800
sp[1]: 90
```

检查几个关键点上的输出结果,即可判断函数功能是否正确。

当然,对于函数级别的测试,也可以使用 JUnit 之类专业的测试工具,但由于使用 JUnit 要写期待结果,这次就没有使用。

这些问题都修正后,机器人总算能听从指挥向前跑了,但是当机器人报告自身速度为负数的时候,手机界面上的速度显示条却无法显示。这算是一个比较容易找到原因的问题,因为用来显示速度的进度条的显示范围被设定为 0～最大速度,负数的时候当然会没有显示。作为解决方案,如果单纯地将范围设置为负最大速度～最大速度,就会在速度为 0 的时候也有一段长度显示,这不符合常规思维。最终,将界面设计改为当速度为负数时,用进度条显示速度的绝对值,但将速度的进度条背景设为暗红色。

除此之外,障碍物显示的部分,一旦出现了一个−1 之后,就永远只有 0 和−1 两个数值。分析后发现,由于将取样后的 float 类型转成了整数类型,原本 float 类型中的 Infinity(无穷大)和 NaN(非数字)将会被转为−1 和 0。当障碍物距离超出超声传感器的检测范围或太近的时候,会采样出这样的数值。另外,为了取得较为平均的结果,从传感器取值时,使用了 MeanFilter 来进行多次取样的结果平均。经过对 leJOS 代码的分析,发现 MeanFilter 存在一个 BUG:一旦取样中出现了 Infinity 或者 NaN,从那以后的数值就永远都是这两个数值了。这个 BUG,我后来在 leJOS 的官方论坛中发帖得到了确认,leJOS 开发团队成员已对其进行了修改,相信在本书出版时的最新版本中应该早已被修正了。由于现在使用的 leJOS 仍然是有 BUG 的版本,本项目中对障碍物距离又不要求是平均结果,所以在本程序中弃用了 MeanFilter,改为直接采集传感器数据了。同时,对 Infinity 和 NaN 等特殊值也做了处理。

总之,类似这样的问题林林总总、不一而足,但只要保持一个清醒的头脑,不焦躁,冷静地分析,各个击破,总可以都解决掉的。

测试就是为了发现问题的,所以有问题并不可怕,真正可怕的是有问题却无法发现。一个好的测试方法可以尽可能避免遗漏问题。

由于测试主要是针对功能,所以,测试之前,最好有一个功能清单,然后针对功能清单,撰写测试用例。在测试用例中写明测试项目、期待结果、实际结果及测试时间等。这样,参考整个测试用例都测一遍,仍然没有问题,就算测试通过了。如果发现问题,问题修改后,应该将整个测试用例都重新测试一遍。

表 1-1-2 就是本项目的测试用例和测试结果的主要部分。

表 1-1-2　项目 1 测试用例和测试结果

测 试 项 目	期 待 结 果	测试结果
机器人启动	EV3 机器人程序正常启动,界面提示等待连接	OK
手机遥控启动	手机遥控程序正常启动,界面提示单击 CONNECT 按钮	OK

续表

测 试 项 目	期 待 结 果	测试结果
手机提示开启蓝牙	手机关闭蓝牙时,单击 CONNECT 按钮提示打开蓝牙。选择确定后,开启蓝牙;选择取消后,回到之前的状态	OK
蓝牙连接	单击 CONNECT 按钮后,弹出已配对设计列表,单击 EV3 设备建立连接,进入控制界面;单击返回按钮,回到之前的状态	OK
机器人前进	端平手机,选择前进挡,调整速度条,机器人根据速度大小前行	OK
机器人转向	保证速度条为 0,左右摇摆手机,机器人原地向左右旋转	OK
机器人转向前进	调整速度条,左右摇摆手机,机器人听从命令前进	OK
机器人转向倒车	选择后退挡,调整速度,左右摇摆手机,机器人听从命令向后退	OK
机器人信息报告	机器人运动时,确认报告信息部分显示正确。当机器人倒车时,速度和转速为负数,进度条背景为暗红色	OK
障碍物信息显示	在机器人前方设置障碍物,确认障碍物信息显示正确	OK
防撞障碍物	当机器人与障碍物距离在危险范围内,且机器人为前进挡时,无论手机如何操作,机器人保持停车状态。机器人挂入倒挡时,将按手机遥控命令运动	OK

　　如表 1-1-2 所示,准备一份测试用例,反复进行测试,直到所有结果均为 OK,测试方可结束。当然,根据质量标准,当存在一些无伤大雅的问题时,也可以算作测试结束。

　　测试结束,才可以宣告:一个可以使用的软件诞生了!

常 见 问 题

　　问:Telnet 如何使用?

　　答:在命令行中输入 telnet 即可。详细命令帮助可以参阅操作系统中的帮助文档。

　　问:我在 Windows 命令行下输入 telnet,告诉我此命令不存在,是什么原因?

　　答:有些版本的 Windows 出于安全考虑,默认不提供 telnet 命令。在 Windows 7 中可以从"控制面板"→"程序和功能"中选择"打开或关闭 Windows 功能"进入 Windows 功能设置对话框,在其中找到并勾选"Telnet 客户端"后确定,即可完成 Telnet 的安装。其他 Windows 版本请自行到网络上搜索解决。

　　问:端口为什么选择 9988?

　　答:理论上端口可以是小于 65535 的任意正整数,通常选择端口要避开常用的标准端口,如 HTTP 协议的 80、FTP 协议的 21、Telnet 协议的 23 等。一个比较大的端口数字,通常不会有人用,而常有测试程序使用 9080、8080 之类的端口,为了避免冲突,就选用了 9988。

　　问:命令行下按 Ctrl+A 组合键可以输入数字 1,还有没有类似的窍门?

答：按字母顺序排列，按 Ctrl＋B 组合键可以输入数字 2，按 Ctrl＋C 组合键输入 3，以此类推。不过按 Ctrl＋C 组合键在操作系统中有终止程序的特殊意义，通常没办法真正做到输入 3。

问：为什么很多变量名前面都有一个小写的"m"？

答：这是 Google 推荐的 Android 编程命名规范，小写"m"开头代表对象成员，是英文 member 的缩写，相对应的，小写"s"开头代表类成员，是英文 static 的缩写。所以，在 Android 端程序中，都会遵从这一规范；而 leJOS 的机器人端程序则主要遵从常用的标准 Java 编程规范，所以没有前缀"m"。

问：这么多 Android 系统的函数和 leJOS 的函数，我记不住怎么办？

答：我也记不住。但 Google 和 leJOS 都为我们准备了完备的文档，可以去查。
Android 文档的地址是：http://developer.android.com/index.html。
leJOS for EV3 文档的地址是：http://www.lejos.org/ev3/docs/。

问：书中的代码都是片段，我想看到完整的程序怎么办？

答：可以从随书附送的光盘或者我在前言中提供的网址中找到完整代码。

问：很多代码中可以看到 @author programus 的字样，这是什么意思？

答：这是 Java 的文档注释中用来标记代码作者的。Programus 是本书作者的英文网络昵称，对应的中文网络昵称是"程序猎人"。有兴趣的读者可以去搜索一下，或许会有意外的发现。

问：为什么我复制了书里的代码，却无法编译通过？

答：原因可能很多。一方面，书中的代码有些是片段，本身无法成为独立文件编译通过，需要读者自己补全其他部分；另一方面，书中的代码为了节省篇幅，将 import 部分都省略了，需要读者自己将必需的 import 语句补上，如果使用 Eclipse，可以按 Ctrl＋Shift＋O 组合键来自动完成 import 的添加。

问：能前进和转弯的机器人一定需要两个电动机吗？

答：曾见过一个日本乐高爱好者设计出一种一个电动机同时完成移动和转弯的结构，但那种结构并不能灵活地左右转弯，而是只能向一个方向转，通过转过很大的角度实现向相反方向转弯的目的。显然这不符合我们这个项目的要求，所以没有采纳。

问：手机端界面设计草图是作者画的吗？

答：是。因为三星 Note Ⅱ 手机带手写笔，在手机上画图也并不难。那个图是做好 Action Bar 部分之后截图出来，然后在截图上直接画的。

项目 2 听话的机器宠物

说　　明

本项目中,我们将制作一个双足步行的机器宠物。在启动程序后,它会自己一个人玩儿——到处走走、东张西望、打个盹儿……当你用手机与宠物建立连接并对它发号施令的时候,它会听从你的命令行动。

构　　想

我们的宠物不用轮子行走,要有一双腿脚,可以步行前进、后退、转弯。还要有一颗头,可以左转右转,可以查看障碍物。

然后,我们的宠物还要有几种情绪:普通、高兴、悲伤、生气、疯狂等。根据周围的环境变化而影响它的情绪。不同的情绪下要有不同的行为模式。例如,生气的时候会亮起红灯;疯狂的时候脑袋会乱转,步伐凌乱;悲伤的时候会亮起蓝灯,步履艰难……

接着,我们的宠物还应该会劳累,累了的时候,会停下来睡觉、休息。

最后,当通过手机连接宠物后,宠物要对我们的命令言听计从。然而,在愤怒、疯狂和悲伤的时候,只对安抚命令有所响应。

调　　研

Android 手机的语音识别

要实现上面的构想,除了在机器人部分的设计和编程,更重要的是需要调查一下语音识别如何实现。

在网上搜索"Android Voice Recognition Example"这几个关键字,很容易找到Android 语音识别的代码示例。

简单模仿写一下,就可以得到图 1-2-1 所示的界面。

单击"按下说话"按钮后,会弹出前面提示说话的对话框。具体的语音识别程序提供商,可能因为手机的不同而有所不同。我使用的手机因为安装了 Google Service Framework,所以默认使用的是 Google 提供的语音识别系统。

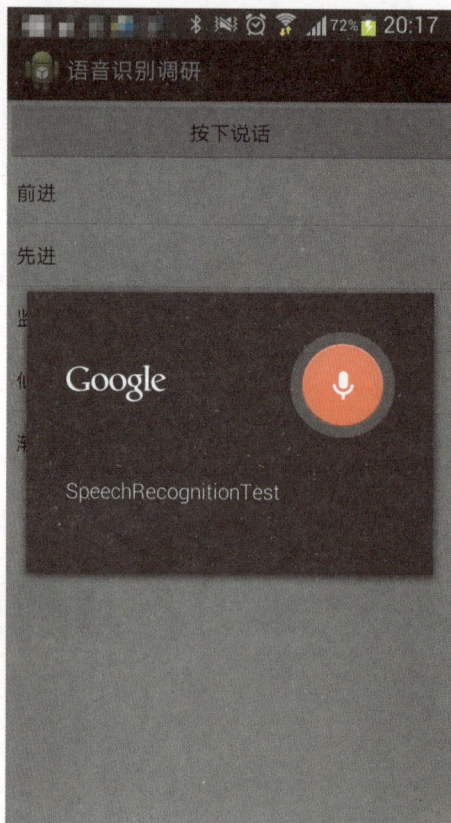

图 1-2-1　简单语音识别程序界面

　　语音识别程序的智能识别部分，通常都是在服务器端进行的，所以语音识别程序都需要联网。

　　因此，AndroidManifest. xml 文件的内容中需要加入连接互联网的权限：

```
<uses-permission android:name="android.permission.INTERNET"/>
```

程序的界面很单纯，主界面的布局文件 activity_main. xml 的内容如下：

```
<LinearLayout xmlns:android="http://schemas.android.com/apk/res/android"
    xmlns:tools="http://schemas.android.com/tools"
    android:layout_width="match_parent"
    android:layout_height="match_parent"
    android:orientation="vertical"
    tools:context="${relativePackage}.${activityClass}">

    <Button
        android:id="@+id/speak"
        android:layout_width="match_parent"
        android:layout_height="wrap_content"
        android:text="@string/speak" />
```

```xml
<ListView
    android:id="@+id/results"
    android:layout_width="match_parent"
    android:layout_height="wrap_content">
</ListView>
```

```xml
</LinearLayout>
```

主界面的 Java 代码 MainActivity.java 的内容如下：

```java
/**
 * 语音识别调研程序主界面
 * @author programus
 *
 */
public class MainActivity extends Activity {
    /** 语音识别对话框的请求代码 */
    private final static int REQUEST_CODE=1980;

    /** 开始语音识别的按钮 */
    private Button mSpeak;
    /** 显示识别结果的列表 */
    private ListView mResultsView;

    @Override
    protected void onCreate(Bundle savedInstanceState) {
        super.onCreate(savedInstanceState);
        setContentView(R.layout.activity_main);
        //初始化控件
        this.initCtrls();
        //检查语音识别的可用性
        this.checkVoiceRecognitionAvailability();
    }

    /**
     * 检查是否支持语音识别
     */
    private void checkVoiceRecognitionAvailability() {
        PackageManager pm=this.getPackageManager();
        List<ResolveInfo>activities=
            pm.queryIntentActivities(new Intent(
                RecognizerIntent.ACTION_RECOGNIZE_SPEECH), 0);
        if(activities.size()<=0) {
            this.mSpeak.setEnabled(false);
            this.mSpeak.setText(
                this.getString(R.string.not_supported,
                this.getString(R.string.voice_recognition)));
        }
    }
```

```java
/**
 * 初始化控件
 */
private void initCtrls() {
    this.mSpeak= (Button) this.findViewById(R.id.speak);
    this.mResultsView=
        (ListView) this.findViewById(R.id.results);

    //单击按钮则弹出语音识别窗口
    this.mSpeak.setOnClickListener(new OnClickListener() {
        @Override
        public void onClick(View v) {
            startVoiceRecognitionActivity();
        }
    });
}

/**
 * 启动语音识别对话框
 */
private void startVoiceRecognitionActivity() {
    Intent intent=new Intent(
        RecognizerIntent.ACTION_RECOGNIZE_SPEECH);
    intent.putExtra(RecognizerIntent.EXTRA_LANGUAGE_MODEL,
        RecognizerIntent.LANGUAGE_MODEL_FREE_FORM);
    intent.putExtra(RecognizerIntent.EXTRA_PROMPT,
        this.getString(R.string.app_name));
    //使用请求代码启动 Activity
    this.startActivityForResult(intent, REQUEST_CODE);
}

@Override
protected void onActivityResult(int requestCode,
    int resultCode, Intent data) {
    if(requestCode==REQUEST_CODE &&
        resultCode==RESULT_OK) {
        //当请求代码是语音识别对话框的请求代码,并且
        //Activity 返回结果为正常时
        //取得识别到的文本列表
        List<String>results=data.getStringArrayListExtra(
            RecognizerIntent.EXTRA_RESULTS);
        //更新列表显示
        this.mResultsView.setAdapter(
            new ArrayAdapter<String>(this,
            android.R.layout.simple_list_item_1, results));
    }
    super.onActivityResult(requestCode, resultCode, data);
}
```

语音识别主要是通过 startVoiceRecognitionActivity（）函数调出语音识别对话框（图 1-2-1 中带有话筒标志、背景灰黑色的对话框），当对话框结束时，系统会自动调用 onActivityResult（）函数。在这个函数中，取得系统返回的识别出来的词语列表，并更新到界面上。

有了识别出来的词语列表，接下来就可以对其中的内容进行分析筛选，来确定和组合真正发给机器人的命令了。至于具体的做法，则属于软件设计的范畴，所以将在软件设计部分进行讲解。

有些时候，可能因为网络问题，会出现无法连接 Google 服务的问题，导致语音识别不成功。为了避免这样的情况，可以提前下载好语音识别用的离线语言包。

在设定中找到"语言和输入"一项，在里面找到"Google 语音输入"，单击旁边的小齿轮，进入 Google 语音输入法的设置，选择"离线语言识别"，到"全部"中找到"普通话（中国大陆）"这一语言，单击"下载"按钮即可实现不依赖网络状况进行语音识别了。

硬　　件

在这个项目中，要构建的是一个双足步行机器人，所以不需要轮子。但要驱动两条腿，还是需要两个电动机的。

另外，机器人要有一颗可以检测障碍的头颅，只有超声波传感器或者红外线传感器能担当此任。

接下来，我们要求机器人可以转头，那么头部需要连接一个电动机。在 EV3 套装里，电动机分两种，即大型电动机和中型电动机。大型电动机马力更强，但精度稍逊；中型电动机马力略小，然而精度更高。基于这些特点，我们让大型电动机驱动双腿，中型电动机来控制转头。

主要的传感器和电动机确定之后，就要来设计整体结构。构建双足步行机器人，最重要的是重心的控制，左右脚交替的时候，要能保证重心在承重腿上。要做到这一点，通常有图 1-2-2 所示的几种做法。

（1）保持重心在中央，让脚掌跨越身体中心线。

（2）通过倾斜身体来将重心转移到支撑侧。

（3）在换脚时转移重心。

其中第（1）种方法，由于双脚脚掌有穿插，不利于转向；而第（3）种方法，需要左右转移负载，结构略微复杂。所以，这个项目采用了第（2）种方法——通过倾斜身体转移重心的方式进行。

详细腿部结构如图 1-2-3 所示。每条腿由一个电动机控制，电动机转动时会一边让身体倾斜，一边迈步。

由于机器人的运动对腿部的初始位置有比较严格的要求，在机器人启动前，需要手动调整双腿位置。因此，在每个电动机外，连接了一个方便手动调节的黑色调节器。机器人双腿的初始位置要求如图 1-2-3 所示，一只脚在最前、一只脚在最后。如何判断是否已经调节到位，可以检查图 1-2-4 中浅绿色高亮显示的 5 孔横梁和 24 齿齿轮的孔是否重合，目

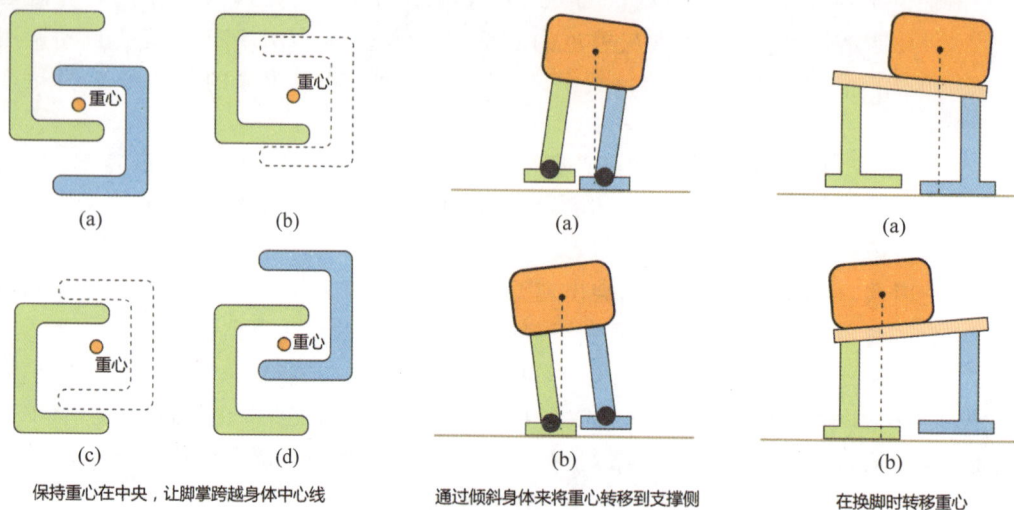

| (a) | (b) |
| (c) | (d) |

保持重心在中央，让脚掌跨越身体中心线

通过倾斜身体来将重心转移到支撑侧

在换脚时转移重心

图 1-2-2　双足步行机器人的重心控制方法

图 1-2-3　机器宠物腿部结构示意图

测脚在最前或最后，并且两个零件的孔刚好重合则表示位置调整正确。

　　双腿结构确定后，在上面架好 EV3 智能模块、加上颈项和头部，就可以完成硬件的拼装。而头部，因为可以左右转动，为了保证机器人初始状态下是目视前方的，这里使用一个光亮/颜色传感器来定位眼睛方向。光亮/颜色传感器放在机器人正前方，在头部下面安装一张尖嘴。机器人启动时，开启光亮/颜色传感器感应反射光，并转动头部，当尖嘴经过光亮/颜色传感器时，反射光最强，由此可以保证机器人头部的方向。搭建好的机器人

图 1-2-4 双腿初始位置调整示意图

模型如图 1-2-5 所示。在 p02-biped.ldr 文件中，可以看到详细的搭建步骤，并且可以调整观察角度。

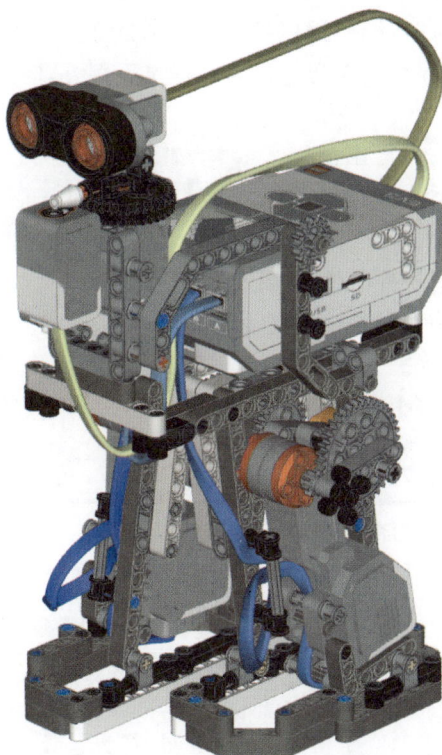

图 1-2-5 项目 2 的机器宠物模型

软　　件

我们的宠物已经拥有了自己的躯壳,接下来是为它注入灵魂的时候了。

从前面的构想中,可以看到宠物的主要功能有两大部分——自主活动部分和服从命令部分。

自主活动部分的程序将在没有任何命令输入时指导宠物自己决定自己的行动,并根据这些行动来产生自己的情绪,从而进一步影响行动。这部分程序将完全在 EV3 智能模块中执行。

服从命令部分的程序又分为命令识别/发布和命令接收/执行。命令识别/发布部分很显然是在手机端运行,而命令的接收/执行则应在 EV3 机器人端完成。

有了上述大分类,接下来一个一个看看它们分别是如何设计和编写的。

自主活动机器人——行为编程

leJOS 从 NXT 版本就提供了一系列功能相当强大的机器人编程框架和工具,其中之一就是行为编程框架。这一框架大大增强了机器人程序的可扩展性和减小了程序编写的难度。

在机器宠物的程序中,就让我们利用行为编程框架来简化程序吧!

首先,解释一下什么叫行为编程。

在前面的章节曾提到过,计算机科学其实是一门仿生科学,很多计算机的算法都是来源于计算机诞生前就早已存在的技巧。行为编程也不例外,因此为了便于各位理解,先说一个日常生活的场景。

早上起来梳洗之后,我们会出门去上学、上班,这是常态。然而,如果这一天是休息日,我们就会待在家里。类似地,如果生重病了,我们也不会去一如既往地上学、上班,而是会选择去医院。

由此可以看出,当出现某种条件时,我们的行为就会发生改变。而且,这些条件-行为对之间是有优先级的。上面的例子中,在没有特殊条件时,上学、上班是常态行为。日期是休息日-待在家里这一条件-行为结构的优先级会比无条件行为要高。接下来的生重病-去医院这一条件-行为结构的优先级则更高。无论是否为休息日,生重病都需要去医院。

再举一个例子。我们在家写作业,正写着,忽然感到憋尿,这时我们就会中断写作业的行为,转而进行上厕所的行为。这里,憋尿-上厕所的优先级要比无条件-写作业高,因此,当其条件满足时,会中断当前行为。

行为编程就是针对每一种行为,编写条件和行为,然后设定好优先级,交给行为编程框架中的仲裁者(Arbitrator)去处理。仲裁者程序会不断检查各个条件的满足状况,如果有比当前行为更高优先级的行为激活条件满足,则中断当前行为,转而激活并执行更高优先级的行为。当高优先级的行为执行完毕,并且低优先级的行为条件满足时,会再去执行低优先级行为。就好像第二个例子中,我们上过厕所之后,还会继续回来写作业。

对于我们将要完成的宠物程序来说,定义好宠物会具有的行为和对应的条件,排好优先级,然后编写完各个行为就可以完成程序了。根据前面的构想,将宠物的主要行为和条件总结成表 1-2-1。

表 1-2-1　宠物的主要行为和条件

条　　件	行　　为	条　　件	行　　为
无	稳步前进	情绪为疯狂	发疯
情绪为悲伤	悲伤地走路	有障碍物	躲避障碍
情绪为高兴	高兴地走路	情绪为劳累	休息
情绪为生气	生气地走路	按下退出键	退出程序

以上这些行为,越到下面优先级就会越高。当然,对于不同情绪的这几种行为,优先级本应是平等的,但由于 leJOS 提供的行为编程框架中没有平等优先级的设定,我们暂且按照表 1-2-1 的优先级排列,之后可以在程序中调整。

有了这些条件-行为的定义,现在看一下 leJOS 中的行为编程框架是什么样的。这个框架中有两个核心类:一个是仲裁者(Arbitrator);另一个是行为(Behavior)。其中,仲裁者可以处理各个行为,是系统已经做好的程序,只需要调用即可;而行为只是一个接口,需要我们去为自己的每一个行为来填写具体的代码。

行为接口的定义如下:

```
package lejos.robotics.subsumption;
public interface Behavior {
    public boolean takeControl();
    public void action();
    public void suppress();
}
```

定义中有 3 个函数,takeControl()函数中需要填写激活行为的条件,action()函数中填写具体的行为动作,suppress()函数中是当此行为被暂停时需要执行的代码。大多数情况下,都会设置一个标志,表示行为可以继续,然后在 action()函数中检查这一标志,之后在 suppress()函数中将标记设置为不可继续,通过这种方式实现行为的暂停。在我们的机器人中,打算都采用这一方式,所以,为了统一和简化程序,在 Behavior 接口的基础上,定义一个抽象类 AbstractBahavior,让我们的所有行为都继承这一抽象类。其代码如下:

```
/**
 * 抽象行为方法。对 Behavior 进行了适当的封装
 * @author programus
 *
 */
public abstract class AbstractBehavior implements Behavior {
    /** 为所有行为类准备机器人躯体,方便调用 */
    protected final RobotBody body=RobotBody.getInstance();
    /** 为所有行为类准备机器人参数,方便调用 */
```

```java
    protected final RobotParam param=body.getParam();
    /** 存储此行为是否仍有控制权 */
    private boolean controlling;

    /**
     * 返回此行为是否仍有控制权
     * @return 有控制权时返回 true
     */
    protected boolean isControlling() {
        return this.controlling;
    }

    /**
     * 对行动方法进行封装,默认取得控制权
     */
    @Override
    public void action() {
        this.controlling=true;
        this.body.presentMood();
        this.move();
    }

    /**
     * 对压制控制权方法进行封装,标记此行为得到压制
     */
    @Override
    public void suppress() {
        this.controlling=false;
    }

    /**
     * 子类中需要实现的行动方法,其中需写清楚机器人的行为
     */
    public abstract void move();
}
```

在这个类中,我们将几乎所有行为中都会用到的机器人的参数(RobotParam)和机器人的身体(RobotBody)先保留好,以方便具体行为类的编写(关于这两个类,会在后面详细介绍)。另外,将原始 Behavior 接口中的 action() 和 suppress() 进行实现,将通用的代码写好,同时定义一个抽象方法 move(),在具体的各个行为中,只需要在 move() 方法中填写具体行动方式。

下面先来看看优先级最低的无条件稳步前进行为。代码如下:

```java
/**
 * 向前行进
 * @author programus
 *
 */
```

```java
public class WalkForward extends AbstractBehavior {

    /**
     * 除其他行为模式外的行为模式,优先级最低,为常态行为模式
     */
    @Override
    public boolean takeControl() {
        return true;
    }


    @Override
    public void move() {
        //走路
        int speed=RobotBody.Speed.WalkSpeed.value;
        this.body.forward(speed);
        this.param.setHealthConsume(Math.abs(speed / 100));
        //走路很开心
        this.param.please();
        while(this.isControlling() && this.takeControl()) {
            Thread.yield();
        }
        this.body.stop(false);
    }

}
```

从上面整理的行动表 1-2-1 可知,这一行动是无条件进行的,所以激活行动的条件永远都是满足的,故而,这里的 takeControl()方法,直接返回 true。

```java
/**
 * 除其他行为模式外的行为模式,优先级最低,为常态行为模式
 */
@Override
public boolean takeControl() {
    return true;
}
```

而行动的方式就是以正常走路的速度一直前行,只要仍然是这个行动掌握控制权(也就是没有更高优先级的行动被激活),就一直继续走下去。

```java
//走路
int speed=RobotBody.Speed.WalkSpeed.value;
this.body.forward(speed);
while(this.isControlling() && this.takeControl()) {
    Thread.yield();
}
this.body.stop(false);
```

这里的 while 循环,保证了在控制权没有被夺取的情况下,一直保持前行。循环中的 Thread.yield()表示当前线程让出控制权,允许其他线程优先执行。由于我们的仲裁者

(Arbitrator)是在另一个线程执行的,所以这一条代码将促使仲裁者来再次检查所有行为的激活条件,以保证其他高优先级行为能够及时得到执行。同时,当条件不满足时,while循环结束,机器人停止前进。

另外,为了调整机器人的参数,设定在走路时会以速度的 1% 的数值消耗体力,同时走路可以让机器人的情绪向高兴的方向发展。因此,在行为中添加两行代码来保证这些参数会发生变化。

```java
this.param.setHealthConsume(Math.abs(speed/100));
//走路很开心
this.param.please();
```

接下来,再看一个例子——机器人生气时的行为。完整代码如下:

```java
/**
 * 生气时的前行模式
 * @author programus
 *
 */
public class AngryForward extends AbstractBehavior {

    @Override
    public boolean takeControl() {
        return this.param.getMood()==RobotParam.Mood.Angry;
    }

    @Override
    public void move() {
        //生气时快步走
        int speed=RobotBody.Speed.RunSpeed.value;
        this.body.forward(speed);
        //走路消耗体力与速度有关
        this.param.setHealthConsume(Math.abs(speed/100));
        //生气会让宠物悲伤一点儿
        this.param.sadden(false);
        while (this.isControlling() && this.takeControl()) {
            Thread.yield();
        }
        this.body.stop(false);
    }

}
```

可以看出,在 move() 方法中的代码几乎与之前的前进代码一样,只是走路的速度比较快,情绪的影响是悲伤。然而,行为的激活条件却大不相同,这里使用了一个逻辑运算式确认当前情绪是否为生气:

```java
this.param.getMood()==RobotParam.Mood.Angry
```

然后,将这个结果返回,保证在生气时此行为能够被激活。

　　类似地，其他一些由于情绪引发的行为的代码也都大同小异，这里就不一一列举了，全部代码可以参阅 p02-biped-robopet-robot 工程。

　　最后，简单介绍一下退出程序这一行为的一点特殊之处。我们的功能定义是按下 EV3 智能模块上的 ESC 键便退出程序。然而，在行为编程中，仲裁者（Arbitrator）何时检查键盘状态是很难确定的，很可能按下 ESC 键的时候仲裁者没有在检查，就会导致按下了 ESC 键程序也不退出的情况。对于这个程序来说，并不介意它稍微延后一点退出，但按下 ESC 键之后却没有任何反应是无法让人接受的。为了解决这个问题，设计了一个按键命令容器——KeyCommandContainer，它将保存已经按下的最后一次按键信息。然后在退出行为的激活条件中检查这个容器中是否存有 ESC 键，如果有，说明已经按下了 ESC 键，取得控制权，开始退出程序。代码如下：

```java
/**
 * 退出程序行为
 * @author programus
 *
 */
public class ExitProgram extends AbstractBehavior {
    private KeyCommandContainer cc;

    public ExitProgram(KeyCommandContainer cc) {
        this.cc=cc;
    }

    @Override
    public boolean takeControl() {
        return cc.getKeyCommand()==
            KeyCommandContainer.KeyCommand.Esc;
    }

    @Override
    public void move() {
        System.out.println("Exit...");
        cc.setKeyCommand(null);
        Server server=Server.getInstance();
        Communicator comm=server.getCommunicator();
        if(comm.isAvailable()) {
            //向客户端通知自己退出
            server.getCommunicator()
                .send(ExitSignal.getInstance());
        }
        //关闭服务器
        server.close();
        //停止身体行动
        this.body.stop(false);
        //保存当前状态
        try {
            this.param.save();
```

```
        } catch (IOException e) {
            e.printStackTrace();
        }
        //关闭身体连接的传感器
        this.body.close();
        //退出程序
        System.exit(0);
    }


}
```

那么，如何保证按下 Esc 键时，按键命令容器中会保存按键信息呢？只需要在程序初始化的时候，为 Esc 键添加一个监听器，保证 Esc 键按下时设定容器中的按键信息即可。具体代码如下：

```
Button.ESCAPE.addKeyListener(new KeyListener() {
    @Override
    public void keyPressed(Key k) {
        cc.setKeyCommand(
            KeyCommandContainer.KeyCommand.Esc);
    }
    @Override
    public void keyReleased(Key k) {
    }
});
```

当完成了所有的行为代码后，要把他们传送给仲裁者，并启动仲裁者来不断检查这些行为的激活条件和激活行为。这部分代码如下：

```
this.behaviors=new Behavior[] {
    new WalkForward(),
    new SadForward(),
    new HappyForward(),
    new AngryForward(),
    new CrazyBehavior(),
    new AvoidObstacle(),
    new Stop(),
    new ProcessNewCommand(),
    new ExitProgram(cc),
};

this.arby=new Arbitrator(this.behaviors);
this.arby.start();
```

将它们写到机器人创建之时，便可以保证其运行了。细心的读者可能已经注意到，这里有一个之前没提到过的行为——ProcessNewCommand，这里先留一个悬念，后面我们会介绍。

自主活动机器人——机器人自身

在上面的介绍中，我们看到过 RobotBody 和 RobotParam 这两个类。它们分别代表机器人的身躯和各项参数。

机器人的身躯主要负责机器人的各种移动、情绪的表现，同时其中包含了所有机器人电动机、传感器。这个类的主要接口方法如图 1-2-6 所示。

下面就对这些方法简单做一下说明。

getInstance()：是用以实现单例设计模式的惯用函数，通过单例设计模式，可以保证在整个程序中只有一个机器人躯体对象。

getParam()：机器人的参数，我们认为也是躯体的一部分，只不过躯体部分比较复杂，所以单独拎出去做，这个方法就是用来取得参数信息的。

calibrateHead()：这个方法涉及机器人的头部构造。我们在机器人的头部下面放了一个光亮/颜色传感器，并在头部前面安装了一个遮挡零件。当头部旋转至遮挡零件刚好在传感器上方时，面部朝向正前方。这个方法就是用来转动头部并通过读取光亮/颜色传感器数值来确定面部朝向正前方的。

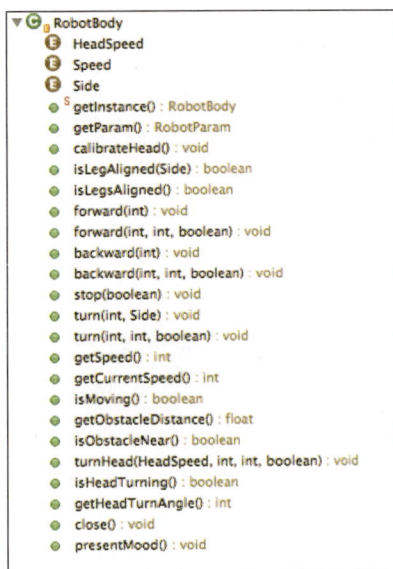

图 1-2-6　RobotBody 的主要接口

isLegAligned()/isLegsAligned()：这个系列的两个函数是用来确认机器人的腿部是否回到了初始位置。前一个函数是检查单条腿，后一个则是检查双腿。由于本项目机器人的行动是否正确与腿部的初始状态有关，因此需要在每种动作完成后保证腿部位置复原。

forward()/backward()：从方法名可以看出，这个系列的方法是用来让机器人前进和后退的。单个参数的形式是指定速度，执行后立刻返回并永远走下去；3 个参数的形式是走出指定的步数，由最后一个参数决定是否立刻返回。

stop()：这个方法也可以从名字推测出功能，就是让机器人停下来。

turn()：这个系列的方法是转向，以向右转为正方向。

getSpeed()：会返回机器人当前的设定速度。

getCurrentSpeed()：会返回机器人当前的实际速度。

isMoving()：顾名思义，看看机器人是不是还在动。

getObstacleDistance()：是取得障碍物的距离。

isObstacleNear()：确认障碍物是不是接近了。

turnHead()：让机器人转头。

isHeadTurning()：检查机器人是不是还在转头。

getHeadTurnAngle()：检查机器人的头转过了多少度。

close()：关闭所有传感器和电动机。

presentMood()：将情绪表现出来。悲伤时会亮蓝灯；开心时会亮白灯；生气时会亮红灯；疯狂时会红蓝交错亮灯；正常状态和劳累的时候都不亮灯。

这些方法的代码都不是很难，有些在前一个项目中也有过介绍，因此就不在此一一说明了。

下面来看看 RobotParam 应该如何设计。

首先，让我们确定机器人所拥有的情绪，根据前面的构想，应该有悲伤、开心、生气、疯狂、劳累、正常 6 种情绪状态。这里，可以明显看出情绪之间会在下面 3 个维度上相互转化：

悲伤—正常—开心

正常—生气

正常—劳累

也就是说，为了表现除了疯狂之外的情绪，需要 3 个互不相干的参数——高兴情绪值、怒气值、体力值。当高兴情绪值在某个较低范围时为悲伤，在某个较高范围时为开心；怒气值不高为正常，高为生气；体力值充沛的时候为正常，体力值低下则为劳累。

那么疯狂怎么办呢？这里，可以定义生气并开心的时候为疯狂。试想，一个人又生气又开心，是不是基本也就已经疯了？所以，有了上面 3 个参数就可以得到所有 6 种情绪状态了。

我们只需要在 RobotParam 中设计出一些方法来改变这 3 个参数的值即可完成此功能。但这些数值显然应该随着时间的变化而递增或者递减，因此，不仅需要设计方法直接干预这 3 个参数，还要设计方法来改变它们随时间变化的速率，然后每次这个速率发生改变或者需要更新参数值时再根据时间差来计算参数值。

这个根据时间差计算参数值的方法，命名为 updateStatus()，具体代码如下：

```java
/**
 * 计算并更新所有机器人情绪数值
 */
public void updateStatus() {
    long st=System.currentTimeMillis();
    int dt= (int) (st-this.updateTime);
    this.angerPoint -=dt;
    if(this.angerPoint<0) {
        this.angerPoint=0;
    }
    this.happyPoint+=dt * this.happyIncrease;
    if(this.healthPoint<0) {
        this.healthPoint=0;
    }
    this.healthPoint -=dt * this.healthConsume;
    this.liveTime+=dt;
    this.updateTime=st;
}
```

这里的 this. updateTime 就是上次更新的时间，所以在更新后会把本次更新的时间值赋给它。在这个函数中除了做了以上所述的更新计算以外，还对部分参数值做了一些限制，如怒气值和体力值都不让它们低于 0。这些限制只是为了让宠物能尽快从劳累和生气中恢复过来。

　　此外,还需要设计一些方法让这 3 个参数直接发生改变或变化值发生改变。根据实际应用,这样的方法有立刻改变怒气值的 annoy()、让情绪开始变开心的 please()、让情绪开始低落的 sadden()、设置体力消耗值的 setHealthConsume()、平复所有情绪使其回到正常状态的 calmDown()。其中代码的详细逻辑就不在这里一一赘述了。

　　除了这些方法以外,RobotParam 中还有一个很重要的,用来决定情绪值的方法 getMood()。在这个方法中,我们确定了情绪的计算方式:

```java
/**
 * 取得情绪值
 * @return
 */
public Mood getMood() {
    Mood result=null;
    this.updateStatus();
    if(this.healthPoint<=(
        this.mood==Mood.Tired ? FULL_HP: 0)) {
            result=Mood.Tired;
    } else {
        boolean isHappy=
            this.mood==Mood.Happy || this.mood==Mood.Crazy;
        boolean isAngry=
            this.mood==Mood.Angry || this.mood==Mood.Crazy;
        boolean isSad=this.mood==Mood.Sad;
        isHappy=isHappy?
            this.happyPoint>HAPPY_LOW_CRITICAL:
            this.happyPoint>HAPPY_HIGH_CRITICAL;
        isAngry=isAngry?
            this.angerPoint>ANGER_LOW_CRITICAL:
            this.angerPoint>ANGER_HIGH_CRITICAL;
        isSad=isSad?
            this.happyPoint<SAD_HIGH_CRITICAL:
            this.happyPoint<SAD_LOW_CRITICAL;
        if(isHappy && isAngry) {
            result=Mood.Crazy;
        } else if (isHappy) {
            result=Mood.Happy;
        } else if (isAngry) {
            result=Mood.Angry;
        } else if (isSad) {
            result=Mood.Sad;
        } else {
            result=Mood.Normal;
        }
    }
    this.mood=result;
    return result;
}
```

这里对于情绪的计算有些复杂，所以在此简单做一下说明。

首先，劳累的优先级最高，一旦累了，其他一切情绪就没有意义了。然而，怎样才算劳累？我们的算法是这样的：如果现在不劳累，则体力值为零才算劳累；如果当前为劳累，则只有体力完全恢复了才不算劳累。所以，会看到下面的代码：

```
if (this.healthPoint<=(
        this.mood==Mood.Tired? FULL_HP: 0)) {
    result=Mood.Tired;
}
```

同样，对于开心、生气和悲伤，也是类似的，有一个上限和一个下限值，当前情绪状态会影响到比较时使用上限还是下限。因此，代码变成了上面列出的样子。开心、生气和悲伤都确定之后，再检查是否开心的同时在生气，如果是，则疯狂。

至此，整个机器人参数和情绪控制就设计完了。

然而，我们希望机器人在退出程序后再启动的时候不是像换了一个新的宠物一样，而是希望它能延续之前的情绪和参数，所以，在 RobotParam 中添加了保存状态的 save() 和读取状态的 load() 两个方法。通过这两个方法，可以在 EV3 智能模块上保存宠物的参数，并在每次启动程序时读取之前保存的参数，让程序的重新启动仅仅仿佛宠物睡了一觉而不是完全死掉换了一个新的。

自主活动机器人——组装到一起

最后，我们将所有这一切组装到一起，放到一个 Robot 类里面。在这里，组装好所有的行为，并在行为中使用 RobotBody 和 RobotParam 来驱动机器人，设置好 Esc 键按下时要做的事情……

然后，在主函数中启动机器人：

```
public class RoboPet {

    public static void main(String[] args) {
        Robot robot=new Robot();
        robot.start();
    }
}
```

这样，自主活动的机器人宠物就完成了。

但是，我们还需要能够使用手机声控机器人。下面就来看看如何添加手机声控功能。

手机声控——语音识别和命令传送

经过前面的调研，我们已经知道如何将语音识别为文字了。然而，我们需要的并不是所有的文字，而是仅识别出跟我们的命令有关的文字。

例如，当我们说"前进 3 步"和"向前走 3 步"的时候，希望程序都能将其转换为前进命令，并解析后面的步数。

为了方便程序设计和编写，先将需要支持的命令以及对应的话语整理出来，如表 1-2-2 所列。

表 1-2-2　支持的命令及对应的话语

命令	参数	话　语
前进	步数	前进 向前 向前走
后退	步数	后退 向后 向后走
左转	角度	左转 向左转
右转	角度	右转 向右转
安静	无	安静 老实点 乖
停止	无	停止 停止行动 停下 站住 别动 不许动
退出	无	退出
关机	无	关机 睡吧

这里，规定我们的语音命令必须都是按照以下格式：

命令话语＋数字＋单位(步/度)

这样，只需要使用正则表达式对识别出的所有候选字符串进行分割处理，然后查找命令话语部分是否有表 1-2-2 中列出的话语，如果找到了相应的命令话语，用其对应的命令进行组装就可以了。

考虑到各地方言不同，对命令话语的组合也可能不同，所以这个部分的内容应该尽可能整理得可配置性强一些。因此，我们将它们组织到一个单独的 XML 资源文件中。为每一个命令创建一个字符串数组，存储对应的命令话语。

```xml
<?xml version="1.0" encoding="utf-8"?>
<resources>
    <string-array name="forward">
        <item>前进</item>
```

```xml
        <item>向前</item>
        <item>向前走</item>
    </string-array>
    <string-array name="backward">
        <item>后退</item>
        <item>向后</item>
        <item>向后走</item>
    </string-array>
    <string-array name="turn_left">
        <item>左转</item>
        <item>向左转</item>
    </string-array>
    <string-array name="turn_right">
        <item>右转</item>
        <item>向右转</item>
    </string-array>
    <string-array name="calm">
        <item>安静</item>
        <item>老实点</item>
        <item>乖</item>
    </string-array>
    <string-array name="stop">
        <item>停止行动</item>
        <item>停下</item>
        <item>站住</item>
        <item>停止</item>
        <item>别动</item>
        <item>不许动</item>
    </string-array>
    <string-array name="exit">
        <item>退出</item>
    </string-array>
    <string-array name="shutdown">
        <item>关机</item>
        <item>睡吧</item>
    </string-array>
</resources>
```

接着,在程序中构建一个 Map,让命令话语成为索引信息,相应的命令类型成为内容,只要能够解析出命令话语,就可以很容易地得到命令类型。相应的代码如下:

```java
Resources res=this.getResources();
SparseArray<PetCommand.Command>resTable=
    new SparseArray<PetCommand.Command>();
resTable.append(R.array.forward, PetCommand.Command.Forward);
resTable.append(R.array.backward, PetCommand.Command.Backward);
resTable.append(R.array.turn_left, PetCommand.Command.TurnLeft);
resTable.append(R.array.turn_right,
    PetCommand.Command.TurnRight);
resTable.append(R.array.calm, PetCommand.Command.Calm);
```

```
resTable.append(R.array.stop, PetCommand.Command.Stop);
resTable.append(R.array.exit, PetCommand.Command.Exit);
resTable.append(R.array.shutdown, PetCommand.Command.Shutdown);
for(int i=0; i<resTable.size(); i++) {
    String[] candidates=res.getStringArray(resTable.keyAt(i));
    for(String text: candidates) {
        this.mCmdTable.put(text, resTable.valueAt(i));
    }
}
```

代码中的 mCmdTable 就是最终构建好了的 Map。

这段代码中，为了方便书写和增强代码可读性，使用了一个小技巧。先构建一个 SparseArray（代码中名为 resTable），将所有命令话语的数组资源 ID 和命令类型关联起来，然后遍历 resTable，就可以通过一个二重循环完成 mCmdTable 的构建了。

当从识别出的文字中解析出命令话语后，只需要一句话就可以从 mCmdTable 中取出对应的命令类型了。同时，基于 Map 本身的规则，当命令不存在时会返回 null。

```
PetCommand.Command cmd=this.mCmdTable.get(cmdPart);
```

上面代码中的 cmdPart 就是解析出来的命令话语部分内容。那么如何从识别出的内容中解析出命令话语部分呢？由于我们的命令格式比较固定，使用正则表达式可以很轻松地完成这一任务。

正则表达式（Regular Expression）是用一个单个字符串来匹配、查找、替换符合某一语法规则的字符串的工具。正则表达式的语法虽然不是太多，但灵活运用起来可能变得比较复杂，也有专门的书籍来介绍正则表达式，因此本书就不展开介绍正则表达式的详细语法和应用了，仅对用到的表达式做说明。

我们用来匹配命令的正则表达式如下：

```
^([^0-9]+)([0-9]*)
```

这个正则表达式按层次可以分为以下几个部分。

```
^
    (
        [^0-9]+
    )
    (
        [0-9]*
    )
```

其中，最开始的“^”代表从一个字符串的起始开始匹配；接着，后面的两个括号表示将字符串分为两组，分组后的部分也是括在括号中的匹配部分，可以单独抽取出来。

[^0-9]匹配数字以外的字符，[0-9]为匹配数字；后面的“＋”和“＊”分别表示要有一个以上前面的字符和任意多个前面的字符。

例如，“abc5”这个字符串就符合前面的正则表达式，或者说可以被上面的正则表达式所匹配，因为字符串的开始是 abc，3 个数字以外的字符，匹配了^([^0-9]＋)的部分。接下来的 5 是一个数字,匹配了([0-9]＊)的部分。同时,第一个括号标记的分组匹配了"abc",第二个括号标记的分组匹配了数字"5"。

再例如,"停止"这个字符串也符合我们的正则表达式。这是因为前面的"停止"两个字匹配了^([^0-9]＋)的部分,而([0-9]＊)中,由于最后是"＊",意味着符合要求的部分可以不存在,所以,不影响整个字符串的匹配。

然而,"56ac"这样的字符串,就无法匹配我们的正则表达式,原因是在字符串的开头,不存在非数字字符。

我们的命令通常都是像"前进 5 步"这样的格式,抛去最后的"步"字,刚好能够匹配正则表达式。

因此,在程序中,对语音识别出来的每一个候选结果进行匹配查找,如果找到了符合的部分,则抽取两个分组,然后组合成需要的命令。具体的代码如下:

```java
/**
 * 处理识别出的字符串
 * @param results 识别出的所有字符串
 */
private void processRecognitionResults(List<String> results) {
    final int CMD_INDEX=1;
    final int VALUE_INDEX=2;

    //编译正则表达式
    Pattern p=Pattern.compile(CMD_RE);
    String message=null;
    //对所有语音识别的候选字符串做处理
    for(String result: results) {
        //试图匹配正则表达式
        Matcher m=p.matcher(result);
        if(m.find()) {
            //当查找到匹配部分时,分割命令部分和数值部分
            String cmdPart=m.group(CMD_INDEX);
            String valuePart=m.group(VALUE_INDEX);
            //检查命令是否在我们的可识别命令表中
            PetCommand.Command cmd=this.mCmdTable.get(cmdPart);
            if(cmd !=null) {
                //如果命令为可识别命令,计算数值
                int value=0;
                if(valuePart.length()<=0) {
                    //数值不存在,使用默认值
                    switch (cmd) {
                    case Forward:
                    case Backward:
                        value=DEFAULT_STEP;
                        break;
                    case TurnLeft:
                    case TurnRight:
                        value=DEFAULT_TURN_ANGLE;
```

```
                break;
            default:
                break;
        }
    } else {
        value=Integer.parseInt(valuePart);
    }
    //用识别出的信息生成宠物命令
    PetCommand msg=new PetCommand(cmd, value);
    //发送命令
    this.sendMessage(msg);
    //将命令与数值转化成标准格式
    message=String.format(
        this.mCmdFormats.get(cmd), value);
    break;
    }
  }
}

if(message==null) {
    //若命令并非可识别命令,标记为未识别命令
    message=this.getString(R.string.unknown);
}

//将识别出的命令显示在屏幕上
this.mMainView.setText(message);
}
```

　　在 Java 中,对正则表达式的处理通常会使用这样一个套路:先将正则表达式编译成一个 Pattern,然后用一个待处理字符串跟 Pattern 匹配,得到一个 Matcher。通过这个 Matcher,可以做很多事情。

　　在这段程序中,使用 find()方法来搜索字符串中是否有想要的东西。如果找到了,可以通过 group()方法来取得匹配到的分组。这样,就得到了宠物命令的命令部分和数值部分。

　　接着,将命令发送到机器人端就可以了。为了让操作者知道命令是否已经被识别并发送,在手机上同时也将识别出来的命令显示出来。

　　至于如何发送命令、如何连接蓝牙等这一系列操作,在上一个项目中已经论述过了,这里就不重复说明了。事实上,这个项目中的很多代码,也都是从前一个项目的文件中直接复制过来的。

听话的宠物——接收和处理命令

　　到目前为止,我们的机器人还只能进行自主活动,不能响应手机发来的命令。接下来,就来看看如何让我们的机器人宠物在接到命令后,立刻停止自己的活动来执行收到的命令。我们的设定是允许机器人闹情绪来着,所以,应该是情绪正常时立即执行命令,心情不爽时则继续任性,除非得到的是安抚命令。

开始动手之前,先把问题分解。对现在只能进行自主活动的宠物机器人来说,需要追加的功能,一个是与手机连接并接收手机传来的命令,另一个是恰当地处理接收到的命令。

首先来看看后一个处理命令的问题。我们的机器人是遵从行为编程框架设计的,所以对宠物命令的处理也要在这个框架内解决。那么,就需要针对宠物命令处理来编写一个行为,并确定它的优先级。

从简单的问题入手,先确定优先级,作为响应命令的行为应该在所有情绪和移动行为之上,但在按键停止机器人的行为之下。追加后,行为如表 1-2-3 所示。

表 1-2-3　追加后行为

条　件	行　为	条　件	行　为
无	稳步前进	有障碍物	躲避障碍
情绪为悲伤	悲伤地走路	情绪为劳累	休息
情绪为高兴	高兴地走路	有可处理的宠物命令	处理宠物命令
情绪为生气	生气地走路	按下 ESC 键	退出程序
情绪为疯狂	发疯		

其中,条件"有可处理的宠物命令"的意思是,当情绪为高兴和正常时,接收到的所有宠物命令都可处理,当情绪为悲伤、生气、疯狂时,只有安抚命令(命令关键字为安静)、退出命令、关机命令才是可处理命令。具体代码如下:

```java
@Override
public boolean takeControl() {
    boolean result=false;
    if(cmdMgr.hasCommandWaiting()) {
        //当有命令传来,在等待时
        switch(this.param.getMood()) {
        case Crazy:
        case Angry:
        case Sad:
        {
            //疯狂、生气、悲伤的时候
            PetCommand cmd=cmdMgr.peekCommand();
            //以下命令不论什么情绪都会生效,为超级命令
            List<PetCommand.Command>superCommands=Arrays.asList(
                    PetCommand.Command.Calm,
                    PetCommand.Command.Exit,
                    PetCommand.Command.Shutdown
                    );
            //只有命令为以上超级命令时才能取得控制权
            result=superCommands.contains(cmd.getCommand());
        }
        default:
            //其他情绪下,直接取得控制权
            result=true;
```

```
        }
    }
    return result;
}
```

接着,再来看看这个行为的具体行动方法。

```
@Override
public void move() {
    //取出等待的命令进行处理
    PetCommand cmd=cmdMgr.getCommandToProcess();
    if(cmd !=null) {
        System.out.println("Process command: "+cmd);
        //根据命令种类执行不同的处理
        switch(cmd.getCommand()) {
        case Calm:
            this.calm();
            break;
        case Exit:
            this.exit();
            break;
        case Shutdown:
            this.shutdown();
            break;
        case Forward:
            this.forward(
                RobotBody.Speed.WalkSpeed.value, cmd.getValue());
            break;
        case Backward:
            this.backward(
                RobotBody.Speed.WalkSpeed.value, cmd.getValue());
            break;
        case TurnLeft:
            this.turn(
                RobotBody.Speed.WalkSpeed.value, -cmd.getValue());
            break;
        case TurnRight:
            this.turn(
                RobotBody.Speed.WalkSpeed.value, cmd.getValue());
            break;
        case Stop:
            this.stop();
            break;
        }
    }
}
```

这里是一个大的 switch-case 分支处理语句,根据命令种类的不同,调用对应的具体方法。而具体的方法中的内容则大同小异,这里以 forward() 为例加以说明:

```
private void forward(int speed, int steps) {
    this.body.forward(speed, steps, true);
    while(this.isControlling() &&
            this.body.isMoving() &&
            !cmdMgr.hasCommandWaiting()) {
        Thread.yield();
    }
    cmdMgr.finishProcess();
}
```

这个方法中,首先让机器人按照给定的速度和步数开始前行,然后循环检查当前命令是否仍在执行,当机器人停止移动或者有新的命令发来时,结束处理。

整个宠物命令处理中,接收到的宠物命令由一个命令管理器在管理。命令管理器中会保存两个命令——接收到并等待处理的命令和正在处理的命令。当命令刚刚接收到的时候,会被作为等待处理的命令放在命令管理器中,在上面的 move() 方法中,使用命令管理器的 getCommandToProcess() 来取得等待的命令,并将其转为正在处理的命令。当命令处理完之后,调用 finishProcess() 方法来清除正在处理的命令。通过这种机制,就可以设法在新的命令到来时,停止正在处理的命令,转而执行新的命令。要做到这一点,只需要在命令处理的循环判断中加上对等待处理命令的检查即可,当等待处理的命令存在时,表示接收到了新的命令,此时,停止当前命令的处理就可以保证新的命令能够得以执行了。

下面再来看看另一个问题——接收命令。在上一个项目中,创建了一个服务器(Server)来负责创建连接,并与 CNO 通信框架结合起来。在这个项目中,仍旧沿用这种做法。所不同的是,这次的服务器要允许手机反复连接,而不是像上一个项目那样断开连接时停止程序。

因此,这里对 Server 做了一些改造。详细的改造点,参考随书所附的代码,应该很容易找出。这里想说的是,本书撰写过程中所使用的 leJOS 版本中,在蓝牙的服务器监听部分存在一个 BUG,导致重连的时候出错。为了规避这个 BUG,将其中的 BTConnector 类进行重写,并放在我们的代码里以保证 Java 运行时会使用我们改过的类而不是原本有 BUG 的类。因此,在本项目的代码中,包含了一个 lejos. remote. nxt. BTConnector 类。就是为了消除 leJOS 本身的 BUG。由于本人已经在 leJOS 的论坛中发帖询问了与此相关的问题,leJOS 开发组也已经了解了这个 BUG 以及修改方法,相信在未来的版本中会修正这个问题的。

回过头来,再看看宠物命令的接收。使用 CNO 框架,对接收到的网络消息只要给一个恰当的 Processor,框架就自动将网络消息处理了。因此,需要一个宠物命令的 Processor。而这个 Processor 的处理也很简单,只要把收到的命令扔进命令管理器就行了。代码如下:

```
/**
 * 宠物命令处理器
 * @author programus
 *
```

```
         */
public class PetCommandProcessor implements Processor<PetCommand>{
    private CommandManager cmdMgr=CommandManager.getInstance();

    @Override
    public void process(PetCommand msg,
                        Communicator communicator) {
        //收到宠物命令后,投入命令管理器中
        cmdMgr.putCommand(msg);
    }

}
```

因为通信员(Communicator)是在单独的线程里处理网络消息的,而且行为编程中的仲裁者(Arbitrator)也是在单独的线程中协调各个行为的,所以这里将宠物命令置入命令管理器,宠物命令处理行为就会在仲裁者检查时根据命令情况来取得控制权,进而处理命令。

最后,由于这个宠物机器人在没有手机连接,没有收到命令的时候需要按照自己的意志进行自主活动,而我们服务器等待连接的时候,所在线程将会暂停执行,所以要把服务器启动、等待连接的方法放在单独的线程里执行。代码如下:

```
private void startServerAsync() {
    Thread t=new Thread(new Runnable() {
        @Override
        public void run() {
            Sound.beepSequenceUp();
            server.start();
        }
    }, "Server-Daemon");
    t.start();
}
```

除了宠物命令以外,我们的机器人还可能从手机收到断开连接的 ExitSignal。在第一个项目中,对于这个 ExitSignal,处理方法是直接退出程序,而这次需要保持机器人运行并让服务器重启后保持监听。因此,需要一个 ExitSignal 处理器。具体代码如下:

```
/**
 * 连接断开信号处理器
 * 接收到连接断开信号时,清除所有网络传来的命令,并重新启动服务器进行监听
 * @author programus
 *
 */
public class ExitProcessor implements Processor<ExitSignal>{
    private CommandManager cmdMgr=CommandManager.getInstance();

    @Override
    public void process(ExitSignal msg,
                        Communicator communicator) {
```

```
cmdMgr.clearCommand();
final Server server=Server.getInstance();
server.close();
Sound.buzz();
//在新线程中启动服务器,以防止阻塞处理
new Thread(new Runnable() {
    @Override
    public void run() {
        Sound.beepSequenceUp();
        server.start();
    }
}).start();
    }
}
```

细心的读者可能已经注意到了,在每次服务器启动之前,都调用了一个 Sound. beepSequenceUp(),该句是让机器人发出一个声音,通知宠物主人:宠物上的服务器已经打开了,主人你可以用手机连接并发号施令了!

至此,这个听话的宠物机器人的主要部分就介绍完了。

当然,要实现完整的机器宠物,除了上面介绍的主要部分,还有很多细节和零散的内容需要考虑。碍于篇幅所限,那些细节就不在正文中进行说明了,可以参考随书软件的以下 3 个工程。

- p02-biped-robopet-lib:CNO 架构及网络协议消息。
- p02-biped-robopet-mobile:手机端程序。
- p02-biped-robopet-robot:EV3 端程序。

测　　试

在上一个项目中曾说过,测试是保证软件正确运行的重要阶段。也向各位介绍了一些基本的测试方法。

本项目的机器人宠物的测试,稍有一些复杂,因为涉及各个行为、自主运行和命令处理的协调、语音识别等很多因素,如果等所有的程序都写完后放在一起测试,出现问题时很难找出问题的根源。因此,本项目的测试,首先要将各个部分的功能测好后再组合在一起进行测试。

对于 EV3 机器人端,首先,一次只测一个行为,在仲裁者(Arbitrator)那里,只放需要测试的行为,机器人就会总是执行那一种行为。通过这种方式,就可以确定某一行为的运行是否符合要求。

接下来,再一点点追加行为,观察行为之间的协调关系是否符合要求。这样,就可以首先确定机器人的自主行为部分是否运转正常。

然后,再来测试手机端。可以先测试语音识别,将命令发送部分暂时去掉,仅作语音识别,看看语音是否可以被正确识别成想要的命令。

接着,在 EV3 机器人端只保留宠物命令处理行为,看看接收到的各个命令的处理是

否符合要求。

当上面这些测试都通过后,再将所有的内容拼在一起进行综合测试。

所有的测试都通过后,就可以让机器人宠物在家里漫步了。

常 见 问 题

问:我在手机上运行语音识别调研程序,按钮是灰色的,显示"不支持语音识别"字样,是怎么回事儿?

答:有些在中国内地销售的 Android 手机,因为 Google 的一些法律协议因素会消除原本自带的语音识别模块,导致手机没有默认的语音识别功能。要解决这个问题,通常需要将手机进行 root,并用恰当的方法安装好 Google Services Framework。具体的安装方法,可以参考以下两个网址。

* http://jingyan.baidu.com/article/ca41422ffbab1e1eae99edda.html
* http://bbs.360safe.com/thread-148312-1-1.html

问:进行语音识别的时候,总是提示无法连接 Google 服务,是怎么回事儿?

答:由于网络运营商的工作失误以及中国内地的网络安全管制原因,会在有些时间有些地区屏蔽 Google 的服务,导致我们的程序无法连接到 Google 服务器进行语音识别。解决的方法是,可以下载离线语言识别包,在前面的调研部分最后对此有所介绍。还有一种方法是,通过 VPN 或者代理服务器从国外绕行连接 Google,由于相关配置比较多,就不在本书中予以介绍了。

问:我使用离线语言识别包进行语音识别,但是识别率特别低,得到的文字都不是我说的话,怎么办?

答:离线语言识别包的识别效果确实比在线提交识别要逊色很多,经常识别出的内容驴唇不对马嘴。这就是为什么在设计软件时,允许一条命令对应多个命令话语。可以将误识别出的错误词汇也加入到我们的命令话语候选中,下次即使识别错了程序也会得到正确的命令。

例如,我说"前进"的时候,常常会被识别成"天津",那么就可以在 XML 文件中将"天津"添加到前进命令对应的命令话语数组中。

这样做的不足是,后面的数字部分往往无法正确识别,或许只能使用默认值了。

问:我的宠物机器人,走了一段时间之后忽然就停了,很久都不动,是程序坏了吗?

答:这种情况,常常是因为宠物"累了",站在那里休息。你可以试试用手机连接上,并发出"安静"命令,看看是不是就恢复状态了? 由于现在程序中设定的体力恢复速度比较慢,所以休息的时间略长了一点,你可以自己去试试看,修改一下体力恢复速度,让你的宠物快一点休息好。

问：宠物跑太久，电池没电了，自己停了。换电池重新运行的时候，之前的情绪记录没有了，怎么办？

答：现在的宠物机器人确实会有这个问题。如果希望在电池电量低的时候也能够保持宠物的记录，让停电也仅仅是睡一觉，你可以在机器人里增加一个停电保护行为。当检测到电量过低时，退出程序或者关闭 EV3。通过上面关于行为编程的讲解，我想你一定知道如何完成这个任务。

问：我的宠物为什么碰到障碍物不躲开？

答：我猜，你的宠物碰到的障碍物一定是布料材质的吧？这是超声波传感器的一个功能限制，遇到布料之类不光滑的表面，超声波会被吸收和漫反射，导致接收到的反射波不足而误判成没有障碍物。最好保证宠物所在的环境四周都是光滑的墙壁、纸板、塑料、金属之类的材质。

问：为什么我命令宠物左转 45°的时候，它转过的角度不准呢？

答：这次我们搭建的双足行走结构，在比较光滑的地面上有时会打滑，导致转弯的角度出现偏差；另外，搭建时零件结合的松紧差异、产品本身的微小误差都会导致转弯角度不精确。如果你发现角度每次都有一个类似的误差，可以去调整一下程序，修改电动机转角与宠物实际转角之间的关系。

项目3 认识路标的自动小车

说　　明

在这个项目中,重新回归轮子驱动的小车。然而,我们要脱离将手机作为遥控器的模式,这次,让手机成为机器人的眼睛,负责看着前方,当发现路标的时候,按照路标的指示控制小车运行。

构　　想

现在大多数 Android 手机上都配备有高分辨率的摄像头用来拍照、摄像。而乐高机器人的套装标配中通常都不包含这类摄影摄像设备。要让机器人真正能够"看到"面前的东西,仅靠红外线传感器或超声波传感器这类测距设备是远远不够的。而手机上的摄像头刚好弥补这一缺陷。

这次,就利用手机上的摄像头来检测、识别摆在机器人路上的路标,然后将其信息转换成命令发送给机器人。这样,就可以让机器人看着路标自动完成自己要走的路。

调　　研

路标的识别

有了前几个项目的经验,手机控制机器人对我们来说已经不再是什么难解的课题了。从上面的构想可以看出,本项目中最关键的问题就是如何实现对路标的识别。

由于这是一个相对复杂些的问题,需将问题分解来看。

1. 确定路标图形格式

首先,要确定路标图形的格式。考虑到算法的复杂度,在本项目中,不打算实现对类似图 1-3-1 里那些现实世界中的路标进行识别,而是识别我们自己设计的特定路标图形。这样做,一方面可以降低算法复杂度,另一方面也可以根据需要随时添加新的路标。为了达到这两个目的,路标必须设计成容易识别并有相当的自由度才行。

首先来看看如何让路标容易识别。为了达到这个目的,必须了解计算机如何进行图像识别。如前所述,计算机科学其实是一门仿生学。因此,还是先来看看人类是如何进行图像识别的。

图 1-3-1　现实世界中的路标

　　图 1-3-2 至图 1-3-4 描述了在大道上辨认路标的过程。众所周知,人眼的工作原理类似于照相机,眼前的景象会在眼底投影成一张图片,那么人们要识别路标,首先要从这张投影图中找到并定位路标。图 1-3-2 就是我们眼前景象的投影图片,在图 1-3-3 中,我们定位到了路标。接下来,为了按照路标指示行事,必须看懂并理解路标上的内容。这时,人眼就会聚焦在路标上并开始对路标的细节进行采集和分析,大脑会参与其中去分析和理解路标内容的意义。当我们集中注意力去理解路标的时候,就如同图 1-3-4 那样,很可能会忽略周围的事物。在这个过程中,大脑实际还会对路标的图像进行变形和分解以识别上面的形状和文字。

图 1-3-2　带有路标的街景

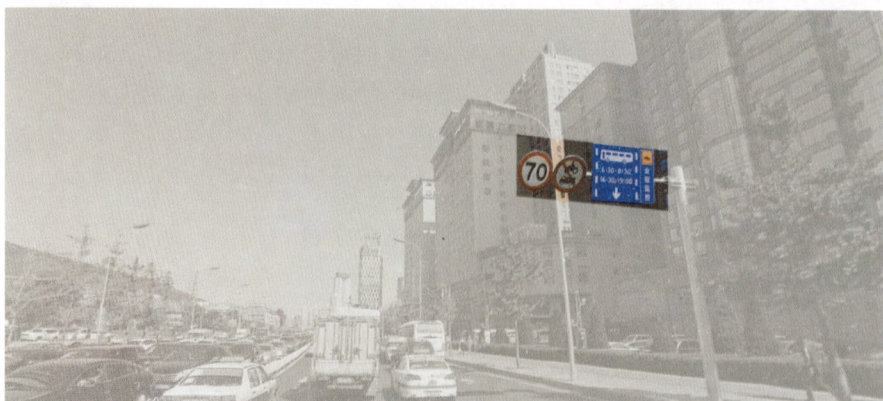

图 1-3-3　定位路标

根据上面的分析,就可以总结出图像识别中关键的两个步骤——图像定位和图像辨析。图像定位是为了在复杂的现实场景中找到令人感兴趣的部分并进行定位;图像辨析则是将定位好的部分进行适当的变形、分解等处理,最终清楚理解图像所代表的意义。

那么,这两个步骤是如何完成的呢? 还是来看人类是如何做的吧!

图 1-3-4　截取并识别路标

先说图像定位。请你回想一下最初看到图 1-3-2 时自己是如何找到路标图案的。或许有人会回答颜色,路标的颜色都是鲜艳的红色、蓝色并配以对比度较强的黑色、白色、黄色;或许有人会说是形状,路标的形状都是正圆或者方形;或许有人说是位置,路标一定是在头顶靠路边的位置……这些答案都没错,归纳一下,除了位置,其他两项都可以归为是图像的特征。路标是具有明显特征的图像,而人眼可以快速从杂乱无章的图片内容中抓取这种特征。为了达到这样的效果,几乎所有的路标都采用了对比度很强的颜色、自然界中难以存在的简单几何图形。而特定的位置更加速了对这些特征的抓取,并且保证了路标一定会进入司机的视野中。所以,用一句话总结的话:图像定位是通过特征检测来完成的。

再来看看图像辨析。图像辨析首先要保证图像有足够的大小和细节清晰度。例如图 1-3-5,即便定位了路标,也会因为路标过小和细节不足而无法被识别出来。另外,自然界中的图像往往都是如图 1-3-4 所示歪歪斜斜的,之所以能够把歪的路标成功地匹配到图 1-3-1 那种标准图形上,是因为我们的大脑会迅速处理眼睛接收到的图像,对其进行变形、分解等处理,将结果映射到标准图形上。之后,大脑会从已知的标准图形库中找出对应的图形,然后查出它背后的意思,从而达到理解的目的。我们没有学习过的路标不在我们大脑的已知标准图形库中,所以就无法理解它的意思。这里的学习,并不一定是要参加交通规则的课程,对箭头之类约定俗成符号的学习也算是对路标的一种学习,大脑会自动将知识融会贯通,从而形成更加全面的库。这也是“脑子越用越灵”这句话的理论依据之

图 1-3-5　过小的路标即便定位成功仍旧无法辨识

一。那么,总结一下,图像辨析包括了图像的处理、映射以及在已知图形库中的查找对比。

现在,让我们回到计算机的世界。实际上,计算机图像识别和上面介绍的人眼图像识别所做的事情大同小异。同样需要先进行图像定位,再进行图像辨识。

那么,我们说过,图像定位是靠特征来实现的。在计算机图像科学中,特征检测是专门的一个研究方向,在有些领域,计算机的特征检测能力甚至超过了人类,但在另一些方面还会略逊一筹。在这个项目中,路标的样式由我们自己来决定,那么就来选择一个容易检测的特征来简化程序吧! 什么样的特征是容易检测的呢? 实际上,有一种很容易检测的特征,是现在大家经常会见到的,那就是二维码中所使用的特征。

图 1-3-6 是一个二维码的示例。仔细观看,你会发现二维码的左上角、右上角、左下角都有一个同样的图案——黑白相间的正方形。这 3 个图案是二维码标准中的一部分,由二维码标准结构(见图 1-3-7)可知,这个图案是定位标志,也就是用来定位图像的“特征”。从图中可以看出,定位特征是由高对比度的黑白两色交替组成的正方形,交替的宽度是“黑 1:白 1:黑 3:白 1:黑 1”。这样的图形,在自然界和二维码的数据区都很难出现,所以定位效果极佳。

图 1-3-6　二维码示例

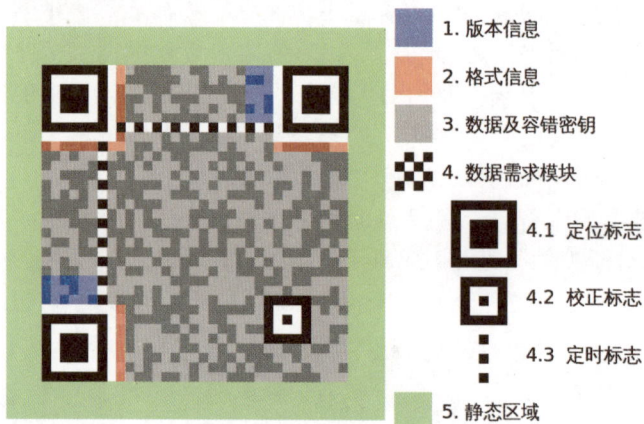

图 1-3-7　二维码图像结构

我们的路标采用同样的黑白交替特征,为了简化计算,将形状从方形变成圆形。另一方面,希望路标可以旋转使用。例如,画有一个箭头的路标,可以旋转 4 个方向而代表不同意义,因此在路标的 4 个角都放上定位标志。

再来看看图像辨识。同样,借鉴二维码的做法,也在 4 个角的定位标志中间放上一个正方形的数据区,然后检测其中的点是黑还是白就可以得到路标的数据了。只不过没必要把数据区做成二维码那种形似密码的样子,完全可以采用更加直观的方式,直接在里面画图。然后在我们的机器人中建立好可识别的路标图形库就可以很好地辨识路标了。要画图形,就要有足够的大小。考虑到普通图标的尺寸通常是 16×16 或者 32×32,这里折中一下,用 20×20,共 400 个点,可以画出约 2.58×10^{120} 个不同的图形,为路标图形的扩充也提供了相当大的自由度。

为了增强识别的精度和降低识别难度,采用对比度高的黑白两色。做好的路标如图 1-3-8 所示。

2. 图像识别前的准备

有了路标图形的格式,在正式开始程序识别之前,还需要对图像做一些处理。前面曾说过,图像识别主要分两大步——图像定位和图像辨识。然而,由于自然界中的图像由于光线强度、角度等不同,会导致计算机采集到的图像颜色、亮度与物体原本的颜色、亮度产生偏差,从而对计算机处理图像造成极大的干扰。

为了说明这个问题,先来看一下来自麻省理工学院脑与认知科学系的 Edward H. Adelson 教授给出的著名视觉错觉图(见图 1-3-9)。

图 1-3-8　路标示例(左转)

图 1-3-9　亮度视觉错觉(展示)

图中有 A、B 两个方块,你认为哪个色块颜色更浅一些呢?如果只用肉眼观察,相信几乎所有的人都会回答说 B 的颜色更浅。然而,事实果真如此吗?图 1-3-10 是在图 1-3-9 上追加了辅助色块后的样子。从中不难看出,A 和 B 的颜色实际上是完全一样的。

为什么会发生这样的情况呢?Edward H. Adelson 教授解释说,是由于人脑在处理图像时会根据周围的环境对信息进行补充。大脑会认为被更暗色块包围的 B 比被更亮色块包围的 A 更亮,而不是客观地评估它们实际的亮度值(有时也称为灰度值或明度值)。同时大脑还会对由于阴影覆盖导致的颜色、亮度变化做出相应的调整。大脑的这些调整机制让人类可以在阴影、黑天、过亮等特殊环境下也可以很好地对物体本来的面貌进行识别。很显然,虽然 A 和 B 的客观亮度值是相同的,但图 1-3-9 中的图形被识别为类似国际象棋棋盘的黑白相间的方格才是正确的结果。而只有将 B 标记为浅色块、将 A 标记为深色块才可能得出这个结论。

然而,计算机对图像的认识只有冷酷客观的数值,没有人脑加工的结果。因此,光线的角度、亮度会对计算机处理图像产生不可忽略的干扰。

为了尽可能地减小甚至消除这种干扰,就需要在开始图像定位、图像辨识这两步之

图 1-3-10　亮度视觉错觉（结果）

前，先对图像做一些处理。由于路标是纯黑白的，所以图像识别过程中不需要有颜色信息，最好只有纯黑色和纯白色，这样就可以简单地根据是黑还是白来识别定位标志了。那么，前期图像处理的目标就是把拍摄到的彩色图变成只有纯黑色和纯白色的图，并且路标中的黑色和白色都会被转化为纯黑和纯白。这种图可以成为黑白图，但黑白图有时也指含有灰度信息的图，为了避免误解，这里使用另一个术语——"单色图"来称呼它；而对于有灰度值的黑白图，使用"灰度图"这个术语。

要将彩色图片转换成单色图，首先需要去掉颜色信息。在计算机中，由于历史的原因，对颜色的表述有很多种模型，常用的有使用红、绿、蓝三原色数值表述的 RGB 色彩模型和使用色调、饱和度、亮度 3 个数值表述的 HSL 和 HSV 色彩模型。色彩模型决定了图片上的一个像素点由哪些数值组成。例如，在 RGB 模型中，每个像素点都有 3 个数值，分别是红色亮度、绿色亮度和蓝色亮度。由两个数值决定一个信息的时候，在数学上通常使用 x、y 来分别表示两个可变数值，并可以在横、纵直角坐标系中画出曲线来描述两个数值的关系。而这里的信息是由 3 个数值决定的，所以可以使用一个立方体来表现其中的变化。图 1-3-11 中就用 3 个立方体分别展示了 RGB、HSL 和 HSV 颜色模型的结果。

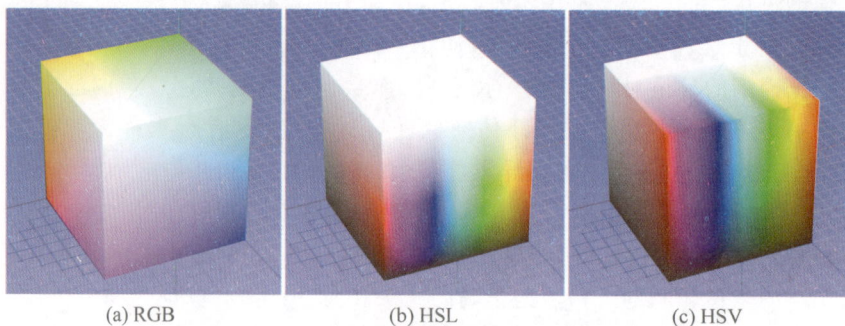

(a) RGB　　　　　　　　(b) HSL　　　　　　　　(c) HSV

图 1-3-11　色彩模型比较（来自维基百科用户 SharkD）

根据机器人的需求，程序需要持续不断地监视手机摄像头前面的景物，也就是需要连续不断地处理摄像头传回的图片。Android 系统为这种需求提供了一个摄像头预览编程的接口,系统会把摄像头采集到的图片快速地保存到一个数组中传给程序,好让我们根据需要处理图片数据。而这个保存下来的图片使用的是 YCbCr420 的色彩模型(又名 YUV420 或 NV21),与计算机中常用的 RGB、HSL 及 HSV 都不一样,YCbCr420 色彩模型下的每个像素点由亮度(Y)和彩度(CbCr)两种数据的数值组成(其中 Cb 和 Cr 分别是蓝色和红色的色差,虽然也是两个数值,但因为在程序中不需要,就放在一起合并讨论),而且亮度和彩度是分开存储的,前面的部分存储的都是没有颜色的亮度数值,后面部分则存储的都是颜色信息。这种格式对转换单色图是非常方便的,只需要取出前面的数据,抛弃后面的颜色数据就可以了。YCbCr420 色彩模型之所以采用这种古怪的存储方式,是由于这一色彩模型是由早期应用在电视信号上的模型演化而来的。当年为了兼容彩色电视机和黑白电视机而使用了这种格式,对黑白电视机来说,就跟我们的程序一样只要抛去色彩部分信号就可以了。图 1-3-12 所示为 YUV 颜色模型中各个部分存储的内容。

(a) 原图　　　　　　(b) 仅Y值　　　　　　(c) 仅U值　　　　　　(d) 仅V值

图 1-3-12　YUV 颜色模型分解结果

有了灰度图,下一步就可以转为单色图了。在灰度图上的每一个像素点,都只有一个数值——亮度值。在计算机中,常使用一个字节来存储一个像素点的亮度值。因为一个字节是 8 个二进制位,或称 8bit,所以可以承载的数值最多有 2^8 个,也就是 256 个。在计算机图像学中,通常将全黑定义为 0,全白定义为 255,可能的亮度值一共是 0~255,共 256 个。那么,如果能够找到一个在 0~255 之间的数值,让低于这个数值的亮度值变成纯黑,高于这个数值的亮度值变为纯白,就可以得到一张只有纯黑和纯白的单色图了。这个用来分割黑白的数值,称为阈值。因此,从灰度图转为单色图的关键就在于找到一个合理的阈值。

聪明的读者一定已经想到,如果用 256÷2 的结果 128 来作阈值,就可以从中间分割灰度值,得到一张单色图了。事实上,这也是计算机图像处理中常用的一种单色图转换方式,对于亮度值分布比较均匀的图片,用这种方法转出来的单色图效果也不差。但我们即将处理的是不确定会在什么环境下拍到的图片,用这种方法就难以达到好的效果了。例如,我们的实验手机在昏暗灯光下得到的图像(见图 1-3-13),图中最亮的点亮度才只有 100 左右,当使用 128 作为阈值的时候,转换之后整张图都是纯黑色,显然无法进行任何图形的识别了。

那么怎样才能取得一个相对合理的阈值呢?这个

图 1-3-13　黑暗环境下的照片

问题在计算机图像处理学中也是一个研究方向，术语称为二值化。二值化的方法很多，前面提到的用中间值 128 作为阈值也是方法之一，只不过是效果最差的方法罢了，但由于计算量最小，在部分领域仍然有所应用。此外，平衡了计算量和处理效果之后，相对应用范围较广的二值化方法大多是基于直方图的算法。

直方图又称柱状图，指的是统计图像中相同亮度值的点的个数。由于在计算机中通常使用 8 位二进制数表示亮度，基于之前的计算，亮度值为 0～255，共计 256 个可能数值。因此，对图像亮度值统计后的直方图共有 256 个"柱子"，每个"柱子"代表一个数值下的像素点个数。图 1-3-14 就是一个亮度值直方图，背景颜色体现了相应列所对应的亮度值。这张直方图是由图 1-3-13 计算得来的，很明显，所有的像素点都集中在左半边，也就是亮度值较低的一边，所以使用 128 作为阈值时，图片将变为一片纯黑色。

图 1-3-14　亮度值直方图示例

在程序中，为了存储直方图数据，需要一个拥有 256 个元素的整数数组。代码如下：

```
/** 为寻找黑白分割阈值而准备的柱状图数组 */
private int[] mHistogram;
//柱状图是针对所有灰度值的,灰度值为十六进制 0x00~0xff,共计 0x100 个数值
this.mHistogram=new int[0x100];
```

前面的代码是定义，为了提高性能，将其定义为成员变量；后面的代码是数组的初始化，将其写在构造函数中可以提高一点点性能。这里为了看起来整齐一些，使用了十六进制数字。

接下来，用一个循环完成直方图中数值的填充：

```
int w=this.mImageSize.width;
int h=this.mImageSize.height;
int wh=w * h;
for(int i=0; i<wh; i++) {
    //取得原始灰度值
    int value=0xff & this.mRawBuffer[i];
    //计算确定阈值所需数据
    this.mHistogram[value]++;
}
```

其中，mRawBuffer 是使用一维数组存储的原始数据。这里的 0xff & this.mRawBuffer 是位运算，保证取出的值是在 0～255（0xff）之间。有了直方图数据，下一步就可以进行二值化处理了。

基于直方图的二值化算法,有平衡直方图法、大津法、迭代法等很多种。经过一些尝试和比较可以发现,平衡直方图法的效果稍有些逊色,而迭代法的运算量较大、速度偏慢,最终本项目决定采用大津法。

大津法是由日本学者大津展之在 1979 年的论文中提出的。算法的主要思路是,将图像划分为目标和背景两部分,二值化后,两部分将分别属于两种数值(即纯黑和纯白)。例如,在我们的例子中,如果二值化结果理想,路标中黑色的部分应该全部为背景,白色的部分则全部为目标。注意,这里的背景和目标只是对图片的划分方法,与通常意义上的背景和目标两词的意思并不完全相同。根据背景和目标的定义,当确定某一阈值时,背景部分的亮度值都小于阈值,而目标部分的亮度值都大于阈值。根据一些理论计算结果和经验,研究人员发现,当直方图出现类似图 1-3-14 这种两个波峰的形状时,阈值取在两个波峰之间的波谷最低点时二值化效果最好。从直观上,这也不难理解,出现两个波峰,说明大多数点都集中在两片亮度区域中,当阈值设在中间的波谷最低点时,可以保证这两个区域的分离,也就保证大多数比较亮的点变成了白色,大多数比较暗的点变成了黑色,通常这是符合人们的正常感受的。在大津法中,使用了统计学中的方差计算方法,认为算得类内方差最小或类间方差最大的阈值是理想的阈值。因此,大津法也称为类间方差法。具体做法是:使用所有的 256 个可能阈值分别计算图像的类间方差,取类间方差最大时的阈值为理想阈值。

类间方差的计算方法如下:

设 t 为阈值、H 为直方图数据数列。则总像素点数为

$$N = \sum_{i=0}^{256} H(i)$$

背景比例为

$$W_B = \sum_{i=0}^{t} \frac{H(i)}{N}$$

目标比例为

$$W_F = \frac{N - W_B}{N}$$

亮度值总和为

$$S = \sum_{i=0}^{256} H(i)$$

背景亮度值总和为

$$S_B = \sum_{i=0}^{t} H(i)$$

背景平均亮度为

$$\mu_B = \frac{S_B}{W_B}$$

目标平均亮度为

$$\mu_F = \frac{S - S_B}{W_F}$$

则，类间方差为

$$\sigma_b^2 = W_B \cdot W_F \cdot (\mu_B - \mu_F)^2$$

最终，将上述计算公式落实到代码上：

```java
/**
 * 大津算法计算黑白分割阈值
 * @param histogram 灰度值柱状图信息
 * @param total 总像素数
 * @param sum 灰度总值
 * @return 阈值
 */
private int getThreshold(int[] histogram, int total, long sum) {
    long sB=0;
    long wB=0;
    long wF=0;
    double mB=0;
    double mF=0;
    double max=0;
    double between=0;
    int t=0;
    for(int i=0; i<histogram.length; i++) {
        wB+=histogram[i];
        int h=histogram[i];
        histogram[i]=0;
        if(wB==0) {
            continue;
        }
        wF=total-wB;
        if(wF<=0) {
            for(int j=i+1; j<histogram.length; j++) {
                histogram[j]=0;
            }
            break;
        }
        sB+=h * i;
        mB=(double) sB / wB;
        mF=(double) (sum-sB) / wF;
        double d=mB-mF;
        between=wB * wF * d * d;
        if(between>max) {
            t=i;
            max=between;
        }
    }

    return colorFromGs(t);
}
```

代码中的变量和公式中的变量对照如表 1-3-1 所列。

表 1-3-1　代码变量和公式变量对照

变　　量	公式	代码	变　　量	公式	代码
总像素点数	N	total	背景亮度值总和	S_B	sB
背景比例	W_B	wB*	背景平均亮度	μ_B	mB
目标比例	W_F	wF*	目标平均亮度	μ_F	mF
亮度值总和	S	sum	类间方差	σ_b^2	between

表 1-3-1 中标注了"＊"号的背景比例和目标比例,代码中的变量意义和公式中略有不同,代码中并没有用像素点数求和后的结果除以总像素点数。之所以这样做,是因为最终的结果是为了比较类间方差的值,而这里作为除数的总像素点数是在所有计算中都相同的值,是否除以这个数对大小比较的结果没有任何影响;另外,计算机中的除法运算速度是四则运算中最慢的,减少不必要的除法运算可以加快程序运行速度。因此,我们的代码中并没有严格地按照公式计算,而是省略了这个除法运算。

另外,代码中的求和也并不是每次都从头开始求和,而是利用循环逐步累加。这也是为了尽可能地加快程序的运行速度。因为本次的程序要尽可能快地对摄像头捕获到的图像进行处理,而为了能够让图像看起来连续,每秒钟摄像头要采集至少 24 张图片(实际上会采集 30 张以上)。虽然我们的机器人并不需要每秒将所有这些图片都处理完,但丢失太多图片还是会影响处理效果的。因此,需要在 1s 内尽可能多地处理图片数据。这时,代码的运行速度就变成了很关键的因素,为此对代码做出了很多调整,在后面会再做展开说明。

至此,根据大津法算出了最佳的阈值。接下来,需要将灰度图的数据转为单色图。然而,我们的实验用手机拍的最高分辨率是 1280×720,也就是 921 600 个像素点。即便使用稍小一点的分辨率,如 960×720 或 640×480,也分别是 691 200 个和 307 200 个像素点,计算量都不在少数。而实际要使用的像素点,在后面的论述中可以看到,其实没有那么多。那么,不用的像素点的二值化转换就完全浪费了。因此,这里不做整张图片的单色图转换,而是保存下来这个阈值,仅在需要的时候进行判断和转换(事实上,仅保留阈值进行判断即可,但为了通过手机屏幕进行测试和调试,要将用过的像素点转换成单色像素点才能从屏幕上分辨出它属于背景部分还是目标部分,从而根据效果对程序作出调整)。

3. 识别定位标志点

有了二值化的阈值,下面可以开始从图像中识别出路标了。要识别路标,首先要找到 4 个由黑白同心圆组成的定位标志点,这也是定位标志点存在的意义。前文说过,定位标志的模式是在自然图像中和路标内容中很难出现的,因此只要设法在图像中找到定位标志的模式特征也就能够找到定位标志了。

如图 1-3-15 所示,定位标志是由黑白同心圆组成的,圆的直径处,黑白色部分的分布是黑 1∶白 1∶黑 3∶白 1∶黑 1。那么,可以按照以下步骤进行检查。

逐行扫描图像,找到黑白间隔为黑白黑白黑(白)的部分。

确认找到部分的黑白比例为黑 1：白 1：黑 3：白 1：黑 1。

以找到的部分的中心点为基准点进行纵向扫描,检查黑白比例是否仍是黑 1：白 1：黑 3：白 1：黑 1。

如果纵向黑白比例正确,检查形状是否为圆形。

通过以上这一系列检测,最终确定是否找到了定位标志。下面就逐个来看看如何使用程序实现。

首先,看看如何在一行像素点中找到黑白间隔为黑白黑白黑(白)的部分。

当扫描像素点的时候,如果不保存任何

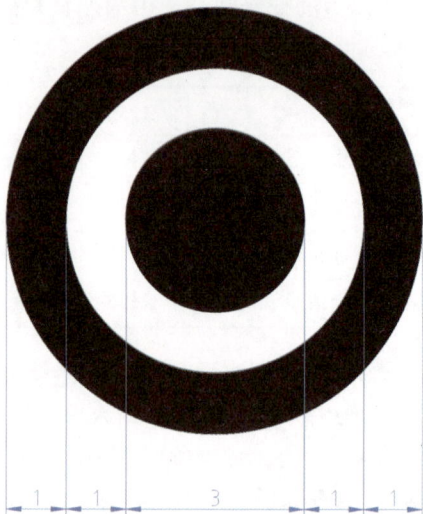

图 1-3-15　定位标志

状态,就只能知道当前像素点的颜色。为了了解已经找过的部分的状况,需要额外的变量来保存已经扫描过的像素点的信息,这些信息要根据我们的需要进行加工。对于寻找黑白相间同心圆的需求来说,当只看一行的时候,实际上是要寻找图 1-3-16 所示的黑白相间的像素点组合。要成功判断出已经出现过这种图形,就要存储已经扫描过的黑白部分信息。

图 1-3-16　单行像素的黑白黑白黑模式(每个方格代表一个像素)

由于要找到的组合一共有 5 个部分,一旦找到就可以进入下一步判断黑白部分的比例。因此,需要有一个变量来标明我们现在处于 5 个部分中的哪一个部分,根据计算机的惯例,这 5 个部分的编号或称下标分别为 0、1、2、3、4,使用整型变量即可,将这个变量命名为 currentState。另外,为了下一步比较宽度比例,还需要在扫描过程中记下每个部分包含的像素数,由于是 5 个部分,那么一个包含 5 个元素的数组就可以胜任,这个数组命名为 mStateCountX(之所以命名为 mStateCountX 是为了提高性能,将这一变量定义为成员变量,根据 Android 编程的惯例,需要在前面追加 m 作为前缀;另外是进行 x 坐标方向的扫描,故而最后加上一个 X 作为后缀)。

以图 1-3-16 中的像素排列为例,当扫描进行到某个时刻时,找到了黑白黑白黑的 5 个部分(见图 1-3-16 中数字),各个部分的像素数分别是 4、4、12、4、4。这时的 currentState 是 4,数组 mStateCountX 的值分别是:

- mStateCountX[0]：4
- mStateCountX[1]：4
- mStateCountX[2]：12
- mStateCountX[3]：4

- mStateCountX[4]：4

那么，如何扫描出这样的结果呢？

如前所述，进行逐个像素点扫描时，会知道当前像素点的颜色。由于我们的颜色只有黑和白，所以扫描到的颜色也只有黑白两种可能。这时，要根据已经存储的前面像素点的信息来判断和加工信息。当刚刚取出当前像素点的颜色信息时，currentState 尚未更新，里面对应的值仍然是上一个像素点的值。如图 1-3-17 所示，当前像素点的颜色和前一次像素点颜色相同时，currentState 不变；不同时 currentState 就需要加 1。由于黑色部分对应的数字（0，2，4）都是偶数，白色部分对应的数字（1，3）都是奇数，所以，根据 currentState 的奇偶就可以得知前一次像素点的颜色，从而了解当前像素点和前一次像素点的颜色是否相同了。图 1-3-18 中列举出了所有可能的情况。

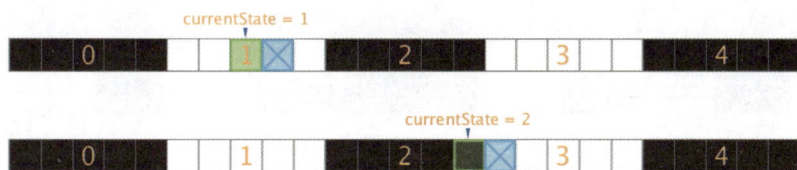

图 1-3-17 当前扫描点和前次扫描后留下的 currentState
（蓝色为当前扫描点，绿色为前次扫描点，下同）

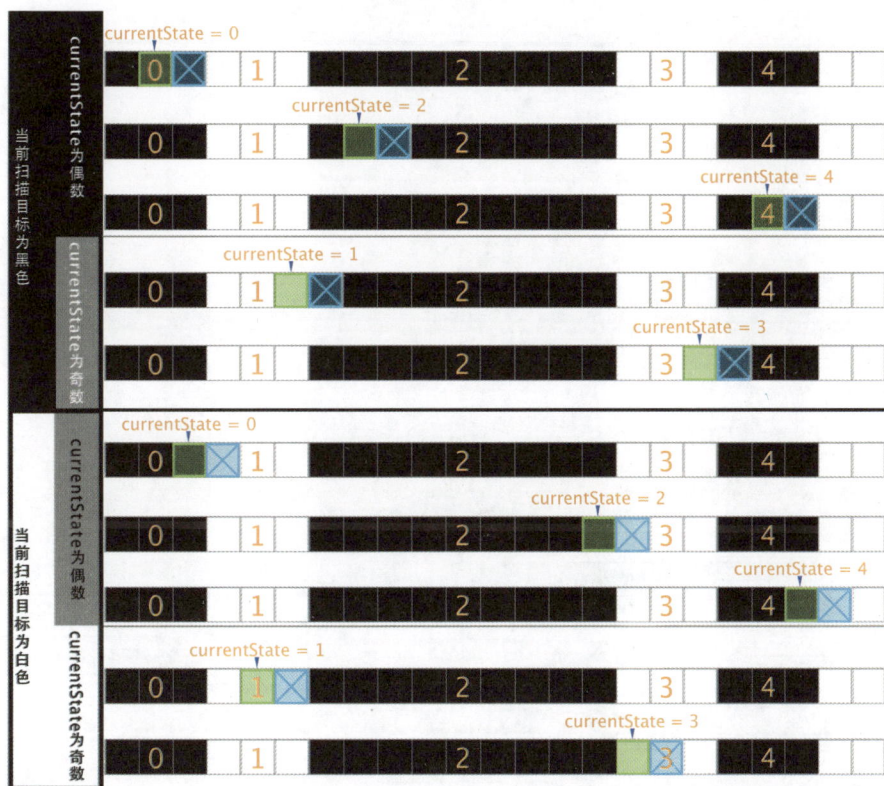

图 1-3-18 计算 currentState 和 mStateCountX 可能遇到的各种模式

在更新好 currentState 之后，由于又多扫描了一个像素，当前部分的像素数需要累加1。此外，当已经找到了"黑白黑白黑"的组合时，也就是 currentState 更新前为4，当前点颜色为白时，需要转到下一步，检查已经查找到的部分是否是定位标志点。如果是定位标志点，记录下点坐标，复位 currentState 和 mStateCountX 的值，从最后扫描到的点开始继续扫描，查找下一个定位标志点；如果不是定位标志点，已经取得的"黑白**黑白黑**"五部分中的标记为粗体的后三部分，可能是定位标志的开始，所以将信息串两个部分继续扫描，如图 1-3-19 所示。

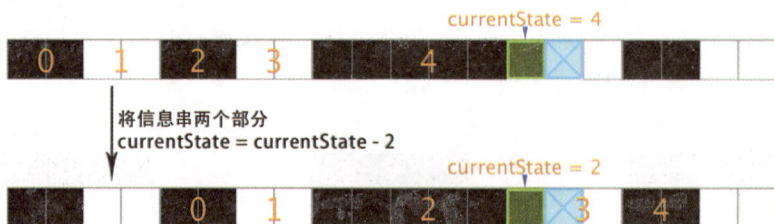

图 1-3-19　比例不吻合时串位继续扫描

总体的逻辑，可以参考图 1-3-20 所示的流程图。

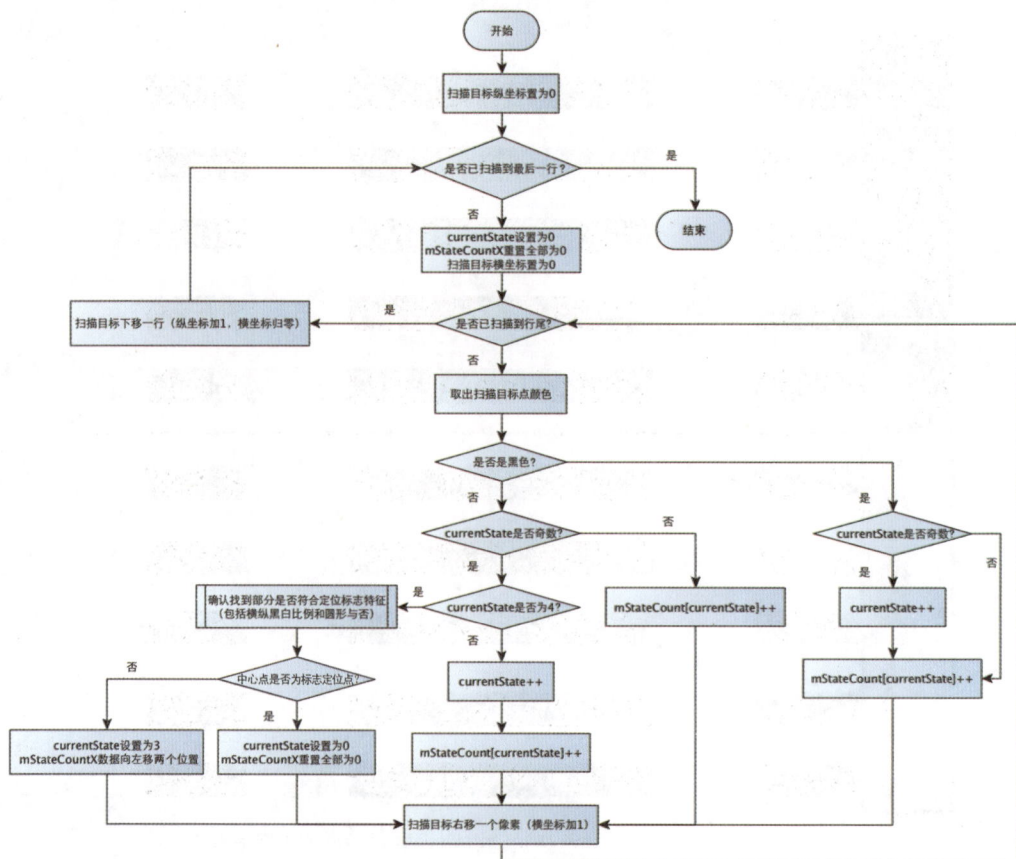

图 1-3-20　寻找定位标志点的流程图

流程图中"确认找到部分是否符合定位标志特征"这一处理,包含了前面提到的识别步骤中的后 3 步。

(1) 确认找到部分的黑白比例为黑 1：白 1：黑 3：白 1：黑 1。

(2) 以找到的部分的中心点为基准点进行纵向扫描,检查黑白比例是否仍是黑 1：白 1：黑 3：白 1：黑 1。

(3) 如果纵向黑白比例正确,检查形状是否为圆形。

其中,第(2)步和第(3)步都是确认黑白部分的比例,与实际处理比较类似。这里以第(2)步的处理为例,稍详细些进行说明。

在第(1)步处理中,使用 mStateCountX 数组收集了扫描出的黑白黑白黑各个部分的像素数,也就是宽度。如果是严格精确地确认比例,只需要确认数组中 5 个元素的值是否符合 1：1：3：1：1 的比例即可。但由于处理的是自然图像,很可能因为一些不确定因素,导致像素数并不严格遵从这一比例。因此,在确认比例的时候应该允许一定的容错。当应该拥有的像素数与实际像素数的差小于容错像素数时,就认为比例是合理的。

当确认好 x 方向的比例后,就可以很容易地确定中心点的坐标,然后从中心点向 y 的正负两个方向扫描点信息,取得 y 方向上各个部分的像素数,存储在 mStateCountY 中,接着使用同样的方法确定比例即可。

最后,横纵黑白比例都正确的时候,检查形状。如果收集所有的像素点信息来确定形状信息,会因为计算量庞大,严重影响程序性能。因此,采用抽样调查的方法,在黑白黑 3 个同心圆上各找 8 个取样点,确认它们的颜色是否正确即可。虽然这样不能严格地检查圆形,但却可以在性能和准确性中间取得一定的平衡。取样点的位置,为了方便计算和书写,采用了勾三股四弦五的比例,横、纵坐标分别是半径的 0.8、0.6 倍。计算出的取样点位置如图 1-3-21 所示。

图 1-3-21　圆形验证取样点

经过以上这些步骤,就可以确认一个定位标志点的坐标了。不过,由于上面的做法是逐个像素点扫描,性能比较低。因此,在实际过程中,会采用间隔扫描、跳过无用部分等方法来加快程序速度。

在实际需求中,黑色部分和白色部分都不能只有一个像素宽,为了保证识别质量,需要一个最小单位宽度。那么,在扫描过程中就没有必要逐行扫描,而可以以这个最小单位宽度为单位来跳行扫描。

在一行之内,虽然还是要逐个像素点扫描,但当扫描到行末,剩下的像素点数不足以承载一个定位标志的宽度时,也可以终止当前行扫描。

另外,一旦确认了两个定位标志点,就可以大致推测出整个路标的宽度,那么第 3 个定位标志点一定是在这个宽度以外的地方,在适当保留容错的基础上,完全可以跳过这个宽度。

最后,当找齐了 4 个定位标志点之后,就没有必要继续扫描了。

将上面这些因素都考虑进来之后,落实到代码上,寻找定位标志点程序如下:

```java
/**
 * 检测定位点。检测到的坐标将存储在{@link #mCorners}中,
 * 数值基于原始相机朝向,与旋转参数无关
 * @return 检测到时为<code>true</code>
 */
private boolean detectCorner() {
    //根据相机朝向,调整 w、h 数值
    int w=this.mImageSize.width;
    int h=this.mImageSize.height;
    if((this.mRotation.ordinal() & 0x01)==1) {
        w=this.mImageSize.height;
        h=this.mImageSize.width;
    }

    //重新检测前,清空旧数据
    this.mCorners.clear();
    int currentState=0;
    int scanStep=this.mMinUnit;
    //前面跳过的部分:大小为标记图形大小的一半
    int minScanSize=this.mMinUnit * (PATTERN_SIZE>>1);
    //图形的最小可能尺寸
    int minSignSize=this.mMinUnit * ((PATTERN_SIZE>>1)+
        TrafficSign.SIGN_EDGE_LEN);

    //以 scanStep 为间隔,扫描各行
    for(int y=minScanSize; y<h; y+=scanStep) {
        //一行开始,初始化所有状态的像素数
        Arrays.fill(mStateCountX, 0);
        //将状态恢复到状态 0(黑)
        currentState=0;
        int base=y * w;
        //同一 y 坐标上找到的标记点数
        int foundCount=0;
        for(int x=0; x<w; x++) {
            //计算并取出纯黑白颜色
            int index=x+base;
```

```java
if(this.isDark(index)) {
    //当前颜色为黑
    if((currentState & 0x01)==1) {
        //奇数状态：我们正在计算白色像素数
        //因此状态需要前进一步
        currentState++;
    }
    mStateCountX[currentState]++;
} else {
    //当前颜色为白
    if((currentState & 0x01)==1) {
        //奇数状态：我们正在计算白色像素数
        mStateCountX[currentState]++;
    } else {
        //偶数状态：我们正在计算黑色像素数
        if(currentState==4) {
            //发现 黑白黑白黑 之后的白色，颜色模式匹配
            //检查颜色宽度比例并试图获取模式中心点
            Point p=
                this.getPatternPoint(
                    this.mInfoBuffer,
                    w, h, x, y,
                    mStateCountX, this.mCorners);
            if(p !=null) {
                //找到一个点
                this.mCorners.add(p);
                foundCount++;
                //推测下一个点的 Y 坐标，跳过无须扫描的部分
                y=this.guessY(mCorners,
                    mStateCountX, y, h);
                //已经找到全部 4 个点，则结束查找
                if(this.mCorners.size()>=
                    CORNER_COUNT) {
                    break;
                }
                //同一 Y 坐标下找到两个点
                //跳入下一个 Y 坐标进行查找
                if(foundCount>=2) {
                    break;
                }
            } else {
                //如果比例不符，跳过前一黑一白部分，重新计算
                currentState=3;
                System.arraycopy(mStateCountX, 2,
                                mStateCountX, 0, 3);
                mStateCountX[3]=1;
                mStateCountX[4]=0;
                continue;
            }
```

```
                            //或许已找到一个,查找下一个,
                            //恢复各种状态值
                            Arrays.fill(mStateCountX, 0);
                            currentState=0;
                        } else {
                            //当前颜色与正在计算的颜色不同
                            //状态向前推移,并追加像素数
                            mStateCountX[++currentState]++;
                        }
                    }
                }

                //当前行剩下的宽度已不足以容纳一个可能的定位点图形
                if(foundCount<=0 && currentState<3 &&
                    x+minScanSize>w) {
                    break;
                }
            }
            //当前图形已没有足够的大小容纳一个可能的路标图形
            if(this.mCorners.size()<2 && y+minSignSize>h) {
                break;
            }
        }

        return this.mCorners.size()==CORNER_COUNT;
    }


    / **
     * 推测下一个定位点的纵坐标值
     * @param corners 已找到的定位点
     * @param stateCount 当前的状态数据
     * @param y 当前的纵坐标
     * @param h 纵轴方向的高度
     * @return 推测出的下一个定位点的纵坐标值
     */
    private int guessY(List<Point>corners, int[] stateCount, int y, int h) {
        if(corners.size()>=CORNER_COUNT) {
            //如果已经找到了所有定位点,让纵坐标达到最大高度值,以跳出循环
            y=h;
        } else if (corners.size()>=(CORNER_COUNT>>1)) {
            //如果已经找到了一半定位点
            //下一个点与第一个点的纵坐标差应约等于第二个点和第一个点的横坐标差
            Point pa=corners.get(0);
            //计算前两点的横坐标差
            int d=Math.abs(corners.get(1).x-pa.x);
            //新纵坐标为第一个点的纵坐标加上差
            //为保证不出现漏扫,退回相应的容错大小
            int ny=pa.y+d-
                (int)((stateCount[0]+stateCount[1]) *
```

```
                    (1+this.mVariance));
        //如果新纵坐标出现后退,则维持现状
        if(ny>y) {
            y=ny;
        }
    }

    return y;
}


/**
 * 判断颜色模式的宽度模式,并在模式匹配成功后计算识别标记图形的中心点
 * 并对中心点有效性进行验证
 * @param im 图片
 * @param x 当前扫描的点的 X 坐标
 * @param y 当前扫描的点的 Y 坐标
 * @param stateCount 各个颜色状态的像素数
 * @param list 已找到的点的列表
 * @return 如果宽度匹配成功,所得点有效,则返回该点
 * 否则返回<code>null</code>
 */
private Point getPatternPoint(int[] data,
    int w, int h, int x, int y,
    int[] stateCount, List<Point>list) {

    //计算匹配图形的总像素数
    int totalFinderSize=0;
    for(int count: stateCount) {
        if(count<=0) {
            //如果某颜色的像素数为 0,则直接返回
            return null;
        }
        totalFinderSize+=count;
    }

    if(totalFinderSize<PATTERN_SIZE * this.mMinUnit) {
        //如果总像素数小于识别图像的最低允许像素数,则直接宣告失败返回
        return null;
    }

    //计算单元宽度
    float mSize=(float)totalFinderSize/PATTERN_SIZE;
    //计算允许容错宽度
    float maxVar=mSize * this.mVariance;

    //检查各个颜色宽度
    for(int i=0; i<stateCount.length; i++) {
        if(Math.abs(mSize * PATTERN[i]-stateCount[i])>=
            maxVar * PATTERN[i]) {
```

```
        //如果颜色宽度超出许可范围则返回
        return null;
      }
    }

    //计算中心点 X 坐标。中心点为当前扫描点向回移动半个识别图形宽度
    int px=(int) (x-totalFinderSize / 2);
    //检查 Y 轴方向上的模式匹配
    Arrays.fill(this.mStateCountY, 0);
    //从当前扫描坐标向上、下检查的最大范围
    int sizeLimit=(int) (mSize * 3+maxVar+1);
    //向下检查得到的标记图形下边界
    int yd=this.fillStateCountY(w, h, px, y,
        mStateCountY, 1, sizeLimit);
    //向上检查得到的标记图形上边界
    int yu=this.fillStateCountY(w, h, px, y,
        mStateCountY, -1, sizeLimit);
    if(yd>=0 && yu>=0 && yd>yu) {
        //检查各个颜色宽度
        for(int i=0; i<mStateCountY.length; i++) {
        if (Math.abs(mSize * PATTERN[i]-mStateCountY[i])>=
            maxVar * PATTERN[i]) {
            //如果颜色宽度超出许可范围则返回
            return null;
          }
        }
        //计算中心点 Y 坐标
        int py=(yu+yd) / 2;
        Point p=new Point(px, py);
        if(this.isCirclePattern(w, h, px, py, mSize) &&
            this.isValidPoint(p, list, totalFinderSize, yd-yu)) {
            return p;
          }
      }
    }
    return null;
}

/**
 * 检查定位点模式是否符合规范。判断依据为取得固定的抽样点检查颜色,以确定确实为圆形
   模式
 * @param w 图像宽度
 * @param h 图像高度
 * @param x 定位点横坐标
 * @param y 定位点纵坐标
 * @param size 整个模式的大小
 * @return
 */
private boolean isCirclePattern(int w, int h, int x, int y,
    float size) {
```

```
//考察点与中心点的距离
//分别为中心黑圆内、白环中央、黑环中央
float[] distances={
    1, 2, 3
};
//考察点的坐标值比例,以勾三股四弦五取 8 个点
float[] xs={
    0.8f, 0.6f,
    -0.6f, -0.8f,
    -0.8f, -0.6f,
    0.6f, 0.8f
};
float[] ys={
    0.6f, 0.8f,
    0.8f, 0.6f,
    -0.6f, -0.8f,
    -0.8f, -0.6f
};

//不同距离上的黑白颜色不同,提前定义变量存储正确的颜色
boolean isBlack=true;
for(float distance: distances) {
    //对每个距离进行检查
    for(int i=0; i<xs.length; i++) {
        //循环检测每个距离上的 8 个点
        float cx=x+distance * size * xs[i];
        float cy=y+distance * size * ys[i];
        if((this.isDark(
            Math.round(cx)+Math.round(cy) * w)) !=isBlack) {
            return false;
        }
    }
    isBlack=!isBlack;
}

return true;
}

/**
 * 检查指定点是否有效。有时邻近的点都会符合模式匹配结果
 * 此函数用以判断发现的点是否与已找到的点过分接近
 * @param p 待检查点
 * @param list 已找到的点的列表
 * @param limitX X 坐标的最近允许距离
 * @param limitY Y 坐标的最近允许距离
 * @return 如果距离足够,判为有效点,返回<code>true</code>,
 * 否则返回<code>false</code>
 */
private boolean isValidPoint(Point p, List<Point>list,
```

```java
      int limitX, int limitY) {
         for(Point ep: list) {
            int dx=Math.abs(ep.x-p.x);
            int dy=Math.abs(ep.y-p.y);
            if(dy<limitY && dx<limitX) {
               return false;
            }
         }

         return true;
      }

   /**
    * 填充纵坐标方向上的状态数据。坐标系基于相机原始坐标方向
    * @param w 图像宽度
    * @param h 图像高度
    * @param cx 疑似识别点横坐标
    * @param cy 疑似识别点纵坐标
    * @param stateCountY 有待填充数值的纵坐标状态数据数组
    * @param dir 方向,-1 为向上,1 为向下
    * @param sizeLimit 扫描距离极限
    * @return 识别模式的边界处的纵坐标
    */
   private int fillStateCountY(int w, int h, int cx, int cy,
      int[] stateCountY, int dir, int sizeLimit) {

      int currentState=2;
      for(int y=cy; y<w && y>=0; y+=dir) {
         if(this.isDark(cx+y * w)) {
            //当前颜色黑色
            if((currentState & 0x01)==1) {
               //奇数状态：我们正在计算白色像素数
               //因此状态需要变化
               currentState+=dir;
            }
            stateCountY[currentState]++;
         } else {
            //当前颜色白色
            if((currentState & 0x01)==1) {
               //奇数状态：我们正在计算白色像素数
               stateCountY[currentState]++;
            } else {
               //偶数状态：我们正在计算黑色像素数
               switch(currentState) {
               case 2:
                  currentState+=dir;
                  stateCountY[currentState]++;
                  break;
               case 4:
```

```
        case 0:
            return y;
        }
    }
}
    if(stateCountY[currentState]>sizeLimit) {
        break;
    }
}

    return -1;
}
```

4.映射图像

通过上面的方法,可以定位到 4 个定位标志点,并且取得它们的横、纵坐标值。然而,由于路标的摆放方式、摄像头的角度的不同,4 个点很难规规矩矩地组成一个正方形。图 1-3-22 是实际调研程序扫描后的结果。图中的一条条竖线是扫描线,也就是扫描过的点所留下的痕迹。前面曾说过,为了提高运算速度,只对扫描过的点进行黑白转换,而未转换的点还是原来的灰度图,所以留下了黑白色的扫描线。对识别出的 4 个定位标志,使用红、黄、绿、蓝 4 种颜色的十字圆做出了标记。

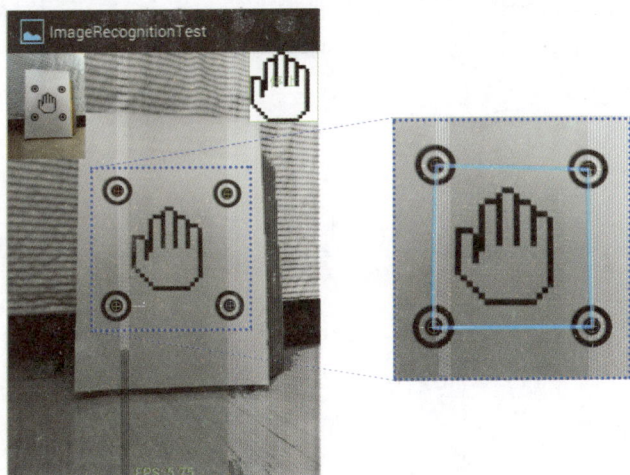

图 1-3-22　定位点所构成的四边形

在右侧的放大图中,用浅蓝色的线将 4 个点作了连接。很明显,这个四边形并不是正方形,而且线条也不是水平和垂直的。然而,要得到定位点内路标图形的数据,必须基于一个规矩的正方形,然后对其中每个方块的坐标点取颜色信息才行。

细心的读者可能已经发现,在图 1-3-22 中的路标中心部分有一些白点,那也是扫描留下的痕迹。这些点就是基于现在这个不规则四边形的取色点。那么这些点的坐标是怎么计算出来的呢?

在回答这个问题之前,先一同复习一下基础的数学和几何知识。众所周知,一条线段是由无数的点组成的,这些点可以用实数表示。无论这条线很长还是很短,都是由无数的点组成的,所以一条线段上的任意一点都可以映射到另一条线段上的某一点,而这个映射关系是通过一个比率实现的。例如,一条长 30mm 的线段 AB 和一条长 60mm 的线段 CD,在 AB 上与点 A 的距离为 x 的任意一点,都可以与 CD 上与点 C 距离为 $2x$ 的点对应(见图 1-3-23),这里的 2 就是两者之间的映射比率。

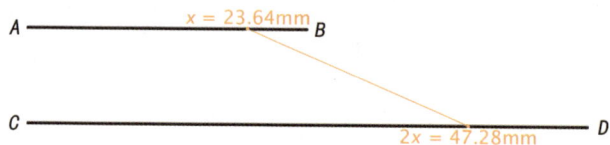

图 1-3-23　两条线段上点的映射

在几何中还学过,一个四边形是由无数条线段组成的,上面的任一点可以使用两个坐标值来表示。那么类似地,两个四边形之间也有映射关系,也就是说,一个四边形上的任一点都可以映射到另一个四边形上的某一点。两边的坐标也存在一种变换关系。这种变换会在大多数理工科大学开设的线性代数课程中讲述。为了解决问题,这里只做与我们的问题相关的最基本介绍。如同两条线段上的点映射是通过一个比率数字实现类似,平面上的点之间的映射是通过矩阵实现的,一个 3×3 矩阵就可以完成所需的变换。图 1-3-24 中展示了相对简单的仿射变换,是平面映射变换中的一部分,由于相对简单,所以仿射变换比我们需要的矩阵少一行,只需要 3×2 的矩阵。

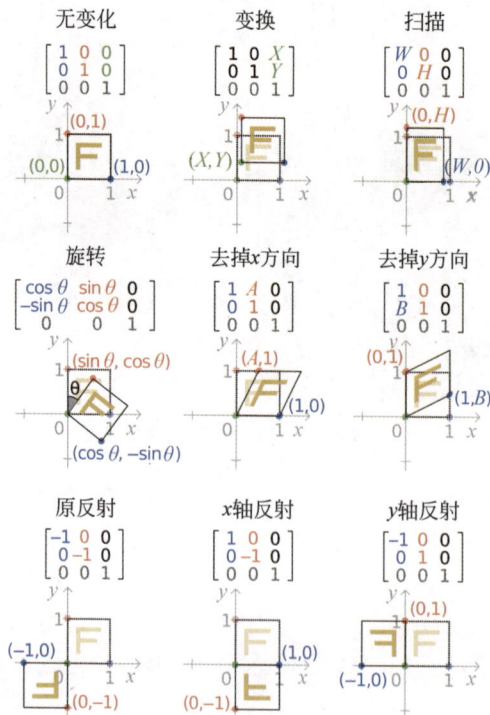

图 1-3-24　仿射变换矩阵

那么,如何得到这个矩阵呢? 善解人意的 Android 编程接口(API)早已提供了方法。有一个 Matrix 类,可以用来保存变换用的矩阵,只要有两个平面上 4 对对应的点坐标,就可以通过 Matrix.setPolyToPoly() 函数让计算机自己算出这个矩阵。接下来就可以用这个矩阵去映射其他所有的点了。

现在,已经有了识别出来的 4 个定位标志点,它们在标准的路标图形中对应的位置也很清楚(见图 1-3-25),就可以使用系统提供的函数来计算出矩阵了。

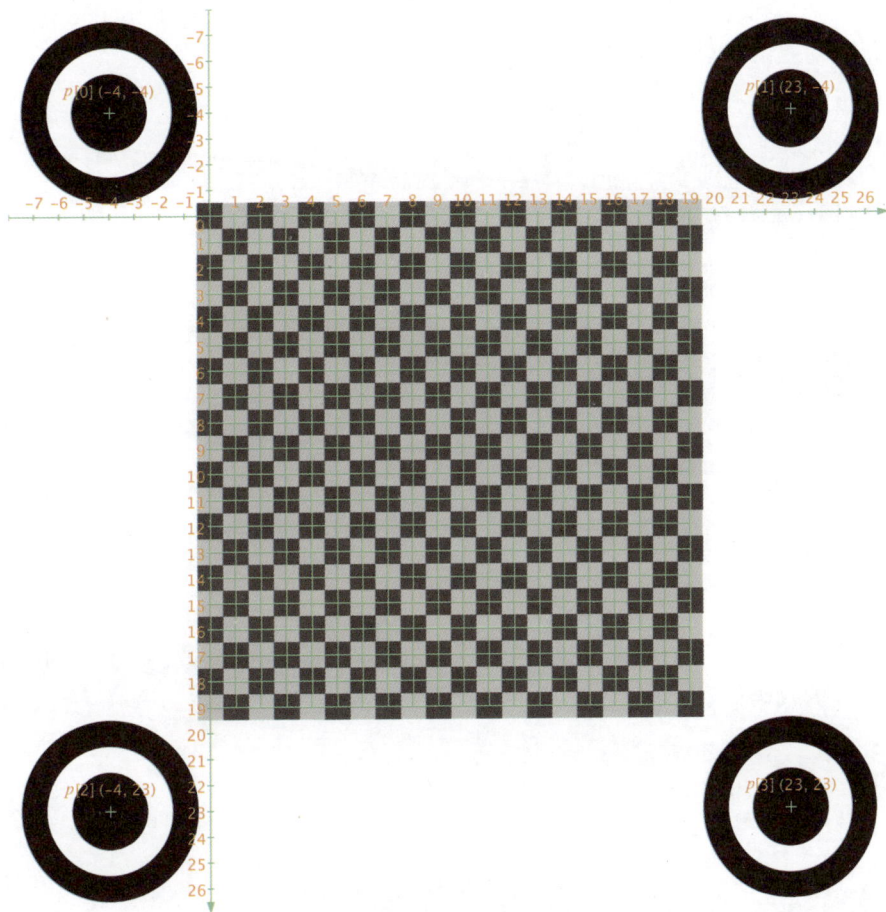

图 1-3-25　标准路标图形中各点的坐标值

不过,由于点必须一一对应,而扫描出定位标志点的顺序却不一定与标准路标图形中的顺序一致,所以,在计算矩阵之前,首先要把顺序调整好。关于顺序的调整,由于涉及相机设备的旋转,放在后面单独设一个主题,暂且认为得到的定位点数组的顺序与标准路标图形中定位点的顺序一致。这里,定义 4 个点的顺序为左上、右上、左下、右下。当定义标准路标图形中每个方格的宽度为 1,且左上角方格为坐标原点时(见图 1-3-25),定位标志的总宽度为 1+1+3+1+1=7,中心点与标准路标主体部分的正方形边缘差 4。因此,左侧两个定位标志点的横坐标和上边两个定位标志点的纵坐标都为-4;又因为标准路标主体部分正方形的边长是 20,从 0 开始计数的话,正方形的右边缘和下边缘坐标为 19,所以右侧两个定位标志点的横坐标和下边两个定位标志点的纵坐标为 19＋4＝23。由此得出 4 个定位标志点的坐标分别为：

- 左上——(—4，—4)
- 右上——(23，—4)
- 左下——(—4，23)
- 右下——(23，23)

将这 4 个坐标与取得的实际图形中的 4 个坐标传入 Matrix.setPolyToPoly()函数，就可以得到需要的映射用的矩阵了。代码如下：

```java
/**
 * 计算并取得映射用矩阵
 * @param corners 所有定位点
 * @return 映射用矩阵
 */
private Matrix getMatrix(List<Point>corners) {
    //标准路径中的 4 个定位点坐标,按左上、右上、左下、右下的顺序排序
    float[] src=this.mCornerSrcPoints;
    //实际图片中的 4 个定位点坐标
    float[] dst=this.getArrangedCornerPoints(mCornerDstPoints);

    //通过 4 个定位点来确定矩阵数据
    mMatrix.setPolyToPoly(src, 0, dst, 0, corners.size());
    return mMatrix;
}
```

其中的 mCornerSrcPoints 是准备好的标准路标图形中 4 个定位标志点的坐标。准备这些坐标的代码如下：

```java
/**
 * 返回标准路标中定位点坐标
 * @return 定位点坐标
 */
private float[] getCornerSrcPoints() {
    //两个定位点之间的距离
    float len=(TrafficSign.SIGN_EDGE_LEN+PATTERN_SIZE);
    //定位点偏离路标图形边缘的距离
    float offset=(PATTERN_SIZE+1) / 2.f;
    return new float[]{
        -offset, -offset,              //左上角
        len-offset, -offset,           //右上角
        -offset, len-offset,           //左下角
        len-offset, len-offset         //右下角
    };
}
```

其中用到的常量值如下：

```
/** 识别标记的总宽度(单位:一个单元宽度) */
private static final int PATTERN_SIZE=7;
```

和

```
/** 交通信号的边长 */
public final static byte SIGN_EDGE_LEN=20;
```

而 getArrangedCornerPoints()函数就是用来完成之前暂时搁下的定位标志点排序功能的。下面就另起一个主题说一下这部分。

5.设备屏幕的旋转和定位标志点的排序

我们的程序是通过 Android 系统中的照相机预览来取得图像数据的,取出的图像坐标永远是基于 landscape 方向的。landscape 方向的意思是指横向宽度大于纵向高度的方向。也就是说,如果设备是默认方向为纵向的手机,需要逆时针旋转 90°;而如果是默认方向即是横向的平板,则是默认方向。细心的读者或许已经注意到图 1-3-22 中的扫描线都是纵向排列的,其原因就是手机设备上的相机坐标是旋转了 90°的。虽然我们的程序中都是以行也就是 x 方向为单位扫描的,但对于物理坐标来说,x 坐标和 y 坐标已经互换了,所以看到的扫描线就是纵向的了。图 1-3-26 描述了电话和平板在默认方向时的照相机预览图像坐标。对于电话来说,即便扫描到的图形没有旋转偏差,扫描出的点顺序(图中斜体字)与想要的顺序也是不同的,在进行映射前需要做一下转换(图中箭头代表了转换方式)。

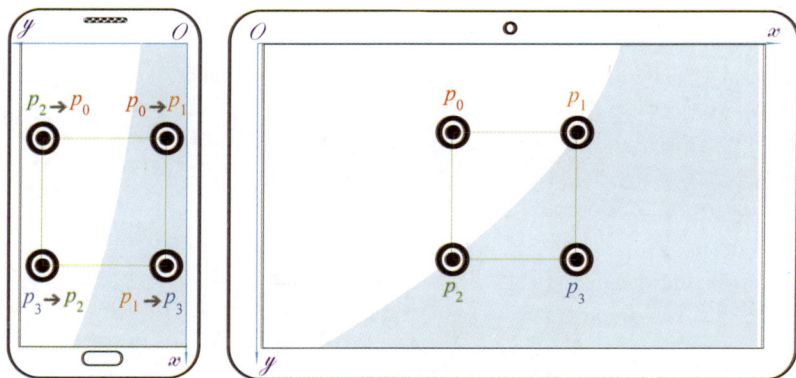

图 1-3-26　照相机预览图像坐标

另外,因为扫描是基于屏幕坐标一行一行进行的,也就是说 y 坐标小的点会被先扫描到,y 坐标大的点会被后扫描到;y 坐标相同时,x 坐标小的点先被扫描到。当路标定位点不是正好横平竖直摆好的时候,尤其是相对于屏幕坐标发生了逆时针旋转的时候,p_0-p_1 以及 p_2-p_3 的顺序就会颠倒(见图 1-3-27 右侧)。所以,在进行定位点排序时,也要考虑到这种情况。

要纠正上面两种情况产生的点顺序的偏差,就需要分析它们的数据特性,以便通过计算机来进行排序。

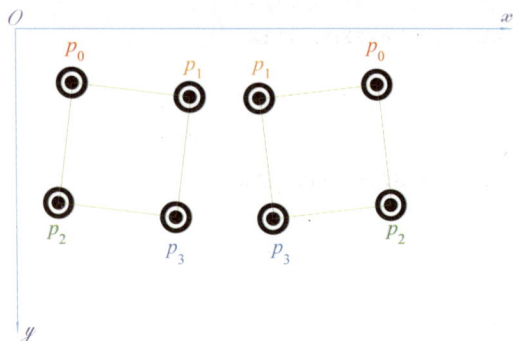

图 1-3-27　由于图像旋转产生的定位点顺序变化

首先来看由于旋转产生的顺序变化，可以看到由于 y 坐标的差距，这种变化仅局限在两个点之间，也就是说 p_1 和 p_2 之间没有任何瓜葛。据此，可以将 4 个点分为两组：p_0-p_1 组和 p_2-p_3 组。如果使用数组或者列表计算的话，这两组的分割就是下标≤1 和＞1 的两组。或者，也可以使用循环，让循环变量每次加 2。写成代码如下：

```
for(int i=0; i<CORNER_COUNT; i+=2) {
}
```

那么，接下来需要比较下标为 i 的点和下标为 $i+1$ 的点的横坐标。横坐标较小的应该是排序后下标为 i 的点，较大的则是排序后下标为 $i+1$ 的点。为了后续处理，这里暂且将排在前面的点命名为 p_a，排在后面的点命名为 p_b。那么，代码就变成：

```
//对 4 个点进行两次循环
for(int i=0; i<CORNER_COUNT; i+=2) {
    //每次循环取两个点比较它们的横坐标值，
    //横坐标较小的点向前排
    Point pa=mCorners.get(i);
    Point pb=mCorners.get(i+1);
    if(pa.x>pb.x) {
        pa=mCorners.get(i+1);
        pb=mCorners.get(i);
    }
}
```

这里的 mCorners 是之前扫描后得到的定位点列表，顺序是原始扫描顺序。经过这一转换，对于 landscape 方向屏幕的设备来说，4 个定位点的位置应该就都是正确的了。而对于纵向屏幕（又称为 portrait 方向）的设备来说，还需要作进一步的转换。这个转换当然可以参照图 1-3-26 中左侧的对应关系自己写出来，但为了在上面的循环中完成这一转换，这里用一点小技巧来完成这个任务。

为了说明这个小技巧，先来看看转换的对应关系。由图 1-3-26 可知，转换前后点的下标如表 1-3-2 所示。

表 1-3-2　转换前后点的下标

转换前(二进制值)	转换后(二进制值)	转换前(二进制值)	转换后(二进制值)
0(00)	1(01)	2(10)	0(00)
1(01)	3(11)	3(11)	2(10)

为了配合前面的循环,在一次循环内会有两个点。也就是说,前两行在一次循环内,后两行在一次循环内。从表 1-3-2 中可以看出,一次循环内的后一个点的转换后下标刚好比前一个点转换后下标大 2。用 ia 表示一次循环中前一个点的转换后下标,ib 表示后一个点的转换后下标,则有:

ib=ia+2;

根据前面的循环代码可知,转换前的下标分别是 i 和 i+1。那么,只要找出从 i 计算出 ia 的方法,就可以在循环中完成下标转换了。i 和 ia 的对应关系是表 1-3-2 中深色背景的两行。从二进制值中可以发现,两次循环中的 ia 的二进制右起第二位都是 0,右起第一位与 i 的右起第二位相反。那么,只需要将 i 向右移一位,然后取反,再将右起第一位以外的部分设为 0 就得到了 ia。

分步来看,计算如表 1-3-3 所示。

表 1-3-3　分步计算

运 算 说 明	代　　码	数值变化(i=0)	数值变换(i=2)
初始值	i	0(0000 0000)	2(0000 0010)
向右移一位	i >> 1	0(0000 0000)	1(0000 0001)
取反	~(i >> 1)	-1(1111 1111)	-2(1111 1110)
右起第一位以外设 0	~(i >> 1) & 0x01	1(0000 0001)	0(0000 0000)

这样就完成了前后点下标的转换。最后,根据算得的下标,将排序前点赋给存储排序后点的数组中即可。代码如下:

```
//对 4 个点进行两次循环
for(int i=0; i<CORNER_COUNT; i+=2) {
    //每次循环取两个点比较它们的横坐标值,
    //横坐标较小的点向前排
    Point pa=mCorners.get(i);
    Point pb=mCorners.get(i+1);
    if(pa.x>pb.x) {
        pa=mCorners.get(i+1);
        pb=mCorners.get(i);
    }
    //根据旋转角度,计算对应的坐标点数组索引
    int ia=i;
    int ib=i+1;
    switch(mRotation) {
    case Degree0:
        break;
```

```
    case Degree90:
        ia=~(i>>1) & 0x01;
        ib=ia+2;
        break;
    case Degree180:
        ib=~i & 0x02;
        ia=ib+1;
        break;
    case Degree270:
        ib=i>>1;
        ia=ib+2;
        break;
    }
    //将坐标点赋值到数组中对应的元素
    points[ia<<1]=pa.x;
    points[(ia<<1)+1]=pa.y;
    points[ib<<1]=pb.x;
    points[(ib<<1)+1]=pb.y;
}
```

考虑到实际应用时，可能出现 180°和 270°的旋转，代码中顺便加上了这两种旋转的转换，具体的推导方法与上面的说明类似，这里就不重复了。

最后进行赋值的数组 points，就是前一小节中用来计算矩阵的目标点坐标数组。这是一个一维数组，存储方式为顺次存储各个点的横坐标和纵坐标。因此赋值时，对于 x 坐标值，points 数组的下标要是算出的下标的两倍，y 坐标值则需要再加 1。在计算机中，由于使用二进制，而且位移操作比乘法操作的运算速度要快，常常使用左移一位的操作来进行乘 2，所以，这里的运算式看起来是 ia<<1，实际计算结果对于整数来说等同于 ia * 2。

6. 得出路标数据

对图像做了灰度处理、根据直方图算出阈值并对图像做出二值化、识别出定位标志点、算出图像变换矩阵，最后要从现实世界的图像中提取出并存储所要的路标数据。

首先，对标准路标图形中的所有 $20 \times 20 = 400$（个）点（见图 1-3-25）通过上面得到的矩阵进行变换，找出它们在摄像头采集到的实际图像中的坐标。

然后，使用算出的阈值来对这 400 个点的数据进行二值化，确定应该是黑色还是白色。

最后，根据这 400 个点的黑白信息保存为路标数据。

详细的代码如下：

```
/**
 * 填充路标数据
 * @param matrix 映射用矩阵
 */
private void fillSignData(Matrix matrix) {
    //根据情况创建新的路标实例或重置路标数据
    if(this.mDetectedSign==null) {
        this.mDetectedSign=new TrafficSign();
```

```
    } else {
        this.mDetectedSign.reset();
    }
    //使用矩阵映射：标准路标中的点->实际图片中的点
    matrix.mapPoints(mSignDstPoints, mSignSrcPoints);
    //循环所有点,检查亮度值
    int base=0;
    for(int sy=0; sy<this.mSignSize.height; sy++) {
        for(int sx=0; sx<this.mSignSize.width; sx++) {
            int index=sx+base;
            //取得实际图片中的坐标值
            int x=Math.round(
                this.mSignDstPoints[index<<1]);
            int y=Math.round(
                this.mSignDstPoints[(index<<1)+1]);
            //根据坐标值计算实际图片中的数据索引
            int monoIndex=x+y *
                ((this.mRotation.ordinal() & 0x01)==0?
                this.mImageSize.width: this.mImageSize.height);
            if(this.isDark(monoIndex)) {
                //如果所在点是暗色,则加入路标数据中
                this.mDetectedSign.addPoint(sx, sy);
            }
        }
        base+=this.mSignSize.width;
    }
}
```

代码中的 mDetectedSign 是用来保存路标数据的对象。这个对象中保存了检测到的路标数据,它是 TrafficSign 类的一个对象。TrafficSign 类就是用来代表路标的类。下面就探讨一下这个类的实现方式。

关于 TrafficSign 类的实现,其核心问题就是:以什么形式来存储路标数据。在回答这个问题之前,要先知道路标数据都包含了什么。

在前面讨论路标图形格式的时候,最终确定用 20×20 个点来存储路标的核心数据。那么,路标数据实质上就是 $20 \times 20 = 400$(个)黑白二值信息。理论上,黑白二值信息可以使用 0/1 这种方式存储,也就是占据一个二进制位,那么,数据就是二进制 400 位数。在 Java 语言中,可以使用 BitSet 这个类的对象来完成此类数据的存储和操作。

另外,为了能够从屏幕上检查识别出的路标数据,需要将识别出的路标数据重新绘制。因为路标数据仅在识别出来的时候进行修改,而绘图会在屏幕每次刷新时都进行,相对于路标数据的修改,绘图的频率通常会高很多。所以,为提高绘图速度做一些事情是值得的。我们将绘图数据也在创建路标数据时保存,这样在每次绘图的时候只要拿出现成的数据绘制即可,而不再需要重新计算绘图数据。在 Android 编程中,最直接的绘图数据就是位图(Bitmap)。位图可以被直接绘制出来,而且由于有相应的优化,速度很快。

因此,路标数据就变成了一个保存了二值信息的 BitSet 对象和一个用来加速绘图的 Bitmap 对象。

另外,把路标数据挖掘并保存下来还并不是最终目的,最终目的是识别路标,也就是说,要让程序能够认识得到的这些数据,知道数据背后的意义,知道这个路标是代表前进还是代表停止。要做到这一点,可以将知道的路标也以 TrafficSign 对象的形式保存在计算机中,然后让识别出来的路标对象与预先保存的对象进行比较即可。所以,需要 TrafficSign 类具有对象比较能力。

为了方便地创造预设路标对象,TrafficSign 类还应该有一个比较容易创建对象的构造函数。这里使用字符串来构造 TrafficSign 类的对象。这样做的好处是,字符串容易编写和修改,编排出来的效果还很直观。而且,字符串中的字符跟 BitSet 中的数据位一一对应,构造起来也不太难。

例如,下面就是对应图 1-3-28 的字符串。

```
"         ....          "+
"         ....          "+
"         ....          "+
"......   ....   ...... "+
"......   ....   ...... "+
"......   ....   ...... "+
"......   ....   ...... "+
"....            ...... "+
"....            ...... "+
"....            ...... "+
"....            ...... "+
"....            ...... "+
"....            ...... "+
"....            ...... "+
"....            ...... "+
"....            ...... "+
"...................... "+
"...................... "+
"...................... "+
"...................... "
```

图 1-3-28 关机路标

可以看出,字符串基本勾勒出了路标图形的样子。在代码中看起来也很方便。
具体的 TrafficSign 类的代码实现如下:

```java
/**
 * 存储交通信号的类
 * @author programus
 *
 */
public class TrafficSign {
    /** 交通信号的边长 */
    public final static byte SIGN_EDGE_LEN=20;

    /** 前景色 */
    private final int FG_COLOR=Color.BLACK;
    /** 背景色 */
    private final int BG_COLOR=Color.WHITE;
```

```
/ ** 所有的点数据 * /
private BitSet data;
/ ** 绘图用位图 * /
private Bitmap bmp;

/ ** 绘图用的 Paint 对象 * /
private Paint paint=new Paint();

/ **
 * 构造函数
 * @param data 路标数据
 * /
public TrafficSign(String data) {
    this();
    for(int i=0; i<data.length(); i++) {
        if(data.charAt(i) !=' ') {
            this.data.set(i);
            int x=i % SIGN_EDGE_LEN;
            int y=i / SIGN_EDGE_LEN;
            this.bmp.setPixel(x, y, FG_COLOR);
        }
    }
}

/ ** 构造函数 * /
public TrafficSign() {
    this.reset();
}

/ ** 重置数据 * /
public void reset() {
    int len=SIGN_EDGE_LEN * SIGN_EDGE_LEN;
    if(this.data==null) {
        this.data=new BitSet(len);
    } else {
        this.data.clear();
    }
    if(this.bmp==null) {
        this.bmp=Bitmap.createBitmap(
            SIGN_EDGE_LEN, SIGN_EDGE_LEN,
            Bitmap.Config.ARGB_8888);
    }
    this.bmp.eraseColor(BG_COLOR);
}

/ **
```

```
 *  追加新点。目前函数只支持按顺序追加点,且不能追加重复的点
 *  @param x 新点的横坐标
 *  @param y 新点的纵坐标
 *  @return 成功追加返回 true,点数达到上限则返回 false
 */
public boolean addPoint(int x, int y) {
    this.data.set(x+y * SIGN_EDGE_LEN);
    this.bmp.setPixel(x, y, FG_COLOR);
    return true;
}


/**
 *  绘制路标,为了在路标没有被检测的时候可以显示之前检测到的过时路标,第二个参数为
 *    指定是否为过时路标
 *  @param canvas 画布
 *  @param isOutOfDate 是否过时
 */
public void draw(Canvas canvas, boolean isOutOfDate) {
    //设置绘图用的 Paint 对象
    paint.setStyle(Paint.Style.STROKE);
    paint.setStrokeWidth(1);
    paint.setColor(Color.BLACK);
    //背景色白色
    canvas.drawColor(Color.WHITE);
    //保存画布状态
    canvas.save();
    //放大绘图内容
    canvas.scale((float)canvas.getWidth()/SIGN_EDGE_LEN,
        (float)canvas.getHeight()/SIGN_EDGE_LEN);
    //绘制所有的点,由于前面做了放大,每个点都会成为一个正方形
    canvas.drawBitmap(this.bmp, 0, 0, paint);
    //回复画布状态
    canvas.restore();
    if(isOutOfDate) {
        //对过时路标,加上一层暗红色遮罩
        canvas.drawColor(0xff7f0000, PorterDuff.Mode.DARKEN);
    }
    //设置绘图颜色
    paint.setColor(Color.GREEN);
    //绘制图片边框
    canvas.drawRect(0, 0,
        canvas.getWidth()-1, canvas.getHeight()-1, paint);
}


/* (non-Javadoc)
 * @see java.lang.Object#equals(java.lang.Object)
 */
```

```java
    @Override
    public boolean equals(Object obj) {
        boolean result=false;
        if(obj instanceof TrafficSign) {
            TrafficSign sign=(TrafficSign) obj;
            result=this.data.equals(sign.data);
        }

        return result;
    }


/* (non-Javadoc)
 * @see java.lang.Object#hashCode()
 */
    @Override
    public int hashCode() {
        return this.data.hashCode();
    }


    /* (non-Javadoc)
     * @see java.lang.Object#finalize()
     */
    @Override
    protected void finalize() throws Throwable {
        if(this.bmp !=null) {
            this.bmp.recycle();
        }
    }
}
```

从 Java 语言知识可知,一个类的对象,如果需要比较,就必须实现 equals()方法和 hashCode()方法。这里利用 API 中已经提供的 BitSet 的比较功能来实现。从而保证了比较的可靠性。

另外,Android 中的 Bitmap 对象在使用后是要回收再利用的,通过调用 Bitmap.recycle()方法可以实现这个回收再利用的过程。然而在路标对象中,只要对象存在,这个位图对象就要跟着存在,所以将 Bitmap.recycle()的调用挪到了对象被垃圾回收时会被调用的 finalize()方法中进行,既保证了位图对象的可用性,又保证了资源的回收。

到目前为止,讲的都是使用 BitSet 保存了所有点的黑白信息的实现方案。在实际编程中,一个类的实现往往并非只有一种,对于路标类来说,除了保存所有点的黑白信息的方案以外,也可以只保存黑色点的坐标信息或只保存白色点的坐标信息,这样的方案同样可以很好地实现所需要的功能。

在本项目的实际机器人代码中,就改用了存储黑色点坐标信息的方案。两种方案并没有优劣之分,只是两种不同的思路、两种不同的实现方式而已。之所以要保留两种方案,也是希望读者们了解如何编写针对相近接口的不同的实现,同时让读者能多了解和学习一种思考方式。建议读者们在构建自己的机器人时也能够多多思考不同的解决方案，然后比较其中的优劣和区别，对提高思考能力、开拓思路都会有很大的好处。

关于存储黑色点坐标信息的实现方案，就留给读者们自己思考吧，这里就不做展开说明了。

7. 已知路标的识别

刚才曾说过，经过了一系列图像处理之后，获取了路标的数据，最终目的是为了识别出已知的路标，并根据其意义指导机器人做出相应的动作。那么，我们需要让程序知道哪些路标是已知的，并了解其意义。

为了达到这一目的，首先需要构建所有已知路标的对象用来与识别出的路标数据做比对。构造路标对象的问题，在前面已经解决了。那么如何做比对和匹配路标对象呢？在 Java 中，Map 是用来匹配和查找已知对象的有效工具，所以，可以将所有已知路标对象作为 Key 存储到 Map 中，而 Map 的 Value 则是对路标的含义的解释。在调研阶段，只要保证路标可以被识别即可，所以 Value 中使用路标的说明文字来填充。

本项目中制作了 7 个已知路标：前进、左转、右转、掉头、停止、退出、关机。

构建识别 Map 的代码如下：

```
/**
 * 初始化已知路标与名称对照表
 */
private void initKnownSign() {
    this.mSignMap.put(new TrafficSign(
            "          .          "+
            "         ...         "+
            "        .....        "+
            "       .......       "+
            "      .........      "+
            "        .....        "+
            "        .....        "+
            "        .....        "+
            "        .....        "+
            "        .....        "+
            "        .....        "+
            "        .....        "+
            "        .....        "+
            "        .....        "+
            "        .....        "+
            "        .....        "+
            "        .....        "+
            "        .....        "+
            "        .....        "
    ), "前进");
```

```java
this.mSignMap.put(new TrafficSign(
        "        .              "+
        "       ..              "+
        "     ...............   "+
        "    ................   "+
        "...................    "+
        "    ...............    "+
        "    ...............    "+
        "      ..      .....    "+
        "       .      .....    "+
        "              .....    "+
        "              .....    "+
        "              .....    "+
        "              .....    "+
        "              .....    "+
        "              .....    "+
        "              .....    "+
        "              .....    "+
        "              .....    "+
        "              .....    "+
        "              .....    "
), "左转");
this.mSignMap.put(new TrafficSign(
        "               .       "+
        "               ..      "+
        "     ...............   "+
        "     ................  "+
        "    ...................."+
        "    ................   "+
        "    ................   "+
        ".....          ..      "+
        ".....           .      "+
        ".....                  "+
        ".....                  "+
        ".....                  "+
        ".....                  "+
        ".....                  "+
        ".....                  "+
        ".....                  "+
        ".....                  "+
        ".....                  "+
        ".....                  "+
        ".....                  "
), "右转");
```

```java
this.mSignMap.put(new TrafficSign(
    "      ........        "+
    "      ..........      "+
    "     ............     "+
    "    ..............    "+
    "     ......  ......    "+
    "     .....    .....    "+
    "     .....    .....    "+
    "     .....    .....    "+
    "     .....    .....    "+
    "     .....    .....    "+
    "     .....    .....    "+
    "     .....    .....    "+
    "     .....    .....    "+
    "     .....  ........   "+
    "     .....   .......   "+
    "     .....    ......   "+
    "     .....      ...    "+
    "     .....        .    "
), "掉头");

this.mSignMap.put(new TrafficSign(
    "          ..          "+
    "         .  .         "+
    "       ...   ...      "+
    "      .   .   .   .    "+
    "     .   .   .  ...   "+
    "    .  .   .   .   .   "+
    "    .  .   .   .   .   "+
    "...   .   .   .   .    "+
    ".  ..  .   .   .   .   "+
    ".   ..  .   .   .   .  "+
    ".   ..       .        "+
    ".  .         .        "+
    ".           .         "+
    ".           .         "+
    ".           .         "+
    " .          .         "+
    "  .        .          "+
    "   ..........         "
), "停止");
```

```
this.mSignMap.put(new TrafficSign(
        "    .           .      "+
        "   ...        ...      "+
        "  .....      .....     "+
        " .......    .......    "+
        "..........  .........  "+
        "........... .......    "+
        " ............. ....    "+
        "  ...........         "+
        "  ..........          "+
        "    .........         "+
        "    .........         "+
        "     ........         "+
        "      .......         "+
        "     ..........       "+
        "    ............      "+
        " ..........  .......  "+
        " .......      .......  "+
        "  .....      .....     "+
        "   ...        ...      "+
        "    .        \   .     "
), "退出");
this.mSignMap.put(new TrafficSign(
        "         ....         "+
        "         ....         "+
        "         ....         "+
        "......   ....   ...... "+
        "......   ....   ...... "+
        "......   ....   ...... "+
        "......   ....   ...... "+
        "....     ....     .... "+
        "....     ....     .... "+
        "....     ....     .... "+
        "....     ....     .... "+
        "....     ....     .... "+
        "....     ....     .... "+
        "....     ....     .... "+
        "....     ....     .... "+
        "....     ....     .... "+
        "..................... "+
        "..................... "+
        "..................... "+
        "..................... "
), "关机");
}
```

调研程序中,将识别出的路标名称绘制在识别路标显示区。只要显示正确,就证明识别是成功的。对于发现了路标,却无法识别的,显示为未知。具体做法就是,将检测出的路标与刚才构建的 Map 中的路标进行对比,如果存在于 Map 中,则取出路标名称显示;如果不存在,则显示未知。代码如下:

```java
/**
 * 绘制已知图标名称
 * @param canvas
 * @param sign
 */
private void drawKnownSign(Canvas canvas, TrafficSign sign) {
    String signName=this.mSignMap.get(sign);
    if(signName==null) {
        //当路标并非已知时,显示"未知"
        signName="未知";
    }

    canvas.drawText(signName,
        canvas.getWidth()>>1, canvas.getHeight()>>1,
        mPaint);
}
```

8. 将一切组合在一起

现在有了整套路标识别的逻辑,接下来需要一个 Android 的应用来验证我们的做法是否正确。

在这个应用中,需要能看到摄像头原始采集到的图像、处理后的图像以及识别出来的路标信息。其中,原始图像只是一个参考,识别出来的路标只要能够正确绘制路标内容和文字即可。所以,真正重要的是处理后的图像。

因此,做出图 1-3-29 所示的界面设计。

界面的主要部分是处理后图像的显示,从中可以看到扫描过的点的黑白值,可以得到识别出的 4 个定位点的标记,可以看到运算速度等信息。

界面的左上角是缩小后的摄像头采集到的原始图像,因为此图像仅作参考,所以缩小显示并没有影响。

右上角则是识别出来的路标信息。路标图像被检测到时,在此处绘制出检测出的路标图形,如果是已知路标,还会显示出路标名称。

由于这 3 个部分涉及绘图功能,因此采用 Surface-View 控件来实现。最终的界面设计代码如下:

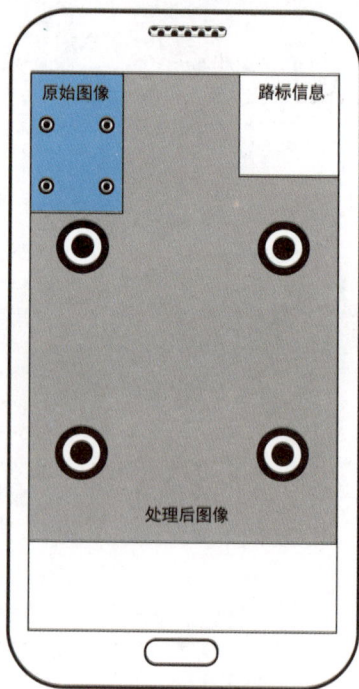

图 1-3-29　调研应用界面设计

```xml
<FrameLayout
xmlns:android="http://schemas.android.com/apk/res/android"
    xmlns:tools="http://schemas.android.com/tools"
    android:layout_width="match_parent"
    android:layout_height="match_parent"
    tools:context=".MainActivity">
```

```
<ScrollView
    android:layout_width="match_parent"
    android:layout_height="match_parent">

    <LinearLayout
        android:layout_width="match_parent"
        android:layout_height="wrap_content"
        android:orientation="vertical">

        <SurfaceView
            android:id="@+id/information_image"
            android:layout_width="wrap_content"
            android:layout_height="wrap_content"
            android:layout_gravity="center_horizontal" />
    </LinearLayout>
</ScrollView>

<SurfaceView
    android:id="@+id/camera_preview"
    android:layout_width="wrap_content"
    android:layout_height="wrap_content"
    android:layout_gravity="left" />

<SurfaceView
    android:id="@+id/sign"
    android:layout_width="wrap_content"
    android:layout_height="wrap_content"
    android:layout_gravity="right" />

</FrameLayout>
```

实际的执行效果如图 1-3-30 和图 1-3-31 所示。

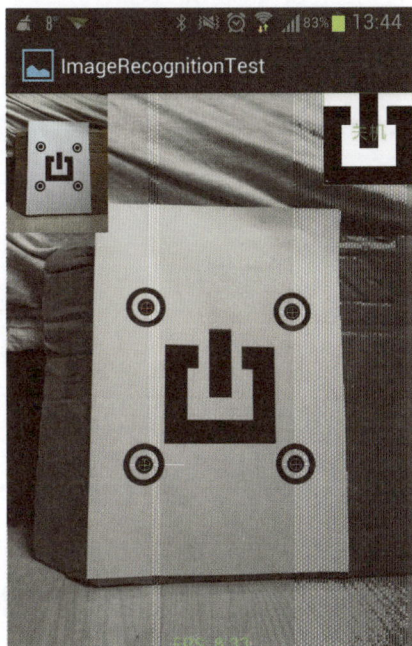

图 1-3-30　调研程序实际运行效果（已知路标）

图 1-3-31　调研程序实际运行效果（未知路标）

从图 1-3-31 中可以看到扫描并二值化的结果，由于二值化后的结果只有黑和白，比起接近现实的灰度图来说会更加显眼，所以我们能看到那一条条竖线。之前也论述过，由于摄像头坐标与相机物理坐标的不同使得程序中延 X 坐标展开的扫描线成为竖线。仔细观察可以发现，路标的核心数据区还有一个个白点，那就是经过矩阵变换后的目标点的二值化结果。虽然 400 个点都进行了二值化，但因为显示图像中的黑色也很黑，掩盖了二值化的结果，所以只能看到白点。

另外，程序中用红、黄、绿、蓝 4 个颜色标志标出了识别出来的 4 个定位标志点。同时，使用绿色字在界面最下方显示了处理速度。单位为 FPS，意思是每秒钟处理多少帧图片。

如图 1-3-31 所示，当检测出的路标数据不存在于已知路标数据中时，会显示为未知。

要捕捉摄像头采集到的数据并做处理，按照 Android 的编程规范规定，需要将摄像头和一个 SurfaceView 绑定，然后写一个摄像头的预览回调函数，在这个回调函数里就可以得到摄像头采集到的数据，并且系统会以一定的帧率自动调用回调函数来反复处理摄像头采集到的数据。回调函数代码如下：

```java
/** 处理相机预览时每帧数据的回调接口 */
private Camera.PreviewCallback mCamPrevCallback=
    new Camera.PreviewCallback() {
    private long time;

    @Override
    public void onPreviewFrame(byte[] data, Camera camera) {
        //取得当前系统时间(单位：ms)
        long now=System.currentTimeMillis();
        //计算帧率：帧率=1000/本帧与上一帧之间的时间差
        mFps=1000f / (now-time);
        //更新时间
        time=now;
        if(mDetector !=null) {
            //将本帧图像数据传给检测器
            mDetector.updateRawBuffer(data);
            //检测路标
            mDetector.detectTrafficSign();
            //将存储图像数据的数组传给相机重用
            camera.addCallbackBuffer(data);
            //绘制检测过程图像
            drawInfoImage(mDetector);
            //绘制检测出的路标信息
            drawDetectedSign(mDetector);
        } else {
            //将存储图像数据的数组传给相机重用
            camera.addCallbackBuffer(data);
        }
    }
}
```

从代码中可以看到,在这里调用了上面提到的图像识别逻辑,并将结果绘制到了界面上。

最终,将所有的代码组合在一起,调研代码的主要 Activity 代码如下:

```java
public class MainActivity extends Activity {

    /** 供相机预览用的 SurfaceView */
    private SurfaceView mCameraPreviewView;

    /** 相机预览器 */
    private CameraPreviewer mPreviewer;

    /** 显示处理过程图像的 SurfaceView 对应的 Holder */
    private SurfaceHolder mImageHolder;

    /** 显示检测出的路标的 SurfaceView 对应的 Holder */
    private SurfaceHolder mSignHolder;

    /** 路标检测器 */
    private TrafficSignDetector mDetector;

    /** 绘制文字用的 Paint */
    private Paint mPaint;
    /** 处理帧率 */
    private float mFps;

    /** 已知路标和对应文字的对照表 */
    private Map<TrafficSign, String>mSignMap=
        new HashMap<TrafficSign, String>();

    /** 处理相机预览时每帧数据的回调接口 */
    private Camera.PreviewCallback mCamPrevCallback=
        new Camera.PreviewCallback() {
        private long time;

        @Override
        public void onPreviewFrame(byte[] data, Camera camera) {
            //取得当前系统时间(单位: ms)
            long now=System.currentTimeMillis();
            //计算帧率: 帧率=1000/本帧与上一帧之间的时间差
            mFps=1000f / (now-time);
            //更新时间
            time=now;
            if(mDetector !=null) {
                //将本帧图像数据传给检测器
                mDetector.updateRawBuffer(data);
                //检测路标
                mDetector.detectTrafficSign();
                //将存储图像数据的数组传给相机重用
```

```
            camera.addCallbackBuffer(data);
            //绘制检测过程图像
            drawInfoImage(mDetector);
            //绘制检测出的路标信息
            drawDetectedSign(mDetector);
        } else {
            //将存储图像数据的数组传给相机重用
            camera.addCallbackBuffer(data);
        }
    }
}

/**
 * 绘制检测信息
 * @param detector 检测器
 */
private void drawInfoImage(TrafficSignDetector detector) {
    Canvas canvas=this.mImageHolder.lockCanvas();
    if(canvas !=null) {
        try {
            detector.drawInfoImage(canvas);
            //绘制帧率信息
            canvas.drawText(
                String.format("FPS: %.2f", mFps),
                canvas.getWidth()>>1, canvas.getHeight(),
                mPaint);
        } finally {
            this.mImageHolder.unlockCanvasAndPost(canvas);
        }
    }
}

/**
 * 绘制检测出的路标,对已知路标显示路标名称
 * @param detector 检测器
 */
private void drawDetectedSign(TrafficSignDetector detector) {
    Canvas canvas=this.mSignHolder.lockCanvas();
    if(canvas !=null) {
        try {
            TrafficSign sign=detector.getDetectedSign();
            //绘制路标图形
            sign.draw(canvas, !detector.isSignDetected());
            //绘制已知路标名称
            this.drawKnownSign(canvas, sign);
        } finally {
            this.mSignHolder.unlockCanvasAndPost(canvas);
        }
    }
}

/**
 * 绘制已知图标名称
```

```
 * @param canvas
 * @param sign
 * /
private void drawKnownSign(Canvas canvas, TrafficSign sign) {
    String signName=this.mSignMap.get(sign);
    if(signName==null) {
        //当路标并非已知时,显示"未知"
        signName="未知";
    }

    canvas.drawText(signName,
        canvas.getWidth()>>1, canvas.getHeight()>>1,
        mPaint);
}


/ **
 * 初始化
 * /
private void initComponents() {
    this.mCameraPreviewView=
        (SurfaceView) this.findViewById(R.id.camera_preview);
    this.mPreviewer=new CameraPreviewer();
    //设置预览用的 SurfaceView
    this.mPreviewer.setPreviewView(this.mCameraPreviewView);
    //设置处理预览图片的回调接口
    this.mPreviewer.setPreviewCallback(this.mCamPrevCallback);

    SurfaceView imageView=
        (SurfaceView)
        this.findViewById(R.id.information_image);
    this.mImageHolder=imageView.getHolder();
    SurfaceView signView=
        (SurfaceView) this.findViewById(R.id.sign);
    this.mSignHolder=signView.getHolder();
    //设置路标显示区大小
    this.mSignHolder.setFixedSize(
        TrafficSign.SIGN_EDGE_LEN<<3,
        TrafficSign.SIGN_EDGE_LEN<<3);

    this.mPaint=new Paint();
    mPaint.setTextAlign(Paint.Align.CENTER);
    mPaint.setTextSize(32);
    mPaint.setColor(0x7f00ff00);

    this.mDetector=new TrafficSignDetector();
    TrafficSign sign=new TrafficSign();
    this.mDetector.setSign(sign);

    this.initKnownSign();
    this.askCameraSize();
}

/ **
 * 初始化已知路标与名称对照表
```

```java
        */
    private void initKnownSign() {
        this.mSignMap.put(new TrafficSign(
                "        .          " +
                "       ...         " +
                "      .....        " +
                "     .......       " +
                "    .........      " +
                "      .....        " +
                "      .....        " +
                "      .....        " +
                "      .....        " +
                "      .....        " +
                "      .....        " +
                "      .....        " +
                "      .....        " +
                "      .....        " +
                "      .....        " +
                "      .....        " +
                "      .....        " +
                "      .....     .  " +
                "      .....        "
        ), "前进");
        this.mSignMap.put(new TrafficSign(
                "     .             " +
                "     ..            " +
                "   ................ " +
                " .................. " +
                "...................." +
                " .................. " +
                "  ................  " +
                "     ..      .....  " +
                "     .       .....  " +
                "             .....  " +
                "             .....  " +
                "             .....  " +
                "             .....  " +
                "             .....  " +
                "             .....  " +
                "             .....  " +
                "             .....  " +
                "             .....  " +
                "             ....."
        ), "左转");
```

```
this.mSignMap.put(new TrafficSign(
    "              .        " +
    "              ..       " +
    "    ................   " +
    "  ..................   " +
    "...................."  +
    "...................   " +
    "...................   " +
    ".....          ..     " +
    ".....          .      " +
    ".....                 " +
    ".....                 " +
    ".....                 " +
    ".....                 " +
    ".....                 " +
    ".....                 " +
    ".....                 " +
    ".....                 " +
    ".....                 " +
    ".....                 " +
    ".....                 "
), "右转");

this.mSignMap.put(new TrafficSign(
    "       ........       " +
    "      ..........      " +
    "     ............     " +
    "    ..............    " +
    "    .....    .....    " +
    "    .....    .....    " +
    "    .....    .....    " +
    "    .....    .....    " +
    "    .....    .....    " +
    "    .....    .....    " +
    "    .....    .....    " +
    "    .....    .....    " +
    "    .....    .....    " +
    "    .....    .....    " +
    "    .....    .....    " +
    "    .....    .........."  +
    "    .....    .....    " +
    "    .....    .....    " +
    "    .....    ...      " +
    "    .....        .    "
), "掉头");
```

```
this.mSignMap.put(new TrafficSign(
    "            ..              "+
    "          .   .             "+
    "        ...   ...           "+
    "        .   .   .           "+
    "      .   .   .   ...        "+
    "      .   .   .   .          "+
    "      .   .   .   .          "+
    " ....   .   .   .            "+
    " .   ..   .   .   .   .       "+
    " .   .   .   .            "+
    " .   ..                 .    "+
    " .   .                  .    "+
    " .   .                  .    "+
    " .                      .    "+
    " .                    .      "+
    " .                    .      "+
    "   .                .        "+
    "     .            .          "+
    "       .........            "
), "停止");

this.mSignMap.put(new TrafficSign(
    "      .           .         "+
    "     ...         ...        "+
    "    .....       .....       "+
    "   .......     .......      "+
    "  .........   .........     "+
    "   ................         "+
    "     ..............         "+
    "       ..........           "+
    "        .........           "+
    "       ..........           "+
    "      ............          "+
    "     ..............         "+
    "    ................        "+
    "   .........  .........      "+
    "    .....       .....       "+
    "     ...         ...        "+
    "      .           .         "
), "退出");
```

```
        this.mSignMap.put(new TrafficSign(
            "          ....          "+
            "          ....          "+
            "          ....          "+
            "......    ....    ......"+
            "......    ....    ......"+
            "......    ....    ......"+
            ".......   ....    ......"+
            "....      ....      ...."+
            "....      ....      ...."+
            "....      ....      ...."+
            "....      ....      ...."+
            "....      ....      ...."+
            "....      ....      ...."+
            "....      ....      ...."+
            "....      ....      ...."+
            "....................    "+
            "....................    "+
            "....................    "+
            "....................    "
        ), "关机");
    }

    /**
     * 询问用户对所处理图片希望使用的分辨率
     */
    private void askCameraSize() {
        //取得所有可用分辨率
        final List<Camera.Size> sizes=
            this.mPreviewer.getSupportedPreviewSizes();
        String[] strSizes=new String[sizes.size()];
        int i=0;
        for(Camera.Size size: sizes) {
            strSizes[i++]=String.format("%d x %d",
                size.width, size.height);
        }
        AlertDialog.Builder builder=
            new AlertDialog.Builder(this);
        AlertDialog dialog=builder.setTitle("Select size")
            .setItems(strSizes,
            new DialogInterface.OnClickListener() {
            /**
             * 选择后的处理
             */
            @Override
            public void onClick(
                DialogInterface dialog, int which) {
                //取得分辨率
                Camera.Size size=sizes.get(which);
                //设置预览分辨率
                mPreviewer.setPreviewSize(size);
                //开始预览
```

```
                    mPreviewer.startCameraPreview();
                    //由于手机默认的相机方向是横向,旋转 90°
                    mPreviewer.setOrientation(
                        CameraPreviewer.Orientation.Portraite);
                    //设置预览区显示大小,由于旋转 90°,长宽颠倒
                    //同时设置大小为实际图像大小的 1/16
                    mPreviewer.setDisplaySize(
                        size.height>>2, size.width>>2);
                    //设置信息显示区大小
                    mImageHolder.setFixedSize(
                        size.height, size.width);
                    //设置待检测图像大小
                    mDetector.setImageSize(size.height, size.width);
                    //设置旋转 90°
                    mDetector.setRotation(
                        TrafficSignDetector.Rotation.Degree90);
                    //设置最小检测宽度
                    mDetector.setMinUnit(5);
                }
            }).create();

            dialog.show();
        }

        @Override
        protected void onCreate(Bundle savedInstanceState) {
            super.onCreate(savedInstanceState);
            this.getWindow().addFlags(
                WindowManager.LayoutParams.FLAG_KEEP_SCREEN_ON);
            setContentView(R.layout.activity_main);
            this.initComponents();
        }

        @Override
        protected void onPause() {
            super.onPause();
            this.mPreviewer.stopCameraPreview();
        }

        @Override
        protected void onResume() {
            super.onResume();
            this.mPreviewer.startCameraPreview();
        }

    }
```

　　上述代码中,除了有已经论述过的内容,还追加了一段摄像头分辨率选择代码。为了方便处理,将摄像头的设置代码以及预览相关代码都单独封装到了一个 CameraPreviewer 类中。这个类只是将 Android 里规定的有关相机的内容封装了起来,没有太多特别的逻辑,就不在这里深入展开说明了,仅将代码附上:

```java
public class CameraPreviewer {
    public enum Orientation {
        Portraite,
        Landscape,
    }
    private Camera mCamera;
    private Camera.Size mCamSize;

    private SurfaceView mCameraPreviewView;
    private SurfaceHolder mCameraPreviewHolder;

    private List<Camera.Size>mSupportedSizes;

    private Orientation mOrientation=Orientation.Portraite;

    private Camera.PreviewCallback mPreviewCallback;

    private byte[] mBuffer;

    public void setPreviewView(SurfaceView previewView) {
        this.mCameraPreviewView=previewView;
        this.mCameraPreviewHolder=
            this.mCameraPreviewView.getHolder();
        this.mCameraPreviewHolder.addCallback(holderCallback);
        if(this.isPreviewing()) {
            this.stopCameraPreview();
            this.startCameraPreview();
        }
    }

    public void setPreviewCallback(
        Camera.PreviewCallback callback) {
        this.mPreviewCallback=callback;
    }

    public void setPreviewSize(Camera.Size size) {
        this.mCamSize=size;
    }

    public void setDisplaySize(int width, int height) {
        this.mCameraPreviewHolder.setFixedSize(width, height);
    }

    public void setOrientation(Orientation orientation) {
        this.mOrientation=orientation;
    }

    public List<Camera.Size>getSupportedPreviewSizes() {
        if(this.mSupportedSizes==null) {
```

```java
            Camera cam=Camera.open();
            this.mSupportedSizes=
                cam.getParameters().getSupportedPreviewSizes();
            cam.release();
        }
        return this.mSupportedSizes;
    }

    public Camera.Size getPreviewSize() {
        return this.mCamSize;
    }

    public boolean isPreviewing() {
        return this.mCamera !=null;
    }

    private SurfaceHolder.Callback holderCallback=
        new SurfaceHolder.Callback() {

        @Override
        public void surfaceDestroyed(SurfaceHolder holder) {
            Log.d(this.getClass().getSimpleName(),
                "Preview surface destroied");
            stopCameraPreview();
        }

        @Override
        public void surfaceCreated(SurfaceHolder holder) {
            Log.d(this.getClass().getSimpleName(),
                "Preview surface created");
            startCameraPreview();
        }

        @Override
        public void surfaceChanged(SurfaceHolder holder,
            int format, int width, int height) {
            if(holder.getSurface()==null) {
                return;
            } else {
                stopCameraPreview();
                startCameraPreview();
            }
        }
    }

    private void setupCameraParams(
        final Camera.Parameters params) {
        List<String>focusModes=params.getSupportedFocusModes();
        String focusMode=
            Camera.Parameters.FOCUS_MODE_CONTINUOUS_PICTURE;
        if(focusModes.contains(focusMode)) {
            params.setFocusMode(focusMode);
        }
```

```
            params.setPreviewFormat(ImageFormat.NV21);
            params.setPictureFormat(ImageFormat.NV21);
            params.setPreviewSize(this.mCamSize.width,
                this.mCamSize.height);
            params.setPictureSize(this.mCamSize.width,
                this.mCamSize.height);

        int capacity=(
            this.mCamSize.width * this.mCamSize.height
            * ImageFormat.getBitsPerPixel(ImageFormat.NV21))>>3;
        if(this.mBuffer==null ||
            capacity>this.mBuffer.length) {
            this.mBuffer=new byte[capacity];
        }
    }


    public void startCameraPreview() {
        if(this.mCamera==null) {
            this.mCamera=Camera.open();
            Camera.Parameters params=
                this.mCamera.getParameters();
            if(this.mCamSize==null) {
                this.stopCameraPreview();
            } else {
                this.setupCameraParams(params);
                this.mCamera.setParameters(params);
                try {
                    this.mCamera.setPreviewDisplay(
                        mCameraPreviewHolder);
                } catch (IOException e) {
                    Log.d(this.getClass().getName(),
                        "Error when set preview display\n", e);
                }
                this.mCamera.setPreviewCallbackWithBuffer(
                    mPreviewCallback);
                this.mCamera.addCallbackBuffer(mBuffer);
                if(this.mOrientation==Orientation.Portraite) {
                    this.mCamera.setDisplayOrientation(90);
                }
                this.mCamera.startPreview();
                Log.d(this.getClass().getSimpleName(),
                    "Started Preview");
            }
        }
    }


    public void stopCameraPreview() {
        if(this.mCamera !=null) {
            Camera cam=this.mCamera;
            this.mCamera=null;
```

```
            cam.stopPreview();
            cam.setPreviewCallback(null);
            cam.release();
        }
    }
}
```

　　至此，调研用的应用就可以成功地实现路标图像的识别了。核心的问题解决了，下面让我们来构筑机器人。

<h1 align="center">硬　　件</h1>

　　因为本项目中的机器人需要使用手机上的摄像头去识别沿途的路标，为了保证抓取到图像的清晰度和可识别度，对机器人前行时的稳定性有一定的要求。项目 1 中的履带车，由于履带上的抓地条纹，导致小车运行时会上下颠簸，无法满足稳定性要求；项目 2 中的双足机器人，两脚交替时身体会左右摇摆，也无法满足稳定性要求。所以，本项目中的硬件模型采用轮子驱动的小车。

　　轮子驱动的小车通常有两种。一种是四轮小车，两轮驱动，两轮转向，大多数的汽车都是采用了这一结构。然而，转向轮的硬件复杂度较高，转向时的角度也不好控制，所以这里不打算采用这一结构。另一种是三轮车，两轮驱动，第三个轮子是万向轮，可以根据需要自己旋转。通过两个驱动轮的速度差异就可以控制小车的转向了。这种结构相对简单，控制起来也容易一些，所以本项目采用这种硬件形式。

　　另外，为了固定手机，在小车前方需要加装一个手机架。

　　最终完成的硬件结构如图 1-3-32 所示。其中半透明的板代表手机。

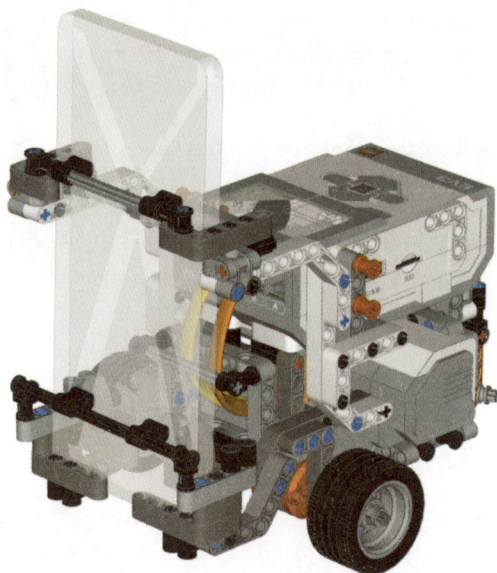

图 1-3-32　认识路标的自动小车模型

详细的搭建信息，可以参考 p03-vehicle.ixf 或 p03-vehicle.ldr 文件。

软　　件

有了硬件模型，按照惯例，该为小车编入软件了。

这次小车的行动，主要靠手机端的指令来控制。而手机端的指令又来源于识别出的路标。在调研部分，已经能够将摄像头捕捉到的路标数据识别成相应的路标名称，那么，接下来只要把路标名称换成相应的命令，通过在项目 1 中研发的 CNO 框架传送给 EV3 机器人端，机器人根据相应的命令做出动作即可。

手机端

首先，看一下手机端的软件设计。

界面的设计，主要沿用调研时设计出的成果，只是在与 EV3 建立蓝牙连接前，像项目 1 一样，加上一层半透明的遮盖即可。另外，在这个初期的遮盖层上加上两个设置项：一个是摄像头的分辨率；另一个是最小识别单元的像素数。连接前的界面如图 1-3-33 所示。连接后，与调研时的界面一致，可以参看图 1-3-29～图 1-3-31。

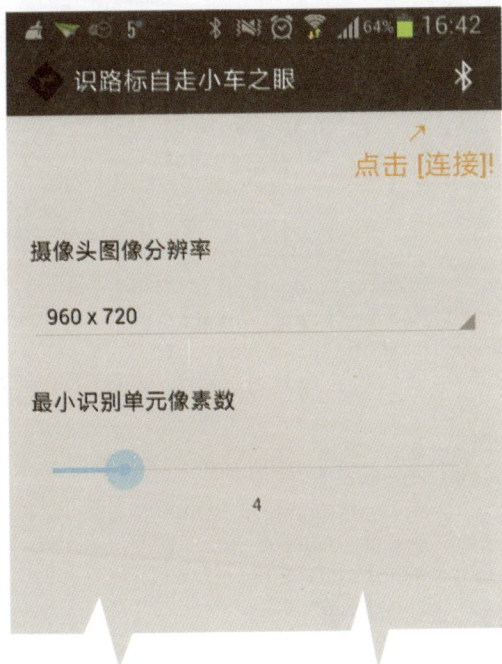

图 1-3-33　识别路标小车手机端界面（遮盖层）

对应的布局文件内容如下：

```
<FrameLayout
xmlns:android="http://schemas.android.com/apk/res/android"
```

```xml
    xmlns:tools="http://schemas.android.com/tools"
    android:layout_width="match_parent"
    android:layout_height="match_parent"
    android:keepScreenOn="true"
    tools:context=
    "org.programus.book.mobilelego.robopet.mobile.MainActivity">
    <ScrollView
        android:layout_width="match_parent"
        android:layout_height="match_parent">

        <LinearLayout
            android:layout_width="match_parent"
            android:layout_height="wrap_content"
            android:orientation="vertical">

            <SurfaceView
                android:id="@+id/information_image"
                android:layout_width="wrap_content"
                android:layout_height="wrap_content"
                android:layout_gravity="center_horizontal" />
        </LinearLayout>
    </ScrollView>

    <SurfaceView
        android:id="@+id/camera_preview"
        android:layout_width="wrap_content"
        android:layout_height="wrap_content"
        android:layout_gravity="left" />

    <SurfaceView
        android:id="@+id/sign"
        android:layout_width="wrap_content"
        android:layout_height="wrap_content"
        android:layout_gravity="right" />

    <RelativeLayout
        android:id="@+id/cover"
        android:layout_width="match_parent"
        android:layout_height="match_parent"
        android:background="@color/cover_color"
        android:clickable="true">

        <TextView
            android:id="@+id/conn_prompt"
            android:layout_width="wrap_content"
            android:layout_height="wrap_content"
            android:layout_alignParentRight="true"
            android:layout_alignParentTop="true"
            android:layout_marginRight=
```

```
            "@dimen/horizontal_padding"
        android:gravity="center_horizontal"
        android:text="@string/prompt_connect"
        android:textAppearance=
            "? android:attr/textAppearanceLarge"
        android:textColor="@color/prompt_connect" />

<TextView
        android:id="@+id/res_label"
        android:layout_width="match_parent"
        android:layout_height="wrap_content"
        android:layout_below="@id/conn_prompt"
        android:layout_marginBottom=
            "@dimen/activity_vertical_margin"
        android:layout_marginLeft=
            "@dimen/activity_horizontal_margin"
        android:layout_marginRight=
            "@dimen/activity_horizontal_margin"
        android:layout_marginTop=
            "@dimen/activity_vertical_margin"
        android:text="@string/select_res"
        android:textAppearance=
            "? android:attr/textAppearanceMedium" />

<Spinner
        android:id="@+id/res_list"
        android:layout_width="match_parent"
        android:layout_height="wrap_content"
        android:layout_below="@id/res_label"
        android:layout_marginLeft=
            "@dimen/activity_horizontal_margin"
        android:layout_marginRight=
            "@dimen/activity_horizontal_margin"
        android:prompt="@string/select_res" />

<TextView
        android:id="@+id/min_unit_label"
        android:layout_width="match_parent"
        android:layout_height="wrap_content"
        android:layout_below="@id/res_list"
        android:layout_marginBottom=
            "@dimen/activity_vertical_margin"
        android:layout_marginLeft=
            "@dimen/activity_horizontal_margin"
        android:layout_marginRight=
            "@dimen/activity_horizontal_margin"
        android:layout_marginTop=
            "@dimen/activity_vertical_margin"
        android:text="@string/min_unit"
```

```
android:textAppearance=
    "? android:attr/textAppearanceMedium" />

<LinearLayout
    android:layout_width="match_parent"
    android:layout_height="wrap_content"
    android:layout_below="@id/min_unit_label"
    android:layout_marginLeft=
        "@dimen/activity_horizontal_margin"
    android:layout_marginRight=
        "@dimen/activity_horizontal_margin"
    android:orientation="vertical">

    <SeekBar
        android:id="@+id/min_unit_bar"
        android:layout_width="match_parent"
        android:layout_height="wrap_content" />

    <TextView
        android:id="@+id/min_unit_text"
        android:layout_width="wrap_content"
        android:layout_height="wrap_content"
        android:layout_gravity="center_horizontal"
        android:textAppearance=
            "?android:attr/textAppearanceSmall" />

</LinearLayout>

</RelativeLayout>

</FrameLayout>
```

在本项目中,让小车可以根据路标的指示做出以下动作。

- 前进
- 左转 90°
- 右转 90°
- 掉头
- 停止
- 退出程序
- 关机

为此,要对每个动作准备一个路标图形。路标图形可以参考本书附录 C 中的附图,可以将附图剪下直接使用。

在调研中,创建了一个 Map,存储了每个路标图形和它所对应的名称。这里,要利用识别出的路标来指导小车行动,所以,路标图形所对应的不再是它们的名称,而要改成对应的命令。

在完成这个任务之前,先得把指导小车行动的命令设计好。对于本项目的要求来说,

命令只需要有一个行动种类即可,不需要其他参数,于是设计出的命令很简单,代码如下:

```java
/**
 * 识别路标后传给小车的命令
 * @author programus
 *
 */
public class CarCommand implements NetMessage {
    private static final long serialVersionUID =
        1435421615318148312L;

    /**
     * 命令内容
     */
    public enum Command {
        /** 前进 */
        Forward,
        /** 左转(90°) */
        TurnLeft,
        /** 右转(90°) */
        TurnRight,
        /** 掉头 */
        TurnBack,
        /** 停止 */
        Stop,
        /** 退出 */
        Exit,
        /** 关机 */
        Shutdown,
    }

    private Command cmd;

    public CarCommand(Command command) {
        this.setCommand(command);
    }

    public void setCommand(Command command) {
        this.cmd=command;
    }

    public Command getCommand() {
        return this.cmd;
    }

    /* (non-Javadoc)
     * @see java.lang.Object#toString()
     */
    @Override
    public String toString() {
        return "CarCommand [cmd="+cmd+"]";
    }
}
```

有了这个命令定义,只要把之前构筑 Map 的地方的路标名称替换成命令种类就可以了。

做过这些改动后,再将项目 1 中与蓝牙相关的代码和本项目调研中的代码整合到一起,就得到手机遥控端的完整代码了。

机器人端

有了前两个项目的基础,机器人端代码的构筑就简单了很多。

首先,将项目 2 中用到的 Server 类搬过来,因为本项目不需要重新连接,所以去掉修正 leJOS 的问题的部分。

```java
/**
 * 服务器
 * @author programus
 *
 */
public class Server {
    /**
     * 为单例模式准备的预备对象
     */
    private static Server instance=new Server();

    /** 连接蓝牙的连接器 */
    private BTConnector connector;
    /** 通信员对象 */
    private Communicator communicator;
    /** 与客户端之间的蓝牙连接 */
    private NXTConnection conn;
    /** 连接建立后的监听器 */
    private OnConnectedListener onConnectedListener;

    private Server() {
        this.communicator=new Communicator();
    }

    public static Server getInstance() {
        return instance;
    }

    /**
     * 启动服务器
     */
    public void start() {
        if(!this.isStarted()) {
            this.connector=new BTConnector();
            //监听等待客户端连接
            conn=connector.waitForConnection(0,
                NXTConnection.RAW);
```

```
        try {
            //连接成功后,重置通信员
            this.communicator.reset(
                conn.openInputStream(),
                conn.openOutputStream());
            this.communicator.clearProcessor(null);
            if(this.onConnectedListener !=null) {
                //调用连接成功时的回调函数
                this.onConnectedListener.onConnected(
                    communicator);
            }
        } catch (IOException e) {
            if(this.onConnectedListener !=null) {
                //调用连接失败时的回调函数
                this.onConnectedListener.onFailed(e);
            }
        }
    }
}


/ **
 *  关闭服务器
 * /
public void close() {
    if(this.communicator.isAvailable()) {
        this.communicator.close();
    }
    if(this.conn !=null) {
        try {
            synchronized(this.communicator) {
                this.conn.close();
            }
        } catch (IOException e) {
            e.printStackTrace();
        }
        this.conn=null;
    }
    if(this.connector !=null) {
        //this.connector.close();
        this.connector=null;
    }
}

public boolean isStarted() {
    return conn !=null;
}

public Communicator getCommunicator() {
    return this.communicator;
```

```
    }

    public OnConnectedListener getOnConnectedListener() {
        return onConnectedListener;
    }

    public void setOnConnectedListener(
        OnConnectedListener onConnectedListener) {
        this.onConnectedListener=onConnectedListener;
    }
}
```

然后,参考项目 1 中的 VehicleRobot 类完成本项目中的小车机动部分。这次将其命名为 Car。

```
/**
 * 小车
 * @author programus
 *
 */
public class Car {
    /** 角速度比率 */
    private final static short ANGULAR_RATE=3;

    private int speed;

    private BaseRegulatedMotor[] wheelMotors={
            //左轮电动机
            new EV3LargeRegulatedMotor(MotorPort.B),
            //右轮电动机
            new EV3LargeRegulatedMotor(MotorPort.C)
    };

    public void setSpeed(int speed) {
        this.speed=speed;
    }

    public int getSpeed() {
        return this.speed;
    }

    public void forward() {
        for(RegulatedMotor m: this.wheelMotors) {
            m.setSpeed(speed);
            m.forward();
        }
    }

    public void backward() {
        for(RegulatedMotor m: this.wheelMotors) {
```

```
            m.setSpeed(speed);
            m.backward();
        }
    }

    public void stop(boolean immediateReturn) {
        for(RegulatedMotor m: this.wheelMotors) {
            m.stop(true);
        }
        while (!immediateReturn && this.isMoving()) {
            Thread.yield();
        }
    }

    public void turn(int angle, boolean immediateReturn) {
        this.stop(false);
        int ra=angle * ANGULAR_RATE;
        for(RegulatedMotor m: this.wheelMotors) {
            m.rotate(ra, true);
            ra=-ra;
        }
        while(!immediateReturn && this.isMoving()) {
            Thread.yield();
        }
    }

    public boolean isMoving() {
        for(RegulatedMotor m: this.wheelMotors) {
            if(m.isMoving()) {
                return true;
            }
        }
        return false;
    }

    public void close() {
        for(RegulatedMotor m: this.wheelMotors) {
            m.close();
        }
    }
}
```

最后，我们完成机器人部分的核心功能，处理传来的命令。基于 CNO 框架，我们需要实现一个 CarCommand 的 Processor。

这次的几个命令的相关实现，在前两个项目中都有所涉猎，比较简单。然而，机器人实际运行起来时，因为手机放在机器人身上，很难通过手机屏幕来确定路标识别的正确性以及何时路标被识别了。所以为了能在机器人运行时比较容易地确认识别情况，让机器人在接收到一个命令时将命令读出来。

由于机器人的 CPU 运算能力有限，让机器人实时根据命令内容来生成声音显然是不可能的，所以需要准备好相应命令的声音文件。leJOS 支持 8bit 单声道 .wav 格式文件，将录制好的声音文件保存成 8bit 单声道的 .wav 格式后，上传到 EV3 上，与运行程序用的 .jar 文件放在一起即可。本项目中 7 个命令对应的文件可以在随书光盘中找到。

在代码中，可以使用 Sound.playSample() 方法来播放声音文件。为了方便处理，将所有的声音文件存储在一个数组里，然后根据命令的编号取出声音文件进行播放，就可以实现让机器人读出命令的功能了。

最终写好的 Processor 如下：

```java
public class CommandProcessor implements Processor<CarCommand> {
    /** 命令对应的声音文件 */
    private static final File[] SND_FILES = {
        new File("forward.wav"),
        new File("turnLeft.wav"),
        new File("turnRight.wav"),
        new File("turnBack.wav"),
        new File("stop.wav"),
        new File("exit.wav"),
        new File("shutdown.wav"),
    };
    /** 系统的关机命令 */
    private static final String SHUTDOWN_CMD = "init 0";
    private Car car;
    private PrintStream out;

    public CommandProcessor(Car car) {
        this.car = car;
        TextLCD lcd = LocalEV3.get().getTextLCD(
            Font.getSmallFont());
        lcd.clear();
        out = new PrintStream(new LCDOutputStream(lcd));
    }

    @Override
    public void process(
        CarCommand msg, Communicator communicator) {
        CarCommand.Command cmd = msg.getCommand();
        File sndFile = SND_FILES[cmd.ordinal()];
        if (sndFile.exists()) {
            Sound.playSample(SND_FILES[cmd.ordinal()],
                Sound.VOL_MAX);
        }
        out.println(cmd);
        switch (cmd) {
        case Forward:
            car.forward();
            break;
```

```
            case TurnLeft:
                car.turn(-90, false);
                car.forward();
                break;
            case TurnRight:
                car.turn(90, false);
                car.forward();
                break;
            case TurnBack:
                car.turn(180, false);
                car.forward();
                break;
            case Stop:
                car.stop(false);
                break;
            case Exit:
                exit(communicator);
                break;
            case Shutdown:
                shutdown(communicator);
                break;
        }
        //命令执行完毕
        communicator.send(
            CommandCompletedMessage.getInstance());
    }

    private void closeCommunication(Communicator communicator) {
        communicator.send(ExitSignal.getInstance());
        Server server=Server.getInstance();
        if(server.isStarted()) {
            server.close();
        }
    }

    private void exit(Communicator communicator) {
        this.closeCommunication(communicator);
        Sound.buzz();
        System.exit(0);
    }

    private void shutdown(Communicator communicator) {
        this.closeCommunication(communicator);
        Sound.buzz();
        try {
            Runtime.getRuntime().exec(SHUTDOWN_CMD);
        } catch (IOException e) {
            //与 leJOS 源代码一样,忽略
        }
```

```
    }
  }
```

最后，在入口文件中，将所有这些内容串起来，启动程序后即启动服务监听蓝牙连接，等待手机端连接后开始处理命令。

```
public class RoboCar {

    private static EV3 ev3=LocalEV3.get();
    private static GraphicsLCD g=ev3.getGraphicsLCD();
    private static LED led=ev3.getLED();

    static {
        g.setFont(Font.getSmallFont());
    }

    private static void promptWait() {
        g.clear();
        g.drawString("Waiting connection...", 0, 0,
        GraphicsLCD.LEFT | GraphicsLCD.TOP);
        led.setPattern(6);
    }

    private static void promptConnected() {
        g.clear();
        g.drawString("Connected!",
            0, 0, GraphicsLCD.LEFT | GraphicsLCD.TOP);
        led.setPattern(1);
    }

    public static void main(String[] args) {
        //取得机器人对象
        final Car car=new Car();
        car.setSpeed(300);
        //创建命令处理员对象
        final CommandProcessor cmdProcessor=
            new CommandProcessor(car);
        //创建退出信号处理员对象
        final ExitProcessor exitProcessor=new ExitProcessor(car);
        //取得服务器对象
        Server server=Server.getInstance();
        server.setOnConnectedListener(new OnConnectedListener() {
            @Override
            public void onConnected(Communicator comm) {
                //服务器连接成功,向通信员追加处理员
                comm.addProcessor(CarCommand.class,
                    cmdProcessor);
                comm.addProcessor(ExitSignal.class,
                    exitProcessor);
                //通知已连接
```

```
                promptConnected();
        }

        @Override
        public void onFailed(Exception e) {
                //服务器连接失败
                Sound.buzz();
                //关闭机器人
                car.close();
                //打出错误信息
                e.printStackTrace(System.out);
                //退出程序
                System.exit(0);
        }
    });
    //提示服务器等待连接
    promptWait();
    //启动服务器,等待连接
    server.start();
    }
}
```

这样,就完成了认识路标的自动小车的软件部分。

关于整个项目最终的详细代码,可以参考以下 3 个项目。

- p03-traffic-nign-car-lib
- p03-traffic-nign-car-mobile
- p03-traffic-nign-car-robot

测　　试

对于本项目的测试,如果在调研阶段,将路标识别的部分测试好了,后面便没有太多测试内容了。

对调研部分,仍旧建议采用分解测试的方法:先测试二值化结果;然后测试 4 个定位标志点的识别;接着测试路标数据的生成;最后测试路标的识别。基本沿着调研部分的说明顺序,一步一步测试下来。

调研部分测试通过后,实际编写机器人代码后,一方面保证蓝牙连接和通信部分的功能正常运行,另一方面要保证调研部分的内容都没有被改出问题。

因为本次代码,很多都是从前面写过的代码中拼凑出来的,常常会出现复制遗漏内容或者复制后忘了根据实际需要进行更改的错误。这时就需要测试的时候来发现这些问题。

一旦出现问题,比较常用的解决方法就是先把从其他部分拼过来的代码去掉,检查单一功能的代码是否有问题,通过这种方式可以快速定位到问题的所在,从而进行修正。

最后,当基本功能确认无误后,可以让小车正式运行了。

启动后,由于没有路标的指令,小车应该是停在那里的。这时,取过前进路标,放到小车前面晃一下,小车就开始向前运动,然后根据前方看到的路标做出动作。

当路标是左转或者右转时,可能会发现小车每次转弯的位置会有所不同,导致转弯后的下一个路标无法被摄像头捕捉到。那么,如何解决这个问题呢?经过了这么多项目,我想聪明的读者一定早就有了自己的主意。这个问题就留给读者自己解决吧!

常见问题

问:为什么定位标志改成圆形可以简化程序?

答:因为圆形的各方向宽度相同,当检测到这个定位标志时,可以根据定位标志中的黑白颜色宽度确定整个标志图像的单元宽度。如果使用方形,要通过两个点之间的距离才能确定单元宽度,略微复杂一点儿。另外,难道不觉得圆形看起来更可爱一些吗?

问:大津法中,为什么类间方差最大时候的阈值被认为是理想阈值?

答:因为类间方差最大时,通常是背景和目标部分分离最开的时候。详细的论证,可以去阅读大津展之的论文。论文原文已附在随书光盘中了,也可以从以下网址中找到:

http://ieeexplore.ieee.org/stamp/stamp.jsp?arnumber=04310076

问:项目最后提到的转弯时位置不固定的问题,我怎么也想不出解决的办法,能给点提示吗?

答:好的。不过,我只给一点点提示哦。还记得乐高的超声波或者红外线传感器吗?那东西可以测距,如果我们装一个,让机器人每次都在距离路标确定距离的时候才行动……也可以考虑在每个路标前一定距离的地上画一条黑线,然后使用光亮度传感器找到这个位置……好了,提示完毕。

问:我想自己绘制新的路标,怎么做?

答:在随书光盘中带有编好的路标生成工具,在 tools 文件夹下有可执行的 SignGenerator.jar 文件,安装好 jre 后,就可以双击运行了。源代码则在 utilities 目录下的 SignGenerator 中。

问:在机器人端代码的 Server 中,为什么有一行代码(this.connector.close();)被注释掉了?

答:在那段代码介绍的上面也提到了,这里是将项目 2 的代码搬过来使用。但因为不需要重新连接,所以修正 leJOS 框架部分的代码就不需要了。这里的 close() 函数正是修正代码的一部分,所以需要去掉。如果不去掉,会由于 leJOS 的 bug 发生错误。

然而,leJOS 有可能会在某一天修正这个 bug,那时或许就需要重新复活此处代码,所以,我们在此留一手,暂且注释掉。

在实际编程活动中,常常会发生类似的情况。当然,也可删除这条注释的代码。

第二部分 知 识 篇

　　人能区别于动物，在于人不仅仅会做自己学过的事情，也能够从学过的事情中总结出知识，然后去创造出前所未有的事物。这一部分，就把第一部分里各个项目用到的知识用尽可能通俗的语言简单介绍一下。

　　如果你在第一部分由于不具备相关知识而无法弄懂某些问题，可以到这一部分中来学习。有想法、有创意的读者，还可以利用这些知识举一反三，制作出更多、更有趣的机器人。

第1章　计算机编程基础知识

本章简单剖析一下身边的计算机，了解一下与编程相关的基础知识。这些知识是几乎所有编程语言共同需要的基础。

1.1　计算机编程概述

最近我刚有了个儿子，发现小家伙刚出生除了吃、睡、拉、哭以外，几乎什么都不会。随着一天天的成长，不断地接受外界的刺激，现在已经会笑、会叫、会摆手蹬腿……这几天还学会了吸手指，今后还将学会走路、跑步、说话……

计算机和婴儿很像，如果失去了程序，就是一堆消耗电能的零件。有了程序，它才能为我们做各种各样的事情。婴儿的程序是靠来自五官的刺激，在大脑中慢慢学习形成的；而计算机的程序，则通常是由人编写并存入计算机的。

这个编写程序，存入计算机的过程，就是编程。

对计算机结构和知识有了解的读者应该知道，在目前普及的电子计算机中，都是采用二进制来进行运算的。这并不是说二进制比常用的十进制有什么优势，而是从电子元件上来说，二进制就好像是开关，最容易制造。这个开关状态，用数学表示，就是 0 和 1。

早期的计算机编程是直接使用这些 0 和 1，将一系列 0 和 1 的组合存入计算机。写出来的程序如下：

```
10111001    00000000    11010010    10100001
00000100    00000000    10001001    00000000
00001110    10001011    00000000    00011110
00000000    00000010    10111001    00000000
11100001    00000011    00010000    11000011
10001001    10100011    00001110    00000100
00000010    00000000
```

上面的程序只是简单地实现了两个数字的相加，就有如此的代码量。那么，想想也知道，如果要写一个像样的程序，该会是多么艰巨的工作。而且，这样的程序看起来如同天书，即便是知道这一堆 0 和 1 代表什么意义的人，估计看起来也是很头疼的。

随着程序的复杂度提高，那些聪明又懒惰的工程师很快就受不了这种高难度的工作了，他们开始用一些英文单词来代替固定的0、1组合（为什么是英文单词？因为计算机是美国人发明的），这样写出来的程序就会变成这个样子。

```
mov         cx, 1234           ;store 1234 in register cx
mov         ds:[0], cx         ;transfer it to memory location ds:[0]

mov         cx, 4321           ;store 4321 in register cx
mov         ds:[2], cx         ;transfer it to memory location ds:[2]

mov         ax, ds:[0]         ;move variables stored in memory at
mov         bx, ds:[2]         ;ds:[0] and ds:[2] into ax and bx

add         ax, bx             ;add ax and bx, store sum in ax
mov         ds:[4], ax         ;move the sum into memory at ds:[4]
```

懂英文的读者可以看出，这段程序中的第一列都是 mov 和 add，是英文中的 move（移动）的缩写和加法（add），它们是众多计算机指令中的两条，功能就是移动数据和对数据做加法运算。

而且，在这段程序中，分号（;）的后面都是自然的英文，可以让懂英文的人很清楚地明白程序的意图。这个分号后面的部分就是注释，它们不影响程序的功能，只是为了让读程序源代码的人了解程序的意图。

这显然比之前的 0、1 组合易懂了很多，这就是汇编语言。这里看到的是 8086 系列 PC 计算 1234＋4321 的汇编语言程序源代码。由于机器最终认识的只有最前面的 0、1 组合，要让这段汇编语言代码运行起来，最终还是要把这些英文指令替换回对应的 0、1 组合。这个把指令替换为 0、1 组合的程序叫汇编器（Assembler）。显然，第一个汇编程序肯定是用机器语言编写的。

细心的读者应该注意到，我对这段程序说明时加了一个限定词——“8086 系列 PC”。为什么我不说这是 1234＋4321 的汇编语言程序而要说是 8086 系列 PC 的汇编语言程序呢？这是因为汇编语言实际上只是对机器语言的简单替换，将之前难记的 0、1 组合用一个英文单词替代而已。采用不同芯片做 CPU 的计算机拥有不同的机器语言，也就拥有不同的汇编语言。同样是 1234＋4321，如果采用 ARM 芯片的汇编语言编写，又是另一个样子。

也就是说，只是一个简单的加法，在计算机中呈现的与在手机和乐高机器人中呈现的有所不同。

聪明又懒惰的工程师们怎么能忍受这种麻烦呢？于是他们发明了高级语言，这个名字是相对于汇编语言的，汇编语言由于过于接近设备而被称为低级语言。

当然，发明高级语言还不仅仅是为了解决这个问题。大家可以看出上面一段加法程序中有 ax、bx、cx、ds 这些东西。这些都是计算机中的存储单元，叫作寄存器（Register）。它们通常存在于 CPU 中，是比内存访问速度还快的存储器。但它们数量有限，空间更是小得可怜。结果就是我们在编写汇编程序的时候，要不断地将暂时不用的内容从里面挪出来，放到内存里，再将需要的内容从内存中放进去，具体操作过程跟“把大象放到冰箱里之后，要把长颈鹿放到冰箱里需要几步”这个问题的答案差不多。

或许有读者要问，我只算一个 1234＋4321，为什么需要存储单元？

那是因为计算机要进行运算，首先要把待运算的数值存储起来。其实，人做运算也是一样的。在计算 1234＋4321 的时候也是要先把这两个数字记在脑子里，然后才能开始计算的。遇到复杂一些的运算，如 3721×8864，甚至还要记在纸上，列竖式进行计算。我们的大脑和用来演算的草纸就是存储单元，只不过在运算过程中很少会意识到这一点。

那么，对于计算机编程，是不是也可以不去过多地考虑存储问题呢？至少，不要去考虑琐碎如寄存器级别的问题。因为我们可不想每天想着怎么把大象和长颈鹿在冰箱里倒腾。

解决这个问题的也是高级语言。同样是 1234＋4321，用高级语言编写，程序如下：

```
RESULT=1234+4321
END
```

上面是个 BASIC 语言的例子，再看一看 C 语言的例子：

```
#include<stdio.h>
int main()
{
    int result=1234+4321;
    printf("1234+4321=%d", result);
}
```

显然，不论是代码长度还是可读性，都要比汇编语言容易很多。

与汇编语言类似，这些高级语言写出来的内容都是文本，也要变成那些 0、1 组合，才能让机器执行起来。

做到这一点的，是一种叫编译器（Compiler）的特殊程序。这种程序的功能就是把上面这些文本变成最初看到的那一堆 0 和 1。同样，世界上第一个编译器一定是用机器语言或汇编语言写的。

在跨设备方面，只要在不同类型的机器上写出不同的编译器，它们会自动将同样的代码变成不同的机器语言，在不同型号的机器上执行。

除了编译器，还有一种手段可以让高级语言代码执行，那就是解释执行。用来解释执行高级语言代码的程序叫解释器（Interpreter）。它和编译器有什么不同呢？为了回答这个问题，先思考一个翻译文章的问题。

比如，你看到一篇 800 个单词的英文短文，觉得很好，想翻译成中文讲给你的弟弟听。通常会有两种方式。

（1）将全文读完，理解清楚，记住，翻译成中文写下来。然后把你写下来的中文讲给你的弟弟。这是编译器的工作方式，将源代码（例子中的英文）完全读完、分析好，编译成计算机语言（例子中的中文）存起来（例子中写下的中文），需要执行的时候，直接执行机器语言（例子中阅读写好的中文）。

（2）可以拿着原文，读一行或者一段，立刻翻译一行或者一段，讲给你弟弟。一边读一边翻译一边讲，不需要写下来。这就是解释器的工作原理，它会一部分一部分地阅读源代码（例子中的英文），然后立即翻译成机器语言执行（例子中读一部分后直接翻译讲出来），并不会存储机器语言的可执行程序。

由于这两种方式都有自己的优点和缺点，高级语言中，有些采用了编译的方式，有些则采用了解释的方式。比较典型的编译执行的语言有 C 语言、C++ 语言、FORTRAN 语言等，而解释执行的语言有 BASIC 和大多数脚本语言，如 Perl、Python、JavaScript 等。至于本书的主角 Java 语言，则是综合了编译器和解释器，详情将在 Java 基础知识一章中论述。类似地，时下流行的微软.net 框架下的语言也是综合编译器和解释器的。

说了半天，这神秘的编译器和解释器到底是什么样的呢？

其实，它们和我们平日使用的计算机程序并无两样。比如 Linux 上的 C 语言编译器，著名的 gcc，就是存放在硬盘中的一个可执行文件。当写完一个程序代码，并存储为 myProgram.c 之后，只需要在命令行执行：

```
gcc myProgram.c
```

就会得到一个文件名为 a 的可执行文件（在 Windows 下则是 a.exe）。然后执行：

```
a
```

就可以得到程序的输出（a 是 gcc 默认的输出文件名，不喜欢的话，也可以使用参数指定自己喜欢的输出文件名）。

而解释器也是一样。以 Python 的解释器为例，我们写好一个 Python 程序代码，保存为 myProgram.py，然后在命令行执行：

```
python myProgram.py
```

程序的运行结果直接就会显示出来，不会生成可执行文件。

当然，如果在执行上面的命令时遇到问题，则可能是没有安装相应的软件或者路径配置有误。这些不在本书的讨论范围之内，可以自行去网上搜索解决。

至此，什么是计算机编程，计算机编程是如何工作的，以及基本的计算机语言历史和概念就介绍完了。

1.2 变量和数据类型

这本书，我不打算写成一本编程教程，但希望能对常见的编程教程做一个补充。只要你翻开一本初级编程书，一定会看到一个章节介绍变量和数据类型的。根据语言的不同，数据类型有整型或称整数型、长整型或称长整数型、布尔型、浮点型、单精度浮点型、双精度浮点型等不同的数据类型。

只要小学毕业了，对变量应该并不陌生，因为我们早已学过：

```
设 y=x+5
当 x=3.2 时，y=8.2
```

这种简单的代数知识。

可是，数据类型又是个什么东西呢？

要回答这个问题，又要说一说计算机的组成结构了。上一节曾提到过，汇编语言程序要连寄存器的使用都写清楚，到了高级语言，已经不必那么麻烦了。但并没有从存储器的操作中完全解放出来。因为,还要使用变量。

就和代数一样,变量意味着得到所有条件之前,并不知道它的确切值。而且,随着运算的进行,其中的数值可能还会不断变化。那么计算机怎么来管理这个变来变去的东西呢?

要知道计算机怎么做,先想想我们自己是怎么做的。对于复杂的代数计算,我们会有一张草算纸,在上面记录变量的运算过程和数值变化。那么计算机的草算纸是什么呢?对,就是存储器。在高级语言中,常用的存储器就是内存。

内存是计算机的元件,那就意味着它只能存储 0 和 1,当然不是只有两个数字:0 和 1,而是会用很多个 0 和 1 来表述所需处理的数值。可是,怎么用很多个 0 和 1 来表述各种数值呢?

有读者可能会说,二进制和十进制的转换我们都学过,很容易啊。二进制 1 就是 1,二进制 10 就是 2,二进制 100 就是 4,以此类推,都可以互相转换,比如二进制 1011 就是十进制 11。看起来好像这个问题解决了。但事实上真的解决了吗?

刚才说过,变量的数值是可能变化的。我们定义一个变量,就需要一块内存来存它未来可能承载的数字。

举个例子,最初,我们有

$$x = 4$$

用二进制表述,x 的值是 100。占 3 个位数。那么在内存里,就要给它至少 3 位的地方。

1	0	0

那么就给它 3 位的地方。这里的一位在硬件上就是一个电子开关元件。

接下来,在运算过程中,又有了

$$y = 2$$

用二进制表述,就是 10。接着给 y 分配内存,为了节省空间,紧挨着 x 的位置放。

1	0	0	1	0

后来,因为运算需要,出现了

$$x = 15$$

二进制为 1111。需要 4 位的空间,但 x 只有 3 位,前面可能会有其他变量,后面是 y,前后都不能扩展,就无法实现这一操作了。

聪明的读者会发现,如果最初给 x 分配空间的时候,不是根据其数值大小分配 3 位,而是适当多分配一些,后来设为 15 的时候就不会出现问题了。那么给它多分配多少合适呢?

如果运算局限在 256 以内(0~255),因为 $256 = 2^8$,所以 8 位就够了。如果是局限在 65 536 以内(0~65 535),就需要 16 位。以此类推,根据运算数值范围大小不同,需要的空间大小不同。

既然一个 x 有可能被分配 8 位内存,也可能被分配 16 位或者更多内存,那就需要一个东西来告诉计算机到底分配多少内存。这个说明分配内存方式的东西就是数据类型。在 Java 语言中,刚才那个 8 位的整数,对应的是 byte 类型,而 16 位的整数则是 short。

不过在 Java 中,它们的范围不是 0~255 和 0~65 535,而分别是 −128~127 和 −32 768~32 767。为什么范围与我们预想的不同呢?请继续看下一节。

1.3　数字在计算机中的表述

计算机中只能存储 0 和 1 的组合,那么数字在计算机中存储的时候就都是二进制数字。这一点应该说是众所周知的。然而,既然只有 0 和 1,那么数学领域中的负数、小数该如何表示呢?

先来看看负数。在数学课上,是通过在数字前面加上一个负号(−)来实现负数的表达。但是在计算机里,没有放负号的位置,因为计算机中除了 0 就是 1,像在讲述机器语言时看到的,就连加、减、乘、除,都是 0 和 1 的组合。那么,很自然想到的方案就是拿出 1 位来专门表示符号,这 1 位通常被称为符号位。

做出这样的规定后,还有两个问题需要解决:一个是 0 和 1 哪个代表负号?另一个是符号位应该放在哪里?

从比较常规的思维来看,通常会让 1 来代表负数,0 代表正数。暂且使用这个约定俗成的规定。

至于符号位的位置,一个选择是放在数字的最后,另一个选择是放在最前面,任何放在中间的做法都会让硬件运算变得更加复杂,所以就不考虑了。

现在,以 8 位的整数型为例,来看看 −6 这个数字。当符号位放在最后的时候,数字的表述将变成 0000 1101。其中前面的 0000 110 是十进制的 6,后面的 1 代表负数。符号位放在最前的话,−6 将被表示为 1000 0110。第 1 位的 1 是符号位,后面的部分则是 6。

乍看下来,这两种方式都还不错。然而这里有两个问题存在。

一个是 0 的问题。在数学中只有一个 0,并没有 +0 和 −0 之分。然而这种表述方式会出现两个 0。一个是 0000 0000,另一个是 0000 0001 或 1000 0000。8 位的空间明明可以存储 256 个数字,但因为出现了两个 0,就只能存储 255 个数字了,造成空间的浪费。

另一个是运算方法一致性的问题。以符号位在最前为例,当计算 1+1 的时候,二进制的运算过程是这样的:0000 0001+0000 0001,最低位上都是 1,相加进位得 0000 0010。

然而,如果要计算(−1)+1,二进制表述是 1000 0001+0000 0001,按照上面的计算方法会变成 1000 0010,十进制结果是 −2,显然是错误的。为了保证正确的结果,必须制定一套新的加法运算规则,让两个数字符号位以外的部分实际做减法而不是加法。

同样地,减法、乘法、除法等一系列运算的运算方式都要成倍增加。这对于计算机硬件的设计来说,是很大的一笔开销。

所以,需要一个既能保证运算方法一致性,又不浪费空间的负数表示方式。现在,就让我来带领大家一起设计出这样的表述方式。

从运算方法一致性入手,只需要使用正整数减法的运算方式来计算 0−1 就可以得到

－1 的表述方式。所以，先看看 2－1 的运算。二进制中表示为 0000 0010－0000 0001。最低位上的 0－1 不够减，向前一位借位。与十进制的借位不同，由于只有 0 和 1，借位就意味着将上一位的数字取反。取反是指 0 变 1、1 变 0。最终相减的结果是 0000 0001。

再看 8-1: 0000 1000－0000 0001。

0	0	0	0	1	0	0	0
0	0	0	0	0	0	0	1

同样，最低位需要向前借位，因为前一位也是 0，继续借位，直到碰到 1 为止。可以看出，计算机计算减法时借位的规则就是在遇到高位上的 1 之前，全部取反。

0	0	0	0	0	1	1	1

有了减法运算规则，来看看 0－1 的运算。8 位二进制数表述是 0000 0000－0000 0001。同样，最低位的 0 不够减，需要借位，按照规则，遇到 1 之前，全部取反，然而这次前面没有 1，怎么办？关于这一点，看看人类自己对这类事情是怎么做的。常有青年男女择偶，定出了很高的标准，并起誓，不遇到这样的人绝不结婚。最终，认真履行誓言的人很多都孤独一生。计算机也如是，当遇不到 1 的时候，那就索性把范围内所有的 0 都取反为 1。计算结果就是 1111 1111。由数学常识知道，0－1＝－1。也就是说，如果保持运算方法的一致性，1111 1111 就应该是－1 的二进制表述方式。

这到底是怎样的一种表述方式呢？继续做减法。看看（－1）－1。－1，根据刚才的运算可知，表述为 1111 1111，减去 0000 0001，就是 1111 1110。这就是－2 的表述。以此类推，－3 是 1111 1101，－4 是 1111 1100……智力测试里常常有找规律的题目，这里大家也可以在读下去之前先试试，看看能不能找到其中的规律。

经过一番思考，或许一部分聪明的读者已经知道如何进行十进制和这种二进制表述的变换了。负数的这种表述，是将负数的绝对值的二进制值全部按位取反，然后加 1。

例如，数字－5，绝对值 5 的二进制表述是

$$0000\ 0101$$

按位取反，得

$$1111\ 1010$$

然后加 1，得

$$1111\ 1011$$

比较一下这个值和前面提到的－4 的表述 1111 1100，可以看出，刚好是（－4）－1 的结果。

要将二进制转回十进制的负数，也是先将数字按位取反，然后加 1，就可以得到对应负数的绝对值。

让我们用刚才得出的－5 的表述来变一下：

$$1111\ 1011$$

按位取反，得

$$0000\ 0100$$

加 1,得

$$0000\ 0101$$

刚好是 5。

这种表述编码形式,学名叫作"补码",在中国的台湾和香港地区,也称为"二补数",是现代电子计算机系统普遍采用的一种表述整数型数字的方式。

那么,再来验证一下,补码是不是可以防止出现两个 0。

0000 0001−0000 0001＝0000 0000,这是一目了然的,就不赘述了。

那么(−1)＋1 是不是也会得到同样的结果呢？ −1 的补码是 1111 1111,那么算式就变成了

$$1111\ 1111＋0000\ 0001$$

最低位上的 1＋1 得 0,并向前进位,进位后,前面也是 1,仍然需要向前进位。如果没有内存限制,结果将是 1 0000 0000。然而,因为使用的是 8 位整数型,所以,最高位进位出来的 1 无法保留,只能丢弃。结果就变成了 0000 0000。刚好是想要的结果。

那么补码表示的 8 位整数型的最大值和最小值是多少呢？

从首位数字为 1 为负数可以看出,最大的正整数是 0111 1111,换算成十进制是 127。8 位存储空间一共有 256 种数字组合,那么最小的负数应该不会距离−127 太远。先看看−127 的补码,根据刚才提到的换算规则,其值应该是 1000 0001。这个数字再减 1,是 1000 0000,十进制−128。如果再减 1,就变成了 0111 1111,由于首位不是 1,也就不是负数了。那么最小的负数就是−128。这就是为什么上一节中说 Java 中的 8 位整数型能表示的数字范围是−128～127 的原因了。

有读者可能会问,那岂不是变成了−128−1＝127 了？ 明明应该是−129,现在却变成了最大值的 127。这样的计算错误怎么办？

对这个问题的回答,就是"请使用正确的数据类型";否则这种错误就无法避免。毕竟你要把 1t 水装进只有 1L 的瓶子,那肯定是要溢出的。

至此,对负数的计算机表述方式作了介绍。至于小数的表述方式,对本书中提到的程序影响不大,就不在此详细介绍了。有兴趣的读者,可以去翻看其他计算机基础知识教材学习。

那么,我们为什么要大费周折对整数型的计算机表述方式进行介绍呢？ 下一节中就会做出解释。

1.3.1　标志位和位运算

计算机从诞生之日开始,其中的存储资源和计算资源就是宝贵的。随着计算机硬件的发展,虽然处理器的速度越来越快,存储器的容量越来越大,但人们总能折腾出更加需要运算速度和存储容量的新需求来。

就拿妇孺皆知的游戏来说,早期的游戏,由于运算能力等资源限制,只有黑白图像,图形也是极简单的几何图形,如两个长方形组成一个圆、碰来碰去的乒乓球游戏。然而,就是这样的游戏,足以让那个年代的玩家通宵达旦了。后来,出现了 8bit 游戏机,也就是

20 世纪八九十年代出生的人所熟悉的任天堂 FC 游戏机。8bit 的意思就是其中使用的存储单元是 8 位二进制数,所能表达的颜色、声音都建立在这 8 位数上。然而就是那一个个完全看不清面貌人物的魂斗罗、超级马里奥等游戏,成为整整一代人无法替代的美好回忆。后来,随着芯片技术的提高,在多媒体计算机上诞生了如命令与征服、仙剑奇侠传、三国志、大航海系列等表现力很强的游戏。让无数 90 年代末的大学生考试不及格。紧接着,随着显卡技术的发展,3D 游戏开始成为主流,无数 3D 的第一人称射击游戏、即时战略游戏开始大肆流行。今天的使命召唤系列游戏中,你已经能看清战友的面孔和表情了,被子弹击中后喷出的血雾也都能以假乱真了。然而,人们还是无法得到满足,至少我们的角色还是被程序预先编排好了动作,我们还在透过屏幕看那方寸间的画面。今后,或许会玩上身临其境的 3D 全景游戏,或许游戏中的角色能够理解我们的语言真正与我们互动,或许游戏再不仅仅只愉悦我们视觉还能带来嗅觉和触觉上的感受……所有这一切未来的畅想都需要更快的运算能力和更大的存储空间。

所以,无论到了什么时代,程序都有必要精益求精,尽可能地高效运算,尽可能地节省空间。而对计算机来说,最快的运算之一就是基于二进制位进行的运算。通常只需要一个执行周期就可以完成一次二进制位运算。另外,每一个二进制位都可以存储一个 0 或者 1,可以代表假或者真,也可以代表不存在和存在。

在用计算机解决问题的时候,常常会遇到只有两个状态的情况。例如,手机应用运行时,状态栏要显示还是不显示。为此,可以使用一个变量来存储,然而一个变量通常要占用至少一个字节,也就是 8 个二进制位的容量。明明用一个二进制位就可以保存的内容,却使用了 8 个二进制位,这个浪费是非常惊人的。当然,如果只有一个这样的状态,也是没有办法的事情,但如果有很多这样非此即彼的状态,就要考虑一下如何节省存储空间了。

这时,常用的方法是设置标志位。例如,一个 8 位空间,可以存储 8 个 0/1 状态。可以规定最低位代表状态栏显示、第二位代表屏幕常亮……当数据为 0000 0011 时,代表应用需要显示状态栏并让屏幕常亮;数据为 0101 0100 时,则不显示状态栏也不需要让屏幕常亮;数据为 1110 0001 时,则不显示状态栏但屏幕常亮;数据为 1111 1110 时,则要显示状态栏但不需要屏幕常亮。前面的例子中数据的前 6 位与这两个状态无关,所以,我随机选取了一些数字。比如 0000 0000 时,也同样不显示状态栏也不需要让屏幕常亮。

要达到这个效果,就需要在程序中对数值做出判断,检查所用的标志位是 1 还是 0。然而,一个数字往往会混入其他位的信息,怎么去检查自己想要的位的数据呢?这里就要用到位运算了。

位运算的英文是 bitwise operation,意思是运算都以一位为单位,没有进位、借位操作。常用的位运算有按位与、按位或、取反(或称按位非)、按位异或。

按位与的意思是两个数字诸位进行与运算,当两个运算数中对应的位上的数有一个为 0 时,结果为 0;否则(即两个数都是 1)结果为 1。因为与运算的英文是 and,所以按位与运算的英文是 bitwise and。

某一位上的按位与运算规则如下:

0 与 0=0

```
0 与 1=0
1 与 0=0
1 与 1=1
```

从上面的规则可以看出,按位与运算是具有交换律特性的,也就是说参与运算的两个数字交换位置,结果不变。

当数字位数变多时,只需要对每一位进行运算即可。例如:

```
  1111 0110
与 0010 0011
  0010 0010
```

有了按位与运算,上面提到的标志位判断问题就可以得到很好地解决了。只要准备一个数字,在需要判断的位上设为 1,其他位都设为 0,然后用这个数字与要判断的数据进行按位与运算,得到的结果如果是 0,就说明所要判断的位上为 0,如果不是 0,就说明所要判断的位上为 1。

还用上面提到的例子来说。定义从右数第二位为屏幕常亮与否的标志位。那么,就需要准备一个数字,在第二位上设 1,其他位设 0,以 8 位数字为例,这个数字的二进制值就是 0000 0010。那么,怎么用这个数字来协助判断标志位呢?

在程序运行中得到一个带有标志位的数字,这个数字有两种情况:一种情况是第二位为 0;另一种情况是第二位为 1。用 X 来表示未知数值,那么这两种情况就分别是:

```
XXXX XX0X
XXXX XX1X
```

当这两种情况的数字跟 0000 0010 做按位与运算的时候,因为按位与运算的规则是 0 与任何数字运算的结果都是 0,也就是说

```
X 与 0=0
```

所以,两种情况的运算结果分别是

```
  XXXX XX0X          XXXX XX1X
与 0000 0010        与 0000 0010
  0000 0000          0000 0010
```

从运算结果中可以看出,当要判断的位上的值为 0 时,运算结果就是 0;当要判断的位上的值为 1 时,运算结果就是准备的那个数字 0000 0010,十进制值为 2。通过这种方式,只要准备好相应的数字就可以很容易地判断出任意一个。

这个准备出来的数字,通常被称为掩码,英文称为 mask。

那么,如果要改变这个标志位怎么办?例如,不管原来的标志位是什么,现在希望让它变成 1,怎么办呢?有人可能会说,那就把数字的值设成掩码的值就好了。但是,直接赋值的话,要改变的标志位的值确实变了,但其他位上的数字也都跟着被改成 0 了,想要的是只将这一位的数值设为 1,其他位上的数值保持不变。怎么做才好呢?

要解决这个问题,就需要使用另一个位运算操作,按位或。英文是 bitwise or。运算规则是两个运算数中只要有一个是 1,结果就是 1;否则(即两个都是 0)结果为 0。

某一位上的按位或运算规则如下：

```
0 或 0=0
0 或 1=1
1 或 0=1
1 或 1=1
```

跟按位与一样，按位或也具有交换律特性。

为了更突出特性，上面的运算规则还可以记作：

```
X 或 0=X
X 或 1=1
```

因此，要完成上面提到的将标志位设为 1 的工作，只要让原始数字跟掩码做按位或操作即可。根据上面的运算规则，有：

```
   XXXX XXXX
或 0000 0010
   XXXX XX1X
```

现在，可以将标志位设为 1 了，那么要设为 0 又该怎么办呢？聪明的读者可能已经想到了，可以再准备一个数字 1111 1101，让原来的数字与这个数字做按位与运算。即：

```
   XXXX XXXX
与 1111 1101
   XXXX XX0X
```

这个方案很完美地解决了我们的问题，但却多了一个需要准备的数字。而这个数字事实上与掩码是有联系的，如果能够从掩码运算出这个数字，就可以避免多准备一个数字造成的存储空间浪费，又可以防止出现两个数字不一致导致的错误。

通过观察可以发现，新的数字和原来的掩码比较起来，所有的位上的数字刚好是相反的，即是说，掩码中是 0 的位，在新的数字中是 1；掩码中是 1 的位，在新的数字中是 0。这种把每一位上的数字反过来的操作就是取反操作，又称为按位非。英文是 bitwise not。

运算规则很简单：

```
非 1=0
非 0=1
```

所以，我们的新数字 1111 1101 就是非 0000 0010 的运算结果。其十进制值应该是 -3，十六进制值是 FD。

好了，现在可以判断标志位上的数字了，也可以将标志位设置成 0 或者 1 了，但有的时候，会希望将标志位上的值取反——如果标志位上是 1，就变为 0；如果标志位上是 0，就变为 1。当然，可以首先用前面的方法判断出标志位上是 1 还是 0，然后再根据情况设为 1 或者 0。然而，如果希望同时反转多个标志位的值，这个方法的计算量就会成倍增加。而我们其实明明有一个非常高效，只需一步运算就可以解决的办法。

这个神奇的运算就是按位异或。英文记作 bitwise xor。这个运算的规则很有趣，当两个运算数相同的时候，结果为 0；当两个运算数不同的时候，结果为 1。

某一位上的按位异或运算规则如下：

0 异或 0＝0
0 异或 1＝1
1 异或 0＝1
1 异或 1＝0

按位异或实际上也是不带进位的二进制加法。所以，按位异或也具有交换律特性。

使用 X 的方式来表述运算规则的话，记述如下：

X 异或 0＝X
X 异或 1＝非 X

看到这个规则描述，估计大家都知道刚才问题的答案了吧。要保留其他位上的数字而仅将标志位取反，那么只要与掩码做按位异或操作就可以达到目的了。

```
      XXXX XX0X              XXXX XX1X
异或   0000 0010        异或   0000 0010
      XXXX XX1X              XXXX XX0X
```

有了这些位操作，只要使用恰当的掩码，就可快速完成标志位的处理了，甚至通过掩码的组合，还可以一次处理多个标志位。

位操作除了处理标志位之外，还可以帮助我们在很大程度上节省空间。例如，在项目 3 中，需要存储一个点的坐标数据。而这个点的坐标的可能范围为 0～19，最大值 19 的二进制值是 0001 0011，十六进制值是 13，没有超过 8 位二进制数的范围。之前提到过，在 Java 中的普通整数类型（int）是 32 位的，短整数类型（short）是 16 位的。那么一个 short 类型就足以容下 x 和 y 两个坐标值了，但是如何将两个坐标值存储在一个 short 类型中呢？方法当然很多，最常见、最方便的处理方式就是用低八位存储一个坐标值，然后用剩下的高八位再存储另一个值。

这里，用低八位存储 x 坐标值，高八位存储 y 坐标值。那么，坐标（3，4）的十六进制数值就是 0403，二进制数值是 0000 0100 0000 0011。

然而，在进行实际坐标运算的时候，还是需要从存储在一个 short 类型的内存中提取出分开的 x 和 y 两个值。

提取低八位的 x 值很简单，只要使用二进制 0000 0000 1111 1111、十六进制 00FF 这个掩码来跟存储坐标的数值来做按位与操作，就可以将前面 8 位全部变成 0，后面 8 位保留，也就是取出了低八位的数值。

那么，如何提取高八位的 y 值呢？或许有人会说，使用二进制 1111 1111 0000 0000、十六进制 FF00 来对数值做按位与操作就好了啊。然而，事实真的如此吗？

为了方便阅读，这里使用十六进制数字进行说明。例如，前面举例中用过的点（3，4），用 short 类型存储后的十六进制数值为 0403。跟 00FF 做逻辑与运算，结果是 0003，刚好是 x 坐标值。跟 FF00 做逻辑与运算的话，结果是 0400，换算成十进制则为 1024，显然与 y 坐标值相差甚远。主要问题出在虽然去掉了不必要的数字，但却没有把留下的数字放到正确的位置上，如果能将整个数字向右移动一下，只留下高八位，就可以得到想要的数字了。

发明计算机的前辈们早就想到了这个需求,所以,有一系列的位运算是专门处理移动的,运算的名称就叫移位,英文是 shift。移位分为左移和右移,顾名思义,就是让二进制数字向左或者向右移动。

那么,数字移动了,原本在边缘的数字就会被移到存储范围之外。例如,1010 1001 向右移动 3 位的话,最右边的 001 就会被移出 8 位存储范围,怎么处理这些移出去的部分呢? 计算机处理问题一贯简单、粗暴,直接将这些移出去的数据丢弃掉。

另外,既然一旦确定了数据类型,计算机留给数据的内存大小就确定了,那么移动后留下的空白怎么办呢? 还用刚才的 1010 1001 来举例,右移 3 位之后,剩下 10101,左边空了 3 个位置,计算机内存中只有 1 和 0,没有空白,所以这里的 3 位,要么填 1,要么填 0,然而,这一次,到底要填什么却需要探讨一番。先留着这个问题,到后面再说。

先来看看左移和右移除了单纯的移动,在数学上还有什么意义。对于十进制的数字,当把数字向左移动 1 位的时候,移动后的数字就是移动前的 10 倍,向左移 n 位,移动后数字就是移动前数字的 10^n 倍。右移则正相反,如果不考虑小数运算的话,也采取移出去的部分就丢弃的方案,那么右移 n 位后的数字就是移动前的 $\frac{1}{10^n}$ 取整的结果。那么二进制的情况也类似,左移 n 位,移动后的数字是移动前的 2^n 倍,右移时,移动后的数字则是移动前的数字除以 2^n 后取整的结果。

例如,1 左移 3 位的结果是二进制 1000,换算成十进制就是 8,刚好是 2^3。而十进制数 24,二进制为 11000,右移 3 位的结果是 11,换算成十进制是 3,刚好是 $24 \div 8$ 的结果。而十进制 26,二进制位 11010,右移 3 位的结果也是二进制 11、十进制 3,因为 $26 \div 8$ 的结果是商为 3 余数为 2,取整时,余数部分便被舍弃掉了。

由上面的结果可以看出,左移、右移操作是可以替代 2 的整数次幂的乘除法的,而且在计算机中,移位操作要比乘除法快很多,所以很多时候程序中如果刚好遇到乘除 2 的整数次幂时,会使用左、右移来代替。

了解了移位操作的数学意义,再回来看看刚才的问题,右移之后左边的空白补什么?

相信你还记得计算机中如何表示负数吧! 使用补码表示,首位为 1 的数字是负数。一个负数无论是乘以一个正数还是除以一个正数,结果都是一个负数。所以,如果基于移位操作的数学意义,为了保证负数右移之后还是负数,左边的空白对负数来说是要补 1 的,对正数来说,首位是 0,并且在移位之后也要是 0,所以左边的空白要补 0。换句话说,空白处补上的是原本在最高位上的数字。

然而,对要使用一个数字存储 x、y 两个坐标这种需求,高位上存储的实际上是一个正数,但有可能因为这个数字太大使得最高位变成了 1,按照上面的规则,右移后补最高位数字,那么移动后左边就都是 1 了,我们又无法取到正确的 y 坐标值了。所以,在这种情况下,希望不论最高位是什么数值,右移的时候都在空白处补 0。

如此说来,空白补什么岂不是要根据使用情况不同而有不同的结果? 实际上确实如此,所以,在程序语言中,通常会有两种右移,一种是带符号右移,一种是不带符号右移。对这两种右移,不同的语言有不同的解决方案。C/C++ 语言中,虽然只有右移操作符,但数据类型分为有符号数和无符号数,有符号数的右移是带符号的右移,无符号数的右移就是不带符号右移。而这次主要使用的 Java 则使用了两种运算符,带符号的右移使用 >> 运算符,不带符号的右移则使用 >>> 运算符。

那么,左移呢?左移因为不涉及符号的问题,空白处只会补 0,所以也没有那么复杂。无论在 C/C++ 中还是 Java 中,左移运算符都是 <<。

回到最初的问题,如何取出 y 坐标值。很简单,只需要不带符号右移 8 位,将存储 x 值的低八位移出存储区丢弃即可。用例子来说,十六进制的 0403,不带符号右移 8 位(十六进制 2 位),变成了 0004,正是 y 坐标值。

计算机中独有的位运算,就暂时介绍到这里,接着来看看另一种计算机中常用的计算。

1.3.2 逻辑运算和程序流控制

作为一个计算机程序,如果只能简单地从前向后进行基本的数学运算,就变成了一个计算器了,显然无法满足日常使用计算机的需要。在计算机中,常常碰到的情况是希望计算机能够根据当时的状况或者指令做出恰当的反应。

例如,一个基本的避障机器人,就应该懂得在遇到障碍物时进行转向。在计算机流程图中,也常常会看到菱形的条件判断框(见图 2-1-1)。从图 2-1-1 中可以看到,计算机的处理,在这里出现了分支,由于条件判断的结果不同,会走向不同的处理。这类让计算机的程序出现分支或者说出现了顺序以外的情况的控制就叫作程序流控制。程序流控制除了这里的分支,还有一大类是循环。

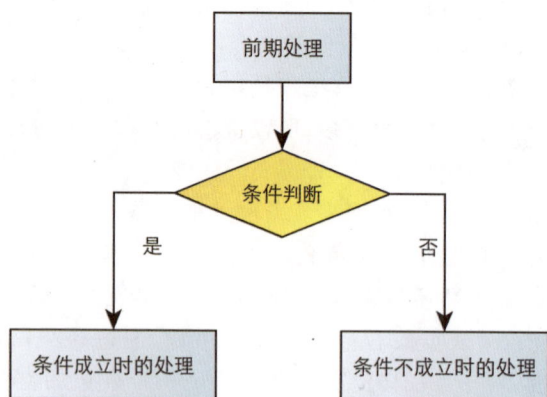

图 2-1-1　流程图中的逻辑判断表示

由于计算机的快速处理能力,计算机最擅长的就是快速重复一类操作,从中筛选出符合条件的数据。

比如,最典型的此类程序就是让计算机找出一定范围数字内的所有素数。素数,又称为质数,是指只能被 1 和它本身整除的正整数,但不包括 1。这一点,相信各位读者在数学课上都早已学到了。那么,如何找出所有素数呢?

如果是人类来做这件事情,那么就是从 2 这个数字开始,一个一个根据定义来检验。

对于任何一个数字来说,这个检验的过程都是一样的,那么让计算机来做这件事情的时候,就没有必要针对每个数字的检验过程都写一份代码,只需要写一个通用的检验代码,然后让计算机从给出范围的最小数字开始循环,每次循环向前增长一个数字,凡是检验通过的数字,就输出。这样,只要每次给出不同的数字范围,计算机就可以自己重复处理,完成我们的工作。

然而,为了保证计算机程序有运行完的时候,循环必须要能够结束。这就需要循环的时候做一下条件判断,只有当条件满足的时候才继续循环。

那么,可以看出,不论是分支还是循环,都是需要做条件判断的,这个条件判断又应该怎么做呢?

这就涉及计算机中的逻辑运算。

什么是逻辑运算呢? 先来举个例子。

$x>50$

这就是一个逻辑运算。用来判断 x 的值是不是比 50 要大。因为 x 是一个变量,之前说过,变量是一个容器,里面装着数字,并且随着程序的运行,这个数字可能不断地在发生变化。当代码执行到这个地方的时候,如果不判断一下,恐怕没办法知道这个变量中的数字到底是多少,所以要用这样的逻辑运算式来判断。

除了大于,类似的逻辑运算还有大于等于、等于、小于等于、小于、不等于。在不同的计算机语言中对这些逻辑运算符的表述可能会有所不同,具体的表述和语法,留到 Java 基础知识再详细说明。

虽然有了这些比较用的逻辑运算符,但却并不足以让我们做一些复杂的判断。例如,要判断一个点是不是在一个矩形内,就不能用单纯的一个比较来判断,而是要组合起来:点的 x 坐标小于矩形的 x 坐标最小值并且大于矩形的 x 坐标最大值并且 y 坐标小于矩形的 y 坐标最小值并且小于矩形的 y 坐标最大值。可以看出,这里用并且将 4 个条件连接了起来,表示的意思是这些条件必须全部满足才能算条件成立。这种逻辑运算称为"逻辑与",英文为 and。我个人觉得译成"逻辑并"或许更贴切一些。

除了逻辑与,还有逻辑或(or)和逻辑非(not)。逻辑或的意思是参与运算的条件中有一个成立就算整个条件都成立了。而逻辑非是将成立的变成不成立的;将不成立的变成成立的。

这里提到的条件成立和不成立,也有其专用的术语:条件成立时为真(true),条件不成立时为假(false)。这两个值,被称为布尔(boolean)值。所有逻辑运算,也可以称为布尔运算。

1.3.3　函数

到目前为止,已经知道了什么是计算机编程,计算机编程的时候如何存储数据以及计算机中特有的四则运算以外的一些数字运算和条件的判断。

在计算机编程中,还经常会碰到一些处理,在很多地方都会用到。比如说,机器人要左转、右转,转弯时的处理总是固定的:首先调整两边电动机速度,然后根据电动机转过的角度差来计算机器人转过的角度,如果需要机器人转过一个固定的角度后就停止,则需要根据计算出来的转角来判断是否需要停止转向。这一系列处理要写成代码,一定不止一行,然而,如果每次在机器人要转弯的时候都把这些代码写一遍,显然是很麻烦的。

计算机行业里充满了"懒惰"的人,因为只有懒得手算的人才会想到发明计算机来为自己代劳;因为人们懒得记忆机器语言的指令,才有人发明了汇编语言;因为懒得区分不同机型的汇编指令,才发明了高级语言;……

同样,写程序的人是很不愿意把相同的或者类似的代码到处写的。于是,这次人们发明了函数(function)。

函数这个概念在数学里也存在,是用来描述每个输入值对应唯一输出值的对应关系。通常用 $f(x)$ 来作为记述符号。例如,$f(x)=x^2$,就是一个简单的函数。对任意给定的输入值 x,都有一个输出值。比如,当 x 为 3 的时候,输出值为 9。

计算机中,借用了数学函数的这种给定输入值可以得到输出的特性,用函数这一概念来表示一段相对独立的计算机代码,对于给定的输入可以给出相应的输出或做出相应的处理。

比如还是刚才的例子,在程序中可以写一个函数,定义为 square(x),其中的处理就是返回 x^2。那么,在 C 语言中,就可以写作:

```
float square(float x) {
    return x * x;
}
```

为什么这里加上了 float? 因为在前面曾提到过,计算机中所有的数字都是要有一个类型的,这里的 float 就是变量 x 的类型,而最前面的 float 表示计算后结果的类型。代码中的 return 则表示要返回的结果。这个结果,在计算机编程术语中称为返回值。

有了这个函数,在需要计算平方的地方就可以直接写 y＝square(x);这样的代码求值。再比如,要计算 5^2+3^2-8,就可以直接写 square(5)＋square(3)－8。虽然从长度上看,这样写并不比 $5*5+3*3-8$ 短。但当需要修改程序,把数字 5 和 3 换掉的时候,如果不用函数,每个修改的数字就需要改两次,而使用函数调用的方式则只需要修改一次。当程序达到一定规模的时候,这一点修改上的区别,可能就会大大影响工作量。因此,函数在编程中是被普遍使用的。

函数,有时也被叫作子程序(subroutine)。在某些编程语言,如 BASIC 中,将函数和子程序区分对待,所用的语法也不同。在 BASIC 中,将有返回值的称为函数,没有返回值的称为子程序。而在另一些编程语言,如 C 语言、Java 中,则不做区分,统一称为函数。而实质上,函数和子程序在处理机制等各方面都是一样的。

1.3.4　特殊数据类型和内存分配

前面说过,计算机编程中,所有的变量都存在内存中。变量在内存中的表现方式由数据类型来决定。

然而,在大多数计算机语言中,数据类型都是有限的。对于要解决的千变万化的问题来说,很显然这些数据类型是远远不够的,所以一些计算机语言允许编程者自己定义一些数据类型。我们要用的 Java 语言,就有一个类(class)的概念。一个类就相当于一个自定义的数据类型,里面可以由编程者自己决定存储的内容和可以进行的操作。

比如,数学中有一个复数的概念,其中包含了所有的实数和虚数。通常用 $a+bi$ 的形式来表述。前面的 a 称为实部,bi 则称为虚部。由于 i 是表示虚数部分的一个固定符号,实际上并非数字数值的一部分,所以复数中真正有效的数值部分是 a 和 b。

很显然,大多数计算机语言中,没有可以表述复数的数据类型,自然也没有关于复数如何分配内存的信息(也有少数计算机语言本身就有复数类型,如 MATLAB、Python 等)。那么,如何进行复数的运算和操作呢? 以 Java 为例,可以自己定义一个新的类,也就是一个新的数据类型,称为复数类(Complex)。

```java
/**
 * 复数类
 */
public final class Complex {
    /** 实部 */
    private double a;
    /** 虚部 */
    private double b;

    /**
     * 构造函数
     * @param a 实部
     * @param b 虚部
     */
    public Complex(double a, double b) {
        this.a=a;
        this.b=b;
    }

    /**
     * 加法运算
     * @param a 加数实部
     * @param b 加数虚部
     * @return 加法运算结果
     */
    public Complex add(double a, double b) {
        return new Complex(this.a+a, this.b+b);
    }

    /**
     * 加法运算
     * @param another 加数
     * @return 加法运算结果
     */
    public Complex add(Complex another) {
        return this.add(another.a, another.b);
    }
```

```
/**
 * 加法运算（与实数的运算）
 * @param a 加数（实数）
 * @return 加法运算结果
 */
public Complex add(double a) {
    return this.add(a, 0);
}

@Override
public String toString() {
    return String.format("%f+%fi", a, b);
}
}
```

在这个类中，用两个成员变量（在 Java 中也成为属性）a 和 b 来分别代表实部和虚部，并让它们的数据类型为 double，这一数据类型是 Java 中表示实数精度最高的数据类型。当定义好成员变量后，计算机就知道如何给一个复数分配内存了，它只需要分配两个 double 类型的内存分别给 a 和 b，然后再追加一点关于类的管理信息到内存中就可以了。

同时还在这个类中用 add() 函数定义了加法运算的行为，之所以有 3 个 add() 函数，是为了可以处理各种类型数据的相加操作。有了 add() 函数，就可以通过调用函数做复数的加法了。另外，还有一个 toString() 函数，是 Java 中既定的函数，实现这个函数可以告诉计算机如何用字符来描述这个类型的实例。以 $a+bi$ 的形式，让计算机表述复数，刚好符合数学上的定义。

有关类的详细论述，让我们留到 Java 基础知识一章。在这里，我想继续说一下内存的分配。从复数类可以看出，对一个复数的内存分配至少占用两个 double 类型的内存空间。而一个 double 类型，使用 64bit，也就是 8B 的内存，那么一个复数则至少需要 16B 的内存。对有些程序，尤其是游戏程序，有时候需要将屏幕上的所有点的信息存储下来并做处理，屏幕上的一个点的全部颜色信息外加透明度，通常要使用 4B 的内存，对于一个 1600×900 分辨率的屏幕来说，屏幕信息所占用的内存将是 1600×900×4＝5 760 000（B）＝5625（KB），也就是超过 5MB 的内存。

在很多计算机语言中，将一个变量的值传递给另一个变量的时候，是将原有变量所占用的内存做一个复制，送给新的变量，从而保证新的变量的变化不会影响到原有变量。这个过程，术语称为赋值。

那么，类似刚才那个占据超过 5MB 内存空间的变量，如果进行多次上述赋值，相信多大的内存也很快就被撑爆了。而且，对于屏幕上的点信息来说，由于只有一个屏幕，即便考虑到绘图效率，在内存中准备一个备用屏幕作为缓冲区，在一个程序中通常最多也就是一两个屏幕信息，并不需要那么多复制出来的副本。所以，如果能通过一种方式，让变量并不真正代表那 5MB 的内存，而是一个很小的标签，标签里告诉我们如何找到那 5MB 内存并操作之，岂不是很好？

这一点，搞计算机编程的前辈们早就已经想到了，而且，幸运的是，我们的计算机内存是有编号的,这个编号被称为地址。内存编号的时候是以 B 为单位,从 0 编号到可使用的最大内存或者编号上限。编号为 5 的内存位置和编号为 4 的内存位置之间拥有一个字节(8 位)的空间。计算机内存的地址,通常使用十六进制数字表示。

有了内存的地址,那么刚才提到的那个超过 5MB 的内存块就一定会从某一个地址开始。如 BF00 5F38,那么,只要有一个变量,把这个数字记住,那么,要访问那超过 5MB 大的内存时,用这个记住数字的变量里存的地址去访问就好了。这个记住地址的变量,通常被称为指针(pointer)。因为它就好像一个箭头一样,指向了真正存储着大量数据的内存区域。

确切地说,指针这个概念是 C 语言中的概念,在 Java 中虽然实际也得到了应用,但Java 中管它叫引用(reference)。而且在 C 语言中,可以确切地声明一个变量是否为指针,而在 Java 中,语言自动帮你做这件事情。具体的做法,留到 Java 基础知识部分来说明。

以上所论述的所有问题,是学习任何一门计算机语言都会遇到的共通问题,掌握了所有这些概念,再去学习一门新的计算机语言就会快很多。

那么下面就来学习一下 Java 语言。

第2章 Java 基础知识

本书是一本关于手机与乐高机器人联合编程的书，并不是一本编程教学书，所以，我不打算在本书中花费大量的篇幅重复其他教材中已经写得很好的概念，也不打算通过本书教会读者关于 Java 编程的所有知识。仅在这一章中对本书中用到的 Java 知识作出说明，以保证读者可以理解机器人项目部分的代码。

我相信，有了第 1 章中介绍的编程共通技术知识，各位读者想要快速掌握 Java 应该不是太难的事情。那么，闲话少叙，让我们推开 Java 的大门，一起走进 Java 的世界。

2.1 Java 简介

在前面的论述中已经说过，计算机实际只能执行由 0 和 1 组合而成的机器语言，一切其他语言，要么经由编译（compile）变成机器语言让计算机执行，要么通过解释器（interpreter）对程序代码进行解释（interpret）执行。

然而，Java 语言在这方面有些特殊。首先，在介绍这个特殊性之前，先要说一下 Java 这个词所代表的意义。

有些人说 Java 是一门编程语言，这种说法不错，但不完整。事实上 Java 不仅仅包含了一门编程语言，还包含了一个 Java 虚拟机（Java Virtual Machine）和一套 API（Application Programming Interface，应用编程接口）。Java 虚拟机和 API 统称 Java 平台。所以，Java 实质上包含了 Java 平台和 Java 编程语言，如图 2-2-1 所示。

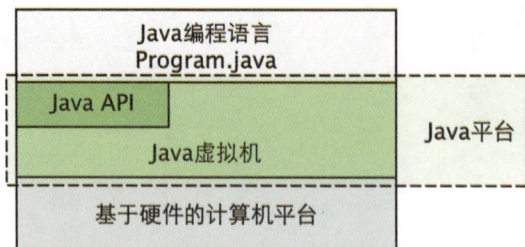

图 2-2-1　Java 技术组成示意图

为什么 Java 会成为这样的组合呢？这就不得不提到 Java 的一个主要特性——跨平台性。很多一直使用 Windows 操作系统的人或许感受不到平台差异的麻烦，然而一个专业的程序员常常要在不同的计算机平台上书写同样的或者功能类似的程序，但由于计算机平台的差异，让这种工作变得很麻烦。而且，开发平台和运行平台的不同，也导致程序的书写和测试都变得麻烦无比。

例如，有一个程序要运行在小型机服务器上，小型机是一种与通常使用的个人计算机（或称微机）完全不同的计算机类型，无论是 CPU 的指令集还是内存的管理方式、硬盘的访问方式都完全不同。而且，在小型机上也无法运行大家常用的图形界面的 Windows 操作系或者 Mac OS 操作系统，往往运行的是 Linux 或者其他类 UNIX 操作系统。如果直接在小型机上写程序，因为没有图形界面，写起来要费力很多。所以，通常还是会把程序挪到个人计算机上来写，不论是使用 Windows 还是 Mac OS，上面都有丰富的软件可以让我们又快又好地完成代码的编写。然而，代码写好了，总是要进行测试的，由于代码是为小型机写的，其本身是针对小型机的硬件结构和操作系统而写的，所以在个人计算机上就无法运行，这时，程序员或者软件工程师就要把写好的代码上传到小型机上，然后在小型机上编译、运行、测试。可是，很少有人能保证代码一次就能写对，所以测试过程中必然会出现很多问题。要解决这些问题，就需要程序员来调试程序。调试程序在图形界面下是很方便的，可以在不同的窗口内同时看到如内存、变量、函数调用等很多不同的信息。但放到小型机上，又是一项噩梦般的工作。

从上面的描述中不难看出，书写不能跨平台的程序，会让整个工程的工作量增加很多。

Java 为了解决这一问题，提出了跨平台的特性，只要不是很特别的程序，通常在一个平台下写好，可以正确运行了，到另一个平台上也不会有太大的问题。

同样是为小型机编程，可以在个人计算机上写好，并且可以直接在个人计算机上进行编译、运行和测试，遇到问题直接调试，最后得到一个没有问题的程序，传到小型机上，直接就可以运行了。即便为了保证万无一失，做一下简单的测试，通常也不会出现什么大问题。本人就曾经从事过一段时间这样的工作，每次都是在运行 Windows 的计算机上把程序做好，然后提交到小型机服务器上，可以说除了上传程序和做简单测试这两步以外，几乎不需要意识到自己的代码是为什么机型写的。

但是，在前面说过，计算机只能运行机器语言，而机器语言又是每种 CPU 各不相同的，而且不同的操作系统也会引起机器语言所构成的可执行文件的些许区别。那么 Java 是如何做到跨平台的呢？

答案就是 Java 虚拟机。Java 虚拟机是一个能运行 Java 程序的虚拟机。虚拟机就是一个由软件虚拟出来的计算机，它有自己的 CPU 指令集，有自己的内存以及内存管理机制，对于在里面运行的程序来说，它就是一台计算机。但是虚拟机并没有真正的由芯片组成的硬件，它的硬件是由软件虚拟的，它实际还是要在真正的由芯片组成的计算机上运行。由于 Java 虚拟机的虚拟 CPU 组成和虚拟内存都是统一的，至少固定版本的 Java 虚拟机都是一样的，那么对于在 Java 虚拟机上运行的 Java 程序来说，编译后的机器语言就没有分别。也就意味着 Java 程序只要编译为 Java 虚拟机的机器语言，就可以在任意一个 Java 虚拟机上运行。而同时，我们可以准备好很多 Java 虚拟机，让它们分别能够在不同的操作系统和硬件平台上运行。比如，有运行在 IBM 兼容 PC 上的 Windows 操作系统下的 Java 虚拟机，有运行在苹果计算机上 Mac OS 操作系统下的 Java 虚拟机，也有运行在刚才提到的小型机上的 Java 虚拟机,甚至有运行在电视机顶盒、手机等各种设备上的 Java 虚拟机。即使没有现成的针对某一设备的 Java 虚拟机,由于 Java 虚拟机的标准是免费公开的,有能力的程序员也可以自己写一个相关平台的 Java 虚拟机。例如,乐高机器人的第二代产品 NXT 上就没有现成的 Java 虚拟机,为了能使用 Java 语言对 NXT 编程,leJOS 团队就开发了一个运行在 NXT 上的 Java 虚拟机。那是本书中所介绍的 leJOS EV3 的前身。乐高的 EV3 由于采用了 ARM 的 CPU,Oracle 公司已经提供了相应的标准 Java 虚拟机,所以 EV3 上运行的 leJOS 并没有使用自行开发的虚拟机。

通过针对不同平台的 Java 虚拟机,Java 实现了跨平台的特性。Java 虚拟机的机器语言,由于并不是真正计算机的机器语言,所以又称为字节码(bytecode)。在计算机中以文件的形式存储,文件的扩展名通常是.class。这个文件由 Java 的源代码编译而来。Java 源代码文件,通常扩展名为.java。如果将字节码文件也看作一种编程语言的话,Java 虚拟机相当于是字节码的解释器,它将字节码解释为实际机器的机器语言来执行。所以说,Java 是融合了编译语言和解释语言双方特性的一种编程语言。图 2-2-2 描述了通过 Java 虚拟机实现的跨平台机制。

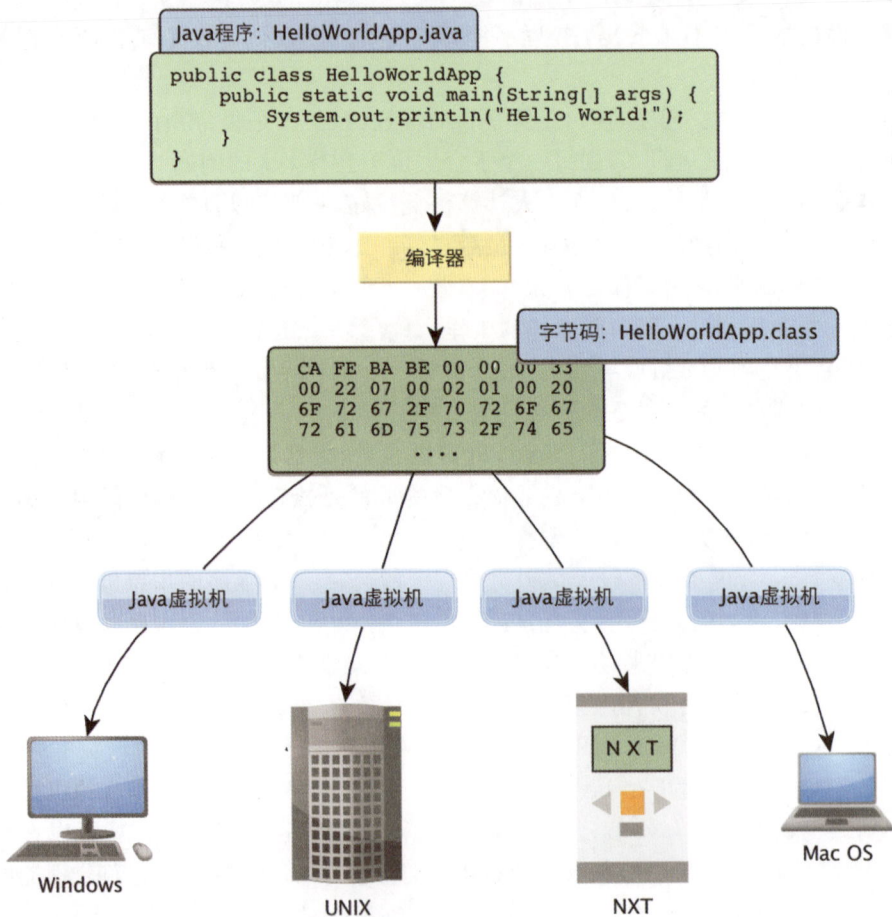

图 2-2-2 通过 Java 虚拟机实现跨平台

俗话说,有得必有失。Java 的这种机制虽然获得了优异的跨平台特性,却在运行速度和内存占用上或多或少有所损失。字节码虽说是 Java 虚拟机的机器语言,但在实际机器上执行的时候,毕竟还需要 Java 虚拟机进行解释,所以跟解释执行的语言一样,性能有所下降。不过,因为字节码已经通过了编译,通常情况下不会有语法上的错误,所以 Java 虚拟机执行的时候可以省去部分错误检查,比普通的传统解释语言还是要好一些的。

Java 语言由于有 Java 虚拟机、API 和 Java 语言这种组合,对于只需要运行编译好的字节码而不需要开发的人来说,只需要有可以运行 Java 字节码的 Java 虚拟机以及相关 API 所需的库就可以了。这种组合被称为 JRE(Java Runtime Environments),是 Java 运行时环境的简称。从 www.java.com 上下载的,通常都是 JRE。

如果要编译 Java 源代码为字节码,则还需要编译程序等相关工具,这些工具加上 JRE,组成了 JDK(Java Development Kit),是 Java 开发工具包的简称。在 JDK 中最著名的工具就是 javac,就是这个工具能够将 Java 源程序编译成字节码。

2.2　第一个 Java 程序

接着,就来看看如何编写一个最简单的 Java 程序。图 2-2-2 中已经包含了接下来要介绍的 Java 程序的源代码。这里,再把包含注释的完整代码复制如下:

```java
/**
 * 最简单的 Java 程序示例
 */
public class HelloWorldApp {
    /**
     * 程序入口函数
     * @param args 命令行参数
     */
    public static void main(String[] args) {
            //在标准输出以单独一行打印出 Hello World!
        System.out.println("Hello World!");
    }
}
```

把这段内容写进一个文本文件,然后将文件名命名为 HelloWorldApp.java。注意文件名不能任意修改。然后打开命令行终端,运行:

```
javac HelloWorldApp.java
```

程序执行完毕后,将会看到生成了一个新的文件——HelloWorldApp.class,也就是前面说过的字节码文件。接着,运行:

```
java HelloWorldApp
```

就会看到屏幕上以单行输出了 Hello World!的字样。

类似这样的程序以及如何编译和运行,是几乎每一本 Java 入门书籍都会介绍的,所以,如果运行上述命令遇到问题时,可以找相关的专业书籍寻求帮助,或者上网寻找解决方案。通常来说,大多数问题是由于路径设置有误所致。

下面,就来看看这个程序做了什么。

首先,夹在/** 和 */之间的浅蓝色文字是文档注释,在 Java 中以这种符号夹杂的注释,只要遵守一定的格式,之后是可以用 javadoc 工具生成基于 HTML 的文档的。Oracle 网站上的官方 Java API 帮助文档,就是从文档注释生成的。

程序中的注释,在编译的时候是会被完全忽略的,也就是说,编译后的机器语言也好,字节码也罢,都不会包含这些内容,对程序的运行没有任何影响,有没有它,程序的运行效果都是完全一样的。然而,对于阅读代码的人来说,意义就完全不同了。因为计算机语言写出来的代码,毕竟不如人类的自然语言一般容易理解,所以,需要这些注释来说明注释下的代码是干什么的。

在实际的工作中,如果不加注释,由于人类天生具有的遗忘能力,常常是自己写过的代码,过上一个星期,自己都不记得是干什么的了。当代码需要修改的时候,要花很大的气力来搞清楚原来代码的功能和意思。所以,虽说写代码的过程中添加注释会暂时性降低代码书写速度,但从长远来看,属于磨刀不误砍柴工的工作。

Java 中除了上述/** ... */格式的文档注释外,还有以//开头的注释。那一行里在//之后的所有内容都是注释的内容。换行之后开始新的代码。除此之外,还有用/* 和 */夹起来的注释。在这两者之间的部分是注释,可以跨行,也可以在一行的局部使用。由于整行的注释比较清晰易辨认,所以,一般情况下推荐文档注释以外的内容使用//注释。

说完注释,再来看看有效代码。

第一行,public class HelloWorldApp {,先说说最后这个大括号。大括号标记了代码块的开始和结束。由于有的代码块很大,要占据很多行,为了清晰易读,在 Java 中,通常将大括号写在行尾,然后新一行开始写代码块里的内容,当内容写完了,把右大括号单独占一行书写。这种写法可以很清晰地显示代码块的前后边界。因此,程序的最后一行是一个右大括号。

第一行开头的 public,是 Java 中的关键字(keyword),也是保留字(reserved word),关键字的意思是说这个单词在 Java 语言中具有特殊的意义,语言的编译器能够认识它并根据其特殊意义进行相关编译处理。作为保留字,这个单词不能成为变量、函数的名字。当然,由于 Java 是一种大小写敏感(case sensitive)的计算机语言,所以,这里所说的 public 不能成为变量名、函数名仅限于全部小写的 public,像 Public、PUBLIC 等都还是可以用来做名字的。虽然关键字和保留字的意思略有不同,但通常关键字都是保留字,所以后面只用"关键字"这个术语。

public 这个关键字的意思是告诉编译器,它后面提及的东西是共有的,是程序的任何部分都可以访问的。到后面再详细论述。

之后,紧接着就是另一个关键字 class,它的意思是类。类是一种特殊的数据类型,后面会单独详细论述。Java 是一种几乎纯面向对象的编程语言,这就意味着在 Java 中,一切都要仰仗类和对象来进行。一个程序要运行起来也不例外,至少要有一个类存在。所以,这里使用 class 关键字来定义一个类。class 关键字后面的词就是类的名字,在这个程序中,类名为 HelloWorldApp。类名可以由大小写字母、数字、下划线组成,中间不能有空格。按照编程风格,通常都会写成大写字母开头,后面每个单词第一个字母大写,其他字母小写的格式。所用单词要能清晰地表述这个类的意义。

就这样,用第一行代码和最后一行代码(右大括号),完成了一个名为 HelloWorldApp 的类的定义。两个大括号之间就是这个类的具体内容。

跳过注释,接下来看到的是 public static void main(String[] args) {,同样,最后的大括号标记了代码块的开始,那么这个代码块的结束在哪里呢? 这个就留给读者自己去找好了。

这一行代码也同样以 public 开头,表示后面的内容是公开可以访问的。接着,是 static,我想很多人已经猜到了,这也是一个关键字。从字面意思上看,是静态的意思,但在这里,它表示后面的函数是属于整个 HelloWorldApp 类,而不是属于某个对象的,它可以不通过对象,而通过类访问。详细内容,到后面也会展开说明,现在知道它允许后面的函数可以被外界通过类直接调用即可。

然后是 void main(String[] args)这样一个函数定义。这就是一个标准的函数定义,前面的 void 是返回值类型,然后是函数名 main,紧接着是一对小括号,里面则是参数列表。void 这个返回值类型的意思是,不需要返回值。String[]表示 String 类型的数组。而 String 类型又是一个类,不过是 Java API 中包含的类,而不是我们写的。

最后,来到函数中,才真正看到输出 Hello World!文字的代码。

```
System.out.println("Hello World!");
```

这里实际上就是一个函数调用,只不过这个函数是某个对象的成员函数(member function),在 Java 中又称为方法(method)。函数名叫作 println,是 print line 的缩写。意思是输出一行。这个函数是 System. out 这个对象的成员函数。当调用某个对象的方法时,使用“.”来分割对象和方法的名字。大家会注意到 System. out 本身中间也有一个“.”。显然,“.”是不被允许出现在变量名或函数名中的,因此,这里的“.”表示 out 是 System 的一个成员变量(member variable),Java 中又称为属性(property)。那么,System 又是什么呢? 从刚才提到的命名规则可以知道,大写字母开头的,应该是个类。事实上,System 是 Java API 提供的一个类,里面包含了与系统相关的一些内容。这里的 out 就是其中之一,代表了计算机的标准输出(standard output)。有关计算机的标准输出、标准输入以及标准错误输出的内容,可以参看相关的计算机基础知识书籍学习,这里就不多赘述了。

最终,这一语句的意思是调用系统标准输出的输出一行文字的函数,输出“Hello World!”这个字符串。字符串,本质上是 String 类的对象,String 类的常数对象可以用双引号括起来直接书写,这是 String 类唯一一点特殊之处。

最后,Java 中,以分号(;)作为语句的结束标志。不论是否换行,当出现分号的时候,编译器就会认为语句结束了。反之,即便换了很多行,只要没有分号,编译器仍然认为这是一条语句。初学 Java 和 C 语言等带有语句结束符的计算机语言时,常常会忘记这个重要的分号,不过一段时间之后,就能习惯这种写法。

至此,就介绍完了这个简单的 Java 程序。接着,我们再系统地来把本书中用到的 Java 语言中的关键知识梳理说明一下。

2.2.1 数据类型

在前一章曾说过计算机语言中数据类型的产生和作用。Java 作为一门中规中矩的高级计算机语言,自然也有相应的数据类型。同时,由于 Java 出身于 C++ 语言,所以与 C++ 语言一样,所有的变量都需要明确声明它的数据类型。声明数据类型,就是说在变量使用之前要告诉计算机,这个变量将用来存储什么数据类型的数据。声明的语法格式如下:

数据类型 变量名;

例如,要声明一个整数型变量,命名为 i。就写作:

int i;

这样,计算机就知道,这个 i,接下来要存储整数,并且数值范围在 $-2^{31} \sim 2^{31}-1$ 之间。如果给 i 赋值一个小数,或者说试图让它存储一个小数,就会在编译的时候出现错误。下面就是一个错误的例子。

```
$javac HelloWorldApp.java
HelloWorldApp.java:12: 错误: 可能损失精度
        int i=3.4;
            ^
  需要: int
  找到:    double
1 个错误
```

在这个例子中使用的是以下代码。

```java
package org.programus.test;

/**
 * 最简单的 Java 程序示例。
 */
public class HelloWorldApp {
    /**
     * 程序入口函数
     * @param args 命令行参数
     */
    public static void main(String[] args) {
        int i=3.4;
    }
}
```

正如错误信息所描述的,在程序的第 11 行,我们试图用一个小数,或者用计算机术语说,浮点数来给一个整数型变量赋值。

在 Java 中,默认的小数数据类型是 double,或者用中文称为双精度浮点型。这里的双精度是相对于单精度浮点型的 float 而言的,双精度的精确度更高。两者都是浮点类型,所谓的浮点类型,指的是小数点的位置是可以浮动的,也就是在接近人类使用小数习惯的前提下保留尽可能多的有效数字。

虽说双精度浮点型的精度很高,但在计算中仍然会有误差。例如,只要学过小数运算的人,都能很快计算出 4.6+4.8=9.4。然而,在 Java 中使用双精度浮点数计算出的结果却是 9.399 999 999 999 999。虽然很接近,但却并不是完全正确。造成这种误差的原因与浮点数在计算机中的存储格式有关,由于浮点数的存储格式比较复杂,不在这里展开论述,有兴趣的读者可以自己去查找资料学习。同时,由于这种误差,有些数学定律,如结合律和分配律,在计算机的浮点运算中有时并不成立。然而,对于在本书中所做的那些并不要求高精度的运算来说,现在的精度已经足够了。

说过浮点型,再回到整数类型,除了最开始介绍过的 int 类型,Java 中用来存储整数的类型还有 byte、short、long 这 3 种类型,它们与 int 的区别就在于占用的内存大小,也可以说是可以存储的数值范围。

我们介绍过的 int 类型数据,占据 32 位内存。而 byte 仅占 8 位内存,也就是一个字节,这也是这一类型名为 byte(字节这个单词的英文)的原因。short 则占用了 16 位内存,long 占用了 64 位内存。它们分别所能存储的数值范围,相信读者自己就可以很轻松地计算出来,这里就不列出来了。

除去这几个数据类型,还有一个 char 类型实质上也存储着整数,然而,它却另有用途。char 类型是转用来存储字符的,字符的英文为 character,这个类型的名字就是取了单词的前 4 个字母。由于 Java 能够很好地支持 Unicode,一种可以表达很多国家语言文字的字符集,所以 char 类型采用了 Unicode 中的 UTF-16 标准而占用 16 位内存。不过,由于通常不用它存储数字,所以这一类型可以存储的数字的上限和下限我们并不关心,更关心的是它能存储哪些文字。幸运的是,中文的大多数汉字都已经被 UTF-16 字符集收编,所以常用的汉字、英文甚至日文、朝鲜文都可以存储在 char 类型中。当然,一个 char 类型只能存储一个字符,当书写字符常量的时候,使用单引号将要表示的文字括起来。例如:

```
char me='我';
```

在前一章介绍过,计算机不仅能进行数字的计算和字符的处理,还可以进行逻辑判断和运算,所以,Java 中还有一个逻辑类型或称布尔类型——boolean。这个类型的变量只可能有两个值——true(真)和 false(假)。这两个数值的单词都是 Java 中的关键字。

以上这些,就是 Java 中的基本数据类型(primitive data types),是 Java 提供的已经内置了内存分配方式的类型。

除此之外,还有高级的自定义数据类型,也就是前面提到的类(class)。第 1 章还提到过,对于类这样的特殊数据类型,通常所占用的内存都比较大,为了提高处理效率,常常使用指针来访问它们的对象。在 Java 中,所有的类的对象,都是通过指针访问的,在 Java 中称为引用。一个引用本身会占据一个比较小的内存空间(通常为 32 位或 64 位,实际大小取决于系统的位数),其中存放着实际对象的内存地址。当需要访问对象中的内容时,就通过这个引用中的地址去访问。当然，引用变量也可以为"空"，即不存储任何对象的地址，这时这个引用变量的值为 null。这也是一个 Java 的关键字。

在 Java 中，除了基本数据类型的变量外，其他变量都是引用变量。这是 Java 的一个特性，也是一个容易出乱子的特性。希望各位能够记住，以免出现问题的时候不知道原因所在。

2.2.2 运算和运算符

说完了数据类型，接着要说说 Java 中的运算和运算符。大多数计算机语言中，运算分为几类——赋值运算、数学运算、位运算、逻辑运算以及其他特殊运算。

首先来看看 Java 中的赋值运算。赋值是计算机编程中可以说是最常用的运算了。因为，任何一个变量都要通过赋值才能存储一个数值。Java 中最基本的赋值运算符就是"="。在前面的例子中已经不止一次用过它了。

另外，还有很多跟其他运算符组合起来的赋值运算符。我们留待介绍过其他运算符之后再做说明。

接着看看数学运算。说起数学运算，大家一定都不陌生，首先小学就学过的加、减、乘、除，在 Java 语言中使用的运算符分别是 +、-、*、/。此外，Java 语言还提供了一个求余数的运算符——%。这些运算符中，+、-、* 除了前面提到过的浮点数的精度问题以外，没有什么特别需要说明的。但要稍微对除法运算符"/"和求余运算符"%"做一点补充。

在 Java 语言中，整数类型的运算永远只局限于整数类型的范围内，也就是说，加、减、乘、除计算后的结果一定还是整数。有读者一定会想到，有些整数相除之后并不会得到整数，如 3÷2，数学上的答案是 1.5。更有甚者，如 1÷3，答案还是一个无限循环小数 0.333 33…。对于这些数字的运算，怎么可能让结果也是整数呢？这就是计算机运算与数学运算的一大区别，对于整数型数据的运算，结果就是整数，所有的小数部分都被舍弃。还用前面的例子来说明，在 Java 中，3/2 的结果是 1，1/3 的结果则是 0。除法运算的结果，更像是我们刚上小学学习小数之前那个阶段计算除法后得到的商，并舍弃余数部分。3÷2，商 1 余 1，舍弃余数，结果为 1；同样 1÷3，商 0 余 1，舍弃余数，结果为 0。这就是整数型的除法运算。而运算符"%"就是用来求得除法运算中舍弃掉的余数的。Java 中，3%2 的结果是 1；1%3 的结果，也是 1。

如果你想得到除法运算后的小数结果，就需要使用浮点型数据进行运算。在 Java 中，3 是整数型常量，而 3.0 就是双精度浮点型常量了。所以，可以写 3.0/2.0，答案将会是期望的 1.5。而 1.0/3.0 的结果则是 0.333 333 333 333 333 3。由于浮点型的精度有限，当然不可能是无限循环小数，但这个答案已经足以应付对精度要求不高的简单数学运算了。另外，浮点型常量中小数点的一边如果是 0，也可以省略这个 0。比如，3.0 可以省略做 3.，0.4 可以省略做 .4。另外，如果一个浮点型数据和一个整数型数据进行运算，因为浮点型的数字集合更大，所以计算机会自动将整数型转换成浮点型参与运算，结果当然也就会是浮点型。所以，上面例子中的算式也可以写作 3./2，答案仍旧是 1.5。

说过了 5 个数学运算，再来看看计算机中独有的位运算。第 1 章中介绍过，位运算有按位与、按位或、按位取反、按位异或和左右移位。这些运算在 Java 中使用的运算符如下：

按位与：&，如 0x03&0x01，运算结果是 0x01。

按位或：|，如 0x03|0x01，运算结果是 0x03。

按位取反：~，如~0x01，运算结果是 0xffff fffe。

按位异或：^，如 0x03 ^ 0x01，运算结果是 0x02。

左移：<<，如 3<<1，运算结果是 6。

带符号右移：>>，如-4>>1，运算结果是-2。

不带符号右移：>>>，如-4>>>1，运算结果是 2 147 483 646，十六进制为 7fff fffe。

这里的 0x03 一类的表述，代表的是十六进制数字。在 Java 中以 0x 开头就代表后面的数字是十六进制数字。另外，以 0 开头的数字，则默认为是八进制。由于十六进制数字的一位数正好可以表述二进制数字的 4 位数，而一个字节是 8 位二进制位，相当于两位十六进制位，所以，进行位运算的时候常常使用十六进制数字，一方面可以像二进制一样容易对齐位数；另一方面比二进制短很多，更易读。

通过上面列出的这些运算和结果示例，再有了第 1 章的知识，前面部分相信大家不难看懂，最后一个的结果可能有读者会有些疑惑，这里做一点补充说明。

首先，Java 语言采用的就是在第 1 章介绍过的补码方式来存储整数型数字，而常量-4，Java 语言会当作 int 类型对待。int 类型共有 32 位内存空间。所以，根据补码的规则，-4 这个数字的二进制表述就是 1111 1111 1111 1111 1111 1111 1111 1100，相当于十六进制 ffff fffc。当不带符号右移 1 位的时候，结果如下：

```
1111 1111 1111 1111 1111 1111 1111 1100
            右移一位
01111 1111 1111 1111 1111 1111 1111 110
```

换算成十六进制就是 7fff fffe，十进制是 2147483646。

当然，通常使用不带符号右移的时候，都是因为在一个变量的内存中存储了多个数据，为了将高位数字取出才会用到，所以看它直接换算出的十进制值是没有什么意义的。

位运算之后，来看看逻辑运算。这类运算也在前一章做过论述，所以，只在这里看看 Java 中使用的符号。

大于：>

小于：<

大于等于：>=

小于等于：<=

等于：==

不等于：!=

逻辑与：&&

逻辑或：||

逻辑非：!

除了上述这些运算和运算符,Java 中还有一些特殊的运算符。其中的一类是从 C++ 语言流传下来的++、--这四个运算符。

细心的读者可能会问:明明是两个,怎么说是 4 个运算符呢?是的,是 4 个运算符,没有写错。其中的原因,还待我慢慢道来。

因为同样是++,有两种用法。一个是"变量++",另一个是"++变量",如 i++、++i。两者是有细微差别的。在说明运算符的功用之前,先提醒大家注意,现在说明的这一组 4 个运算符都是只能对变量进行运算,而不能对常量进行运算。也就是说,如果写出 3++ 或者++3 这样的代码,计算机是无法处理的,会在编译的时候给出一个错误。

那么这组运算符到底做了什么?因为++的使用频率通常更高些,还是以++为例进行说明。先说++写在变量后面的情况。i++这个表达式的意思是让 i 这个变量里的值加 1,然后再把加 1 后的结果存回到 i 里面。比如下面这段代码:

```
int i=3;
i++;
```

执行完之后,i 的值就变成了 4。因为 i 里面的值变成了它里面原来的值(3)加 1 的结果。

那么++i 的运算结果是什么呢?答案是跟 i++相同:

```
int i=3;
++i;
```

这段代码运行之后,i 的值也变成了 4。

有读者看到这里,一定会大叫:等等!不是说 i++和++i 有区别吗?为什么答案一样?

是的,它们两者运算后,参与运算的变量 i 的值确实完全一样,但两个运算符的返回值是不一样的。这组运算符不仅可以像上面的例子那样单独拿来用,也可以在计算的同时将结果赋给其他变量。例如:

```
int i=3;
int n=i++;
```

当使用 i++这种后缀运算符时,n 的结果是 i 在被++运算改变之前的值,也就是 3。执行完上面两行代码后,i 的值还是变成了 4。

然而,当写成:

```
int i=3;
int n=++i;
```

的时候,n 的结果则是 i 进行++运算之后的值,也就是 4。而 i 当然也变成了 4。

这就是两者的区别。++运算符可以返回值,也就意味着不仅可以给变量赋值,还可以用到一切需要数值的地方。例如,可以写出这样的代码:

```
int i=3;
int n=(++i) * 5;
```

在 i 自加的同时,还参与了其他运算。这里的 n 是多少,就留给读者自行运算了,当然也可以自己写一个程序来检查一下结果。

两个--运算符也是同样,只不过它们是让参与运算的变量里的值自减 1。

这一组 4 个运算符,实际来源于汇编语言,或者说机器语言,因为大多数 CPU 都会有一个自加指令和一个自减指令,让一个寄存器里的值自己加 1 或者减 1。由于 C 语言是较为贴近汇编语言的高级语言,所以保留了这一操作,并将其定为自己的一套运算符。而 C++ 语言是从 C 语言派生出来的,也保留了这一套高效的运算符。Java 又是诞生自 C++,故而继续保留了这一套看似奇怪实际很有效的运算符。

到目前为止的运算符都是一元运算符和二元运算符。一元运算符指的是参与运算的变量或数值只有一个,如刚才说过的++、--,还有逻辑非(!)和按位非(~)等;而二元运算符,自然就是有两个变量或者数值参与运算,如数学运算的+、-、*、/、% 等都是。而 Java 中还有一个三元运算符,也就是说,参与运算的变量或数值有 3 个。这也是从 C/C++ 语言流传过来的,叫作问号运算符。语法格式是:

条件？条件满足时的数值：条件不满足时的数值

这个运算符实质上完全可以用条件分支语句来代替,只不过条件和数值比较简单的时候,使用这种问号运算符的写法更加简练。

最后,还有一个运算符是用来判断一个对象是否是某个类的对象的,语法格式是:

对象 instanceof 类名

这个运算符用以判断一个对象是否是某个类的对象。

说完了这些,按照约定,应该再说一下赋值运算符了。上面提到的很多运算符都可以和“=”组合成赋值运算符,如“+”和“=”组合后的“+=”。它的用处是将右面的数字加到左面的变量里去。换句话说 i+=3 等价于 i=i+3。类似的运算符还有 -=、*=、/=、%=、&=、^=、|=、<<=、>>=、>>>=。它们的意义,我想聪明的读者们一定能够明白吧,这里就不赘述了。

2.2.3　条件分支和循环

第 1 章曾说过,计算机编程除了能进行各种数值的计算,还可以进行逻辑判断并由此产生分支和循环。逻辑运算的运算符,2.2.2 小节说过了,下面就来看看 Java 中的分支和循环。

当某一条件满足时和不满足时需要不同处理的时候,就需要用到分支了。在 Java 中,最基本的分支是 if-else 分支。英文 if 是如果的意思,else 则是否则的意思。所以 if-else 分支的意思就是,如果某个条件满足如何如何,否则将如何如何。if-else 分支的语法格式如下:

```
if (条件 1) {
    满足条件 1 时的处理
} else if (条件 2) {
    不满足条件 1 但满足条件 2 时的处理
```

```
} else {
    以上条件均不满足时的处理
}
```

除了 if-else 分支以外，Java 中还有一种 switch-case 分支。这种分支是针对某一个 int 类型的变量或者枚举类型（枚举类型在后面会进行说明），然后对每一个需要处理的值进行列举。语法格式如下：

```
switch (变量或表达式) {
case 值 1:
    处理 1
case 值 2:
    处理 2
case 值 3:
    处理 3
...
default:
    默认处理
}
```

这里的 default 是表示上面的值都不吻合时的处理。另外，在 switch-case 分支中需要注意的是，一旦某一个条件满足了，就会执行冒号后面的所有处理，直到碰到一个 break 语句。

因为通常来说，都是每个条件一个处理，所以通常需要在每个分支处理后面都加上 break 语句。然而，当多个数值都是相同处理的时候，就可以写成：

```
case 值 1:
case 值 2:
case 值 3:
    相同的处理
    break;
case 值 4:
    其他处理
...
```

这两种分支处理，在项目部分的代码中可以说随处可见，是编程中非常常用的处理。

接着，再来看看循环。在 Java 中，有 while 循环、do-while 循环和 for 循环 3 种循环结构。

它们的基本特点都是反复进行相同的处理并检查某一条件，当条件满足时继续循环处理，不满足时结束循环。

while 循环的语法格式如下：

```
while (条件) {
    循环处理内容
}
```

do-while 循环的语法格式如下：

```
do {
    循环处理内容
} while (条件);
```

for 循环的语法格式如下：

```
for(进入循环前的初始化语句；条件；每次循环处理后执行的语句) {
    循环处理内容
}
```

while 循环和 do-while 循环的区别是，while 循环先判断条件，然后执行循环内容，而 do-while 循环则是先无条件执行一次循环内容，然后根据条件来决定是否再次执行循环。换句话说，当条件一开始就不满足的情况下，while 循环的循环内容一次都不会执行，但 do-while 循环则至少会执行一次。

最后看看比较复杂的 for 循环。从语法描述中也可以看出，它比其他两种循环多了两个语句。一个是进入循环前的初始化语句；另一个是每次循环处理后执行的语句。实际上所有的 for 循环都一定可以用 while 循环来改写，for 循环只不过是一种比较简便的形式。

用 while 循环来写 for 循环的等价内容如下：

```
进入循环前的初始化语句
while (条件) {
    循环处理内容
    每次循环处理后执行的语句
}
```

实际上，很多有数年编程经验的职业程序员有时也未必能够很好地掌握好这几个语句的关系，但几乎所有的程序员都能很熟练地使用 for 循环最常用的形式——计数循环。常见写法如下：

```
for(int 计数变量=起始值；计数变量<上限；计数变量++) {
    循环处理内容
}
```

这种循环可以保证循环次数是上限减初始值。例如，要输出 0～99 这 100 个数字，程序片段就是：

```
for(int i=0; i<100; i++) {
    System.out.println(i);
}
```

有了这些分支和循环语句，就可以组合构筑出具有复杂逻辑的程序了。

2.2.4　面向对象编程

这一小节来谈谈 Java 的最主要特性——面向对象。面向对象实质上是一种编程思想，目前的计算机技术界对这种思想有褒有贬，但总的来说，近代的大多数计算机语言都是支持这种思想的，而且大多数软件和程序也都是基于这种思想完成的。而且，Java 又是一门号称完全面向对象的计算机语言,所以,有必要对此做一些说明,否则想要读懂和写好 Java 程序是很难的。

面向对象,从名字中可以看出,是一种以对象为核心的编程思想。那么,就有必要先搞清楚什么是对象。在一门真正纯粹的面向对象的计算机语言中,对象就是一切占据内存的东西。任何一个变量的背后都有一个对象,任何一个常量也都应当是一个对象。Java 虽然号称完全面向对象,然而实际上还是稍有一点点差异。它的基本数据类型的变量实质上不是对象。但 Java 1.5 之后,引入了自动打包解包机制,会根据需要自动将基本类型的变量转换成对象,所以,在不考虑过多的技术细节时可以粗略地认为它们也是对象。

从刚才的描述中知道,对象会占用内存,那也就意味着对象中存储着数据。同时,面向对象的思想希望对象不仅包含存储其中的数据,还包含对这些数据的操作和可以进行的动作。实际上这是一种让计算机语言更贴近自然的思想。在早期的高级编程语言中,函数是脱离变量而存在的,这就使得代码量很大的时候,常常要耗费很大的精力去确认函数和数据的对应关系。而面向对象的思想中让对象带着操作自己数据的函数走,就可以很容易地搞清楚数据和函数的关系。

由于对象是占用内存的东西,内存是在程序运行起来才会被占用的,也就是说,只有当程序运行起来才会有真正的对象产生。也就意味着在编写程序时,对象并不真的存在,只能用变量来代表它们的存在。既然是变量,就要有类型,代表对象的变量自然也不例外,对象的类型因为包含了数据和操作数据的方法,通常需要程序员自己来告诉计算机这个类型如何分配内存以及包含了怎样的操作。对这种程序员自己定义出来的类型,称为类(class)。

这个概念在第 1 章中也从另一个角度说明了类的必要性以及相关的写法。类的概念是面向对象中最核心的概念。而且,很多人常常将类和对象混淆。为了防止出现这种问题,这里再总结一下,类是特殊类型的定义,其中定义了这种类型的内存分配方式和这种类型的对象可以进行的操作。而对象则是程序运行起来以后,根据类定义分配好的那片内存,里面根据类的定义存储了必要的数据并附带着相关的操作方法。所以,在书写程序的时候,只会书写类的定义和使用变量代表一个对象,而不可能书写一个对象。

清楚了类和对象的概念,那么怎么产生某个类的对象呢?语法格式很简单:

```
new 类名(参数)
```

这样,就产生了以某个类的一个新的对象,其中的参数是类的构造函数的参数。构造函数是一个定义中没有返回值,函数名和类名一样的函数。其中包含了对象被创建时的处理。

接着,再来看看 Java 中的类是如何定义的。

Java 中类定义的标准语法格式如下:

```
[类修饰符] class 类名 [extends 父类] [implements 接口[, 接口 1...]] {
    类内容
}
```

其中，[]括起来的部分是可选内容，稍后再说。类定义的核心内容就是使用 class 关键字加上一个类名，然后使用{}将类的内容标记出来。

那么类内容包括什么呢？之前已经说过，包括内存分配方式和可以进行的操作。内存分配方式，其实就是指定类中都有哪些成员变量；而可以进行的操作，则是成员函数，在 Java 中也称为方法。

成员变量的定义语法格式如下：

变量修饰符 数据类型 变量名 [=初始值]；

事实上，除了变量修饰符部分以外，成员变量和其他的变量定义没有什么特别的不同。由于变量符和类修饰符以及后面会看到的函数修饰符有很多相同之处，我们留待后面再说。

再看看成员函数，即方法的定义语法格式如下：

函数修饰符 返回值类型 函数名（参数列表）{
　　函数内容
}

那么，这里的类修饰符、变量修饰符和函数修饰符都是什么呢？

首先，其中包含了访问修饰符。通过访问修饰符可以让计算机知道所修饰的内容可以在什么地方被调用。

访问修饰符包含 public、protected、空白和 private 4 种。

其中，public 的意思是在所有地方都可以调用由它修饰的变量或函数。因为所有地方都可以调用，所以不需要太多的解释和说明。

接着说一说 private，这个访问修饰符的意思是，只有在这个类的范围内才可以调用由它修饰的变量或函数。也就是说，只有在当前类定义的大括号内才能调用，出了这个大括号，就不能调用了。如果写了调用的代码，就会编译出错了。

而 protected 和空白，涉及类的其他特性，先保留一下，后面再说。

对于类来说，只有 public 和空白两种访问修饰符。至于其中的原因，请各位读者动动脑筋自己想想。

除了访问修饰符，还有几个修饰符，其中之一是 final。这个英文单词的意思是最终，因为是最终，也就意味着不允许再做修改了。所以，由 final 修饰的变量将无法被修改，也可以称为常量。关于 final 修饰的类和函数，因为涉及类的继承特性，后面再说。

另外一个修饰符是 static，这个修饰符所修饰的内容将会为整个类所共享，或者说为这个类的所有对象所共享。没有 static 修饰的变量，只有当这个类的对象创建时才会跟着对象占据一块内存，创建新的对象，就会占据新的一块内存。变量的内容通过对象才能访问。而使用 static 修饰的变量，当类被加载的时候就会占据一块内存，并且无论这个类创建了多少个对象，它只占一块内存，所以说，它是被所有的对象所共享的。而 static 修饰的函数也一样，可以在对象没有创建的时候就通过类来调用。之前看过的程序入口函数 main()，就是一个 static 修饰的函数。因为在程序刚刚启动的时候，一定没有任何对象被创建，然而程序还必须要执行这个函数，那么只有当这个函数是 static 的时候，才可以不创建任何对象就调用它。而 static 来修饰类,则只存在于内嵌类的情况下。跟变量和函数一样,就意味着这个内嵌类是整个类共享的。

上面说明访问修饰符和 final 的时候,提到过类还有其他特性。其中比较重要的一个特性就是继承(inherit)。继承实际上就是对现存的类进行扩张以满足新的需求。

例如,在学习生物的时候学过,无论是鱼纲还是爬行纲抑或是哺乳纲,都是隶属于脊索动物门脊椎动物亚门的。人类所属的灵长目又是隶属于哺乳纲的。

事实上,这就是一个类的继承的很好例子。比如要写一个脊椎动物类,根据脊椎动物的特性——身体分为头、躯干、四肢和尾,定义变量分别代表头、躯干、四肢和尾。然后,要写一个哺乳动物类,在脊椎动物特性的基础上又要加上用肺呼吸、胎生、幼崽靠母乳喂养,于是关于呼吸的函数、生育的函数、育儿的函数都要重新写,但关于头、躯干、四肢和尾的部分,则不需要去动。然后,到了灵长目,又要对头的细节做出调整——双眼在脸的前部,有眉骨保护眼窝……

从上面的例子可以看出,随着类的继承,保留了父类——被继承的那个类的一部分特性,同时又增加了自己的新的特性或对旧有特性做出调整。

在计算机中也是这样,子类会保有父类的所有成员变量和函数,在此基础上可以增加新的成员变量和函数,也可以重写(override)父类的函数。当计算机创建子类的对象时,会首先根据父类的定义将父类中的成员变量都安置在内存中,然后再根据子类的定义将扩充的成员变量放到内存里。调用成员函数时,则根据名字去检查是否存在于子类的定义中,如果子类中有,则调用子类中定义的函数,如果没有,就去父类的定义中寻找,找到了就调用父类中的函数,如果还是没有……这种情况一般不会在程序运行的时候发生,因为这样的错误在编译的时候就会报出了。

在 Java 中如何继承呢?还记得之前类定义语法中的 extends 关键字吗?通过这个关键字就可以指定父类了。

现在,可以说说刚才保留的 final 关键字修饰类和函数时的意义了。

final 关键字所修饰的类,是不能被继承的。而 final 关键字所修饰的函数是不能在子类中被重写的。

至于访问修饰符的 protected 和空白,还得再说一个 Java 中的特性——包(package)。

从刚才的介绍中可知,Java 程序中必然会充满了大量的类的定义,而每个类都要有一个名字。世界上那么多人在写 Java 程序,而且一个程序也可能由很多人来共同完成,那么类的重名就不可避免了。如果在一个虚拟机中有两个名字完全相同的类,若不采用特殊的措施(如使用不同的类加载器)进行处理,就会出现混乱或者程序的执行错误。而那些特殊的措施往往用起来又很麻烦。所以,避免重名才是根本上的解决方案。

怎么避免重名呢?想一想,通常一座城市里总是有很多人重名,但却没有发生什么太多的混乱,为什么呢?因为这些人通常都是被分配到了不同的单位,哪怕同一个单位也常常是不同的部门,即便是同一个部门可能还是不同的小组……总之,通过这种层级划分,很好地解决了重名的问题。

Java 也是使用类似的方法解决这一问题的,在 Java 中,这种层级划分被称为包。最高级的是默认包,没有名字,然后可以包含一个一级包名,一级包名下可以有二级包名,然后可以有三级包名……以此类推,任何一级包下面都可以包含类。随着层级的增加,重名的可能性就越来越小了。而且,对于一些需要协同工作的 Java 程序,比如后面要讲到的 Android 上的 Java 程序,甚至有专门的组织来保证包名的唯一性。

　　Java 中的包,层级和层级之间是用“.”来分割的。比如,本书中的程序基本都在 org. programus. book. mobilelego 这个包下。

　　Java 中的包,实际上是通过目录实现的。比如上面这个包里的一切内容,一定是放在 org 这个目录下的 programus 目录下的 book 目录下的 mobilelego 这个目录之下。那么 org 放在哪个目录下呢?它只要放在任意一个 CLASSPATH 定义的目录下就可以。关于 CLASSPATH,本书不打算做展开说明,可以查阅相关的 Java 编程教材。

　　同时,在类的源文件中,第一行非注释内容必须明确告诉计算机这个类所属的包,例如:

```
package org.programus.book.mobilelego;
```

　　当时用一个类的时候,为了保证唯一性,本来也是应该将包名放在类名前面来调用的。然而,这么做的话,大多数类的名字都会变得很长很长,所以在 Java 代码中,可以在文件的前面,包名定义之后,写上 import 语句,指定引入的类,之后就可以只使用类名来调用类了。例如,要使用 Java API 中提供的一个 java. utils. HashMap 类,就可以在文件头上写上以下语句:

```
import java.util.HashMap;
```

　　然后,文件中就可以只用 HashMap 这个类名来调用它了。当所使用的类中没有重名的时候,在 Eclipse 中可以只写类名,然后使用 Ctrl＋Shift＋O 组合键(Windows)或 Command＋Shift＋O 组合键(Mac OS)来自动添加和整理 import 语句部分。如果有重名的类,Eclipse 也会弹出对话框来让用户选择正确的包。

　　为了节省篇幅,本书正文中附上的代码大多都省略了包号定义和 import 的部分,希望各位读者注意。

　　说完了包的概念,终于可以来说说最后两个访问修饰符了。先说空白,也就是什么都不写,这意味着所修饰的内容除了能够在当前类定义的代码中被调用以外,还能够在当前包中的任何地方被调用。不过,这里的当前包必须是完全一样的包名,其下的子包不在范围之内。我们的项目中,就利用这一特性解决了 leJOS 中的一个 BUB。

　　至于 protected,不仅具有空白的所有访问权限,还允许在子类的定义中调用其修饰的内容。也就是说,protected 修饰的内容,在当前类定义的大括号中的任意位置、当前包下任意位置和任何继承当前类的类定义的大括号中的任意位置都可以调用。这些以外的地方则不行。

　　说完了类,再说说 Java 中特有的一个面向对象的东西——接口(interface)。接口最常见的应用是规范编程者的行为,告诉编程人员如何去写他的代码。

　　为什么这么说呢?让我们一起来看一个例子。

　　我们上小学的时候,老师通常都会告诉我们要买好作业本,并且会要求我们写作业时必须遵守的格式。比如,我上小学的时候,老师要求算术本必须每页在中间画一条线,将其分为左右两部分,写作业的时候从左半部分写起,写满了写右半部分。而且,两道题之间必须空一行。每道题要按要求写清楚题号……总之,要求一大堆,不遵守就会扣分,严重的时候还要叫家长。

不知道有没有人想过,老师为什么这么做呢?答案是多方面的,但其中一个目的是为了老师批作业方便。

因为统一了格式的作业显然要比让学生自由发挥,老师满作业本找答案快多了。要知道,小学生从没受过什么正式的教育,如果没有这样严格的规范来约束,保不准有学生可能会从作业本的中间写起,然后想起写哪里就写哪里。那老师批改作业的时候,找到答案的正确位置就成了一个很大的挑战。

然而有了这样的规定,即便是几十个学生,老师也可以用机械式的方式很快速地定位到答案并进行批改。

到了中学和高中,有些比较正规的考试甚至还会采用标准的答题卡,考生必须将答案按照规定涂写在答题卡上;否则答案作废。这也是为了提高阅卷速度。因为答题卡的印刷整齐划一,填写了答案和没有答案的部分颜色差距显著,只要将卡片扔到特定的机器中,计算机就可以快速完成判卷了。事实上,使用乐高机器人中的光亮颜色传感器,我们自己也可以制作一个阅卷机器人的。

说了这么多,相信大家已经认识到了标准的重要性。从上面的例子中大家可以发现,这些标准都是由一方决定,发放给另一方按照标准执行的,而且后者的数量往往是多数。而这些标准往往不关心执行方如何执行这个标准,它只会告诉执行方需要做什么。比如,小学老师的例子中,老师只告诉你作业本做成什么样子,按什么格式去写作业,却并不关心你的作业到底写成什么样子,答案到底是什么样子。这些信息,直到老师开始批改作业时才会去管。

Java 中的接口也是一样,接口中只有函数的定义,没有函数的实现,因为它只需要告诉你要按照什么标准去做,而不会关心你到底是怎么做的。为什么说函数的定义就是标准了呢?因为函数的定义中规定了函数的返回值、参数,也就是规定了函数的输入和输出。有人说计算机程序可以总结成 3 个字母——IPO,I 是 input,输入的意思,P 是 process,处理的意思,O 是 output,输出的意思。所以规定了函数的输入和输出就是规定了 IO 部分,只把 P 留给实现接口的一方。

那么,接口这样定义有什么意义呢?先来看看定义接口的一方是如何操作的。当他将接口定义好,他就可以确定实现方一定是根据自己定义来写处理的。那么他就可以在实现还不具备的时候完成自己的程序,换句话说,虽然不知道这个函数里面是怎么做的,但他仍然调用一个函数,因为函数的输入和输出都已经确定了。然后,只要在执行的时候,加载了正确的实现,程序自然会顺畅地运行起来。甚至实现方改变了实现,定义方也不需要改动什么,或者说可能甚至根本就不知道。

这就好像玩俄罗斯方块游戏,游戏的规则我们知道,不论这个游戏是在计算机上运行的还是在手机上运行的,我们都一样去玩,而不需要也根本不关心这个游戏是怎么实现的,里面的逻辑是怎么写的,只要满满地消去 4 排的时候能给我们高分,就可以快快乐乐地玩下去。在这里,俄罗斯方块游戏的规则就好像是事先定义好的接口,而实际的游戏就是接口的实现,玩家就是调用接口的一方。

那么实现接口的一方,则只需要定义一个类,并使用 implements 关键字声明自己要实现的接口,然后老老实实地按照接口的定义写好所有的函数就可以了。

这就是接口在 Java 中存在的最重大的意义。有些教科书上说接口解决了 Java 多继承的问题,说的也不错,但我认为那不是最主要的用途,或者说对于那些不知道什么是多继承的读者来说反而添乱。

最后,看看接口的定义语法格式:

```
interface 接口名 {
    接口内容
}
```

和类一样,很直白。

至此,面向对象的核心思想和在 Java 中的主要实现就说完了。当然,相关的内容还有很多。如果要都说全了,估计可以写一本和本书厚度相当的书了。所以,本书仅做一个入门级的说明,点到为止,更详细的内容可以参考其他更加优秀、专业的 Java 或编程思想的书籍。

2.2.5　Java 中的常用类

说完了面向对象,再来说说 Java 中比较常用的类。

要说最常用的类,当属 Object 类。但这个类虽然处处存在,却默默无闻,因为它是 Java 中一切类的父类。因为它默认是一切类的父类,所以在书写时不需要写出来。故而常常被人忽略。

那么,为什么要知道这个类呢?因为既然它是一切类的父类,它的成员函数就存在于一切对象中。这里,要说一对常常惹乱子的函数:equals() 和 hashCode()。

我们知道＝＝操作符可以进行两个变量的比较,检查它们是否相等。然而,在 Java 中,除了基本类型以外,其他变量都是一个对象的引用,其中存储的并不是对象实际的内容,而是对象所在内存的地址。那么使用＝＝来比较也就只能比较两者的地址了。虽然也不排除有些时候我们就是要比较地址,但更多时候,还是想看看这两个对象里面的内容是否一样。那么有人或许会说,那么就比较它们两个对象实际所占的内存好了。然而,这样真的就可以了吗?试想,在这些对象的内存中,可能还是存储着其他对象的引用,也就是地址,如果比较这两个对象的内存,还是面临同样的问题。如果每次遇到地址都自动跳至地址所指向的内存,一方面,可能产生死锁(如两个对象互相有变量指向对方)等性能问题。另一方面,假如从需要上来看,比较地址才是正确的选择的情况下又会出现问题。总之,创造 Java 的那批人发现,关于这个问题,怎么做都可能是费力不讨好。于是他们“偷了个懒”,直接在所有类的父类中定义了一个方法 equals(),然后在里面写了一个形同虚设的实现——直接比较内存地址。接着告诉所有使用 Java 的人:听着! 如果你要比较对象的内容,自己去把这个函数重写一下吧。你作为设计者,应该知道怎么写的。所以,这个难题就这样被不负责任地扔给广大的开发者了。

所以，如果想要比较某个类的两个对象的内容是否相等，是要自己去写 equals（）函数的。

不就是写个是否相等的函数吗？小意思！一定有很多编程经验丰富的读者这么想，然而，不要高兴得太早，问题还没完呢！

这就涉及要说的另一批 Java 中常用的类了。这批类的共同特点是用来存储大量东西的。说到存储大量东西，有些编程经验的读者一定会想到数组。那么，就先说说数组。

在 Java 中一个数组是一个固定大小的可以存储相同数据类型变量的对象。既然是个对象，就一定有一个类与之对应。然而，数组却不仅仅是一个类，根据存储的数据类型不同而有不同的类，不过不用担心，这些类不用自己去写，Java 会自动地为处理好。只要在数据类型后面加一个[]就可以了。比如，存储 int 数据的数组，对应的类就是 int[]。虽然不同的数据类型有不同的类，但它们都有一个共同的 public final 的成员变量——length。通过 length 可以知道这个数组中有多少个元素。而创建一个新的数组对象与普通的类也略有不同，例如：

new 类型 [元素数量]

它不是使用小括号调用构造函数，而是使用中括号指定元素数量。

数组是个很好用的东西，在 Java 中也很常用，它在内存中占用了一块连续的内存。然而，它最大的缺点是，一旦被创建出来，元素数量或称大小就不能被改变了。怎么办呢？Java 的创造者早就想到这个问题了，所以有了 List。List 是个接口，其实现很多，在 Java API 中最常用的实现要数 ArrayList 和 LinkedList 了。ArrayList 是通过动态改变数组的大小实现了 List，而 LinkedList 则是使用了一种叫作链表的数据结构。不过，像之前说过的，作为调用接口的人，根本没必要知道具体的实现是什么，只要知道它们的特点并能够使用正确的实现就好了。ArrayList 比较适合快速访问其中任意元素的情况，但会有内存的浪费；LinkedList 比较适合每次都是从头至尾顺序访问元素或者只从头尾读取元素的情况。在不知道用什么好的时候，只要内存足够，通常使用 ArrayList 都不会有什么太大问题。List 的对象，可以通过 add（）方法理论上无限地追加元素，当然实际上必然受到内存的限制。

List 貌似已经很无敌了，然而，List 并不能解决全部问题。比如，需要一个拥有不重复内容的集合，而且不关心其中元素的顺序，怎么做呢？用 List 虽然也可以做到，但当内容很多时，速度会很慢。于是，Set 横空出世。Set 也是一个接口，最常用的实现是 HashSet。它通过散列算法（又称哈希算法）实现了上面提到的功能。至于什么是散列算法……那是很多大学生、硕士生的研究论文内容，所以详细的内容我就不介绍了，否则又是一本书的篇幅，这里只尽量通俗地解释一下。在 Java 中散列算法就是把不同的对象转换成整数型的数字，然后用优化过的算法通过这些数字快速地找到对应的对象。当向 HashSet 中插入一个新对象的时候，如果在 HashSet 中能找到这个新对象，那么，就不需要插入了，因为 Set 的基本定义是要保证没有重复内容，如果找不到，则插入。还是那句话，作为调用接口的人，并不需要了解具体的实现，所以关于散列算法也好二叉树查找算法（另一种 TreeSet 中用到）也好，我们都可以不知道，只知道怎么使用就好了。

到现在为止介绍的类，其对象还是只能存放一堆东西。有的时候，要求程序能够将两种东西一一对应，而且能够通过其中之一快速找到对应的内容。就好像在学校里的学号与人或者考试成绩是对应起来的，如果能通过学号快速找到那个人或者那个人的分数，显然是很方便的。Java API 对此也提供了现成的类，确切地说是接口。这个接口是 Map。最常用的实现类则是 HashMap。同样是通过散列算法实现的。在我们的第三个项目中，通过 Map 完成了图像识别结果和发给机器人的命令的关联，并在图像识别之后，快速地找到了对应的命令，从而指导机器人完成相应的动作。

Java 中这一批用来存储大量内容的类就先介绍到这里，详细的用法可以通过项目来了解，也可以查阅相关的 Java 书籍。

现在，回到刚才关于对象比较的问题上。我说过，还有出乱子的地方。现在就看看乱子出在哪里。在上面的介绍中不止一次提到了散列算法。也简单介绍了一下散列算法，即用整数对应对象。那个经过优化的快速查找整数的算法，在 HashSet 和 HashMap 中都有了很好的实现，然而那个将对象转换成整数的算法……由于 Java 的创造者不可能知道会设计出什么样的类，所以他也不可能完成这个对象到整数的算法。于是，他又把这个问题交给程序员了。这个算法就是要在 hashCode() 函数中实现，所以 hashCode() 函数的返回值是 int。

并且，由于这个算法涉及在 HashSet 与 HashMap 的对象中是否能够正确地查找，所以，hashCode() 的实现要求 equals() 方法返回 true 的两个对象的 hashCode() 值必须相等，equals() 方法返回 false 的两个对象的 hashCode() 值必须不相等。

那么，怎么做才能满足这个要求呢？好在最近的 Java API 文档中很贴心给我们一些提示。首先定义一个非 0 的数字，用 31 乘以这个数字，然后加上某一个成员变量转换成整数的值，然后把这个结果乘以 31，再加上下一个成员变量转换成整数的值，以此类推。

至此，这个问题算是解决了。之所以说很多时候会出乱子，是因为有很多程序员没有仔细看过 Java API 的文档和说明，又没有看过我们这本书，所以就会写错，于是就出乱子了……

下面，再看看另一批常用的类。前面说过，从 Java 1.5 开始，实现了基本类型变量和对象之间的自动转换。基本类型转换的对象也必然有一个对应的类，所以每一种基本类型都有一个类与之对应。这些类从 Java 诞生之日起就存在了，只不过在 1.5 版本之前，是需要程序员自己去进行转换的。至于这些类的名字，列出来大家一定并不陌生：Integer、Byte、Short、Long、Character、Boolean、Float、Double。它们不仅为基本类型提供了面向对象的版本，其中还有一些比较实用的方法和常量。比如，每种类型的最大值与最小值范围，都会以常量的形式提供。

最后，略说一下 enum。这也是 Java 1.5 开始出现的特性。它虽然不是一个类，却可以认为是一类特殊的类。它提供了一种常量以外的常数数据的定义方式。在我们的项目中频繁使用了 enum，因为有很多都是有限枚举的数据，如机器人的命令类型。enum 的定义和使用都不是很复杂，这里就不展开论述了。

另外，Java 中还有一个很重要的类，都是 Exception 类的子类，由于内容较多，在后面单开一节进行说明。类似地，还有一个 Thread 类，涉及多线程编程，也单开一节说明。

2.2.6　Java 中的异常处理

闲话少叙,现在就来看看 Java 中的异常处理。要说这个话题,先要搞清楚什么是异常?异常是如何产生的?

首先,程序的运行和我们的人生一样,很难一帆风顺。如周末说好了一家人去公园玩,却突然因为工作上的原因必须加班;下午原本计划跟朋友去看电影,却因为学校来了领导视察而取消了下午的放假……这些在预料之外出现的情况,都是异常情况。

计算机程序中也是一样的。比如,程序要从文件里读入一个数据,却在运行的时候忽然发现那个文件根本不存在;程序期待用户输入一个整数,却发现不懂规则的用户输入了一个字母……这些就是计算机程序碰到的异常(exception)。

在早期的计算机语言(如 C 语言)中,尚未建立异常处理机制,编写程序的工程师要考虑到所有这些可能发生的异常情况,并通过条件判断来写好所有这些分支。常常导致一段代码中超过一半以上的内容都是在做这些异常分支的处理,核心逻辑却只占了一点点,而且被异常分支拆得支离破碎。使得程序代码变得很难读懂,修改起来也常常无从下手。

于是,从 C++ 开始,引入了异常处理机制,由于 Java 从某种程度上讲源自 C++ 语言,于是就自然继承了这套异常处理机制并做了一下扩展。

在异常处理机制中,对相应的异常并不立即做出处理,而是创建一个异常对象抛出去。比如,刚才提到的文件不存在,Java API 就会抛出(throw)一个 FileNotFound-Exception 对象,从英文中可以看出就是文件未找到的异常。抛出异常后,当前程序就终止处理了,计算机会检查抛出异常的位置之外有没有 try-catch 块。如果有,就走到相关的 catch 处理中继续运行,如果没有则继续将异常抛出函数外,这样一层层抛出直到找到一个相应的 try-catch 为止。如果一直都没有找到,则由 Java 系统默认处理。默认处理的结果,往往是终止当前程序的运行,将异常信息输出到标准输出。

这里提到的 try-catch 块的标准语法格式如下:

```
try {
    可能包含异常的代码
} catch (异常类 1 异常对象 1) {
    针对异常类 1 的处理
} catch (异常类 2 异常对象 2) {
    针对异常类 2 的处理
} finally {
    无论是否有异常都必须执行的处理
}
```

在 Java 中还有一个规定,除了 RuntimeException 以及其子类以外的所有异常,都必须使用 try-catch 进行处理或者在函数定义时明确说明要继续抛出。在函数定义时如何明确说明呢? 只要在参数的右括号和函数内容开始与大括号之间加上"throws 异常类"就行了:

```
函数修饰符 函数返回值类型 函数名(参数) throws 异常类 1, 异常类 2, ...{
```

　　　函数内容

　　}

　　由于所有的 Java 函数都遵守这一规定，所以，调用函数的时候就可以很清楚地知道这个函数会抛出哪些异常。如果你的函数中没有写 try-catch 来处理掉这些异常，就要在函数定义上跟着继续抛出这些异常。

　　那么，怎么来判断应该处理掉这些异常还是应该继续抛出呢？这取决于这段代码要做什么和能否处理掉相关的异常。

　　例如，刚才找不到文件的异常，如果在这段函数中打算当文件不存在的时候来使用一个默认值，就可以自己处理掉这个异常，并在异常处理逻辑中使用那个默认值。如果写成伪代码，则：

```
int value;
try {
    value=从文件中读取的数据;
} catch (FileNotFoundException e) {
    value=默认值;
}
使用 value 继续处理;
```

　　然而，如果这个函数只负责读取数据，当文件不存在时，需要调用我们函数的地方去处理。比如，按下一个按钮的地方调用了这个读取文件数据的函数，那么就需要在那个地方去进行 try-catch，然后在 catch 的异常处理中弹出一个对话框，告诉用户文件不存在。

　　总之，异常处理的时机具有一定的灵活度，不同的设计风格可能会在不同的地方处理异常。有些人喜欢在异常出现的第一时间尽快处理掉，也有人喜欢制作一个框架，将所有的异常收集到一起集中处理。这些方法并没有好坏之分，只是要在不同的场合下使用不同的方案。正因为此，异常处理是否到位也是考查一个软件工程师的设计能力很重要的一点。

　　然而，虽然没有所谓最好的异常处理方案，但却有几种最糟的异常处理方案。一种是从不进行异常处理，无论发生什么异常，不去考虑异常发生的原因和应有的应对机制，一味地向外继续抛出异常。这样做的结果，就是所有的异常都让系统来进行默认处理，程序稍微碰到一点预料之外的情况，就会崩溃终止。另一种是无论什么异常都粗暴地处理掉，在 try-catch 中写上：

```
try {
    某处理
} catch (Exception e) {
}
```

　　直接将所有的异常都"隐藏"起来了，任何异常都无法得到处理。表面看来天下太平，实际上程序碰到预料之外情况时就会产生意想不到的结果。

　　关于异常处理，光靠理论上的说教，往往难以达到很好的效果。还需要在理解理论知识的基础上多多动手来体会各种处理方式的优、缺点。本书附带的项目中都尽量对异常做出妥善的处理，读者们可以参看。

2.2.7　Java 中的多线程

多线程编程是计算机编程中比较复杂的一部分。要说明这个问题,首先要搞清楚线程(thread)这个概念。在计算机系统中,每一个程序执行起来的时候都要占据一块内存,也要使用 CPU 来执行代码指令。这样一个占据内存并使用 CPU 的东西,称为进程(process)。大多数现代计算机操作系统都是允许同时运行多个进程的。所谓的同时,有时是真的同时,有时只是给人带来的一个假象。在只有一个单核 CPU 的计算机中,这种同时一定是假象。原因是 CPU 在同一时间只能执行一个进程的指令,所以绝对不可能真正地同时执行多个进程,但由于计算机的运算速度特别快,它会让 CPU 轮番地快速执行不同进程的指令。对人类的速度较慢的神经来说,就好像几个进程在同时执行。在多核 CPU 或多 CPU 的计算机中,真正的同时有时是会发生的。

然而,人们有了可以同时执行多个进程的机制并不满足。有时同一个进程中也需要不同的处理同时进行。比如,我们项目中的机器人程序,需要能够一边进行机器人的动作,一边监听网络去收集手机端发来的命令。这时就需要一个在进程内的并行机制,这个机制就是线程。与进程一样,线程的同时执行也不一定是真正的同时,但这一点并不重要,因为不论真的假的,在我们缓慢的神经看来都是同时。

那么,在 Java 中线程是如何工作的呢?我们都知道,Java 程序是开始于一个 main()函数的。当 main()函数开始执行的时候,Java 虚拟机就自动创建了一个线程,叫作主线程(main thread)。当 main()函数执行完,这个线程就结束了。在 main()函数执行完之前,如果创建一个 Thread 类的对象,并调用这个对象的 start()方法,那么就有一个新的线程被创建并执行起来了。这个线程中执行的代码,存在于 Thread 对象的 run()方法中。那么,怎么把要执行的代码放到 Thread 对象的 run()方法中呢?办法有两个,一个是写一个 Thread 的子类,重写它的 run()方法,另一个是创建一个实现了 Runnable 接口的类,在 Runnable 接口的 run()方法中写入希望在新线程中执行的代码,然后创建 Thread 对象时,把这个实现了 Runnable 接口的类的对象传过去。两种方法虽然没有优劣之分,但在本书的项目中,或许是出于我的个人习惯,更多应用的是第二种方法。下面是一个第二种方法的例子:

```
Thread t=new Thread(new Runnable() {
    @Override
    public void run() {
        线程内执行的代码
    }
}, "线程名");
t.start();
```

或许有人会对这里的 new Runnable(){...}的写法感到不解。这里没有使用 implements 关键字,也没有看到实现 Runnable 接口的类的定义,我们说好的那个实现了 Runnable 接口的类到哪里去了呢?

事实上,这里使用了匿名类(anonymous class)的写法。匿名类就是没有名字的类,自然也就不需要用 class 关键字来定义一个名字,而且它又是 Runnable 的一个实现类,所以可以直接写 new Runnable()，在没有定义的情况下来创建对象。但是，需要告诉计算机用什么规则来创建对象，所以就在 new Runnable() 之后直接加上大括号，在里面写上这个匿名类的内容。这样，计算机就会按照这里的写法来创建对象，并正常调用其中的成员变量和成员函数（或称方法）了。这么做可以省去很多不必要的类定义。当然，在计算机编译程序的时候，还是会为这个匿名类创建一个真正的类，名字通常是在其所在类的基础上加上一个编号。也就是说，匿名类只是在程序书写上方便了程序员，对程序的运行没有实质性的影响。

说完了线程的创建，再来说说线程之间的同步（synchronize）。在说线程的同步之前，先说说线程常见的使用方式。线程的一种使用是将比较耗时的操作扔到一个单独的线程中执行，然后主线程或者与用户交互的线程继续执行，这样不会让人因为等待而感到焦躁，当耗时工作完成后，向主线程或者用户交互线程发出一个信号，告诉对方"我干完了"。还有一种常用的方式是生产—消费模式。在这种模式中，通常会有两种不同的线程，其中一个负责生产，另一个负责消费，连接两者的是一个队列。负责生产的线程称为生产者，负责消费的线程称为消费者，生产者产生东西，放入队列，消费者负责从队列中取得东西进行消费处理。这样，这个队列会同时被生产者和消费者操作。然而，向队列中放一个东西可能并不会瞬间完成，或者说需要几个步骤，同样从队列中取得东西也是分为几个步骤的。一般来说，生产者第一步要先检查队列中是否还有足够的空当来放入新的东西；第二步要对队列做出标记，告诉队列又有新的东西放进去了；第三步要把东西放进去。取东西的时候，第一步检查是否有东西；第二步要对队列做出标记，告诉队列拿走了一样东西；第三步取出东西。然而，线程是"同时"执行的，如果不做特殊处理，那么就可能发生一个生产者在做完第二步还没做第三步的时候，消费者就跑来做第一步和第二步了。这时会发生什么呢？假设队列中原本没有东西，生产者做出标记，告诉队列有一个东西了，但是东西还没放进去。这时，消费者来了，看到标记说队列中有一个东西，于是傻乎乎地去取，然而，生产者还没放进去呢，于是消费者会取出什么来，只有上帝才会知道了。结果，必然导致程序执行出现莫名其妙的问题。

那么，怎么避免这类问题呢？这就是线程同步需要做的事情。在 Java 中，使用 synchronized 关键字将需要一次性完成的处理括起来就可以完成同步了。比如，上面的生产者与消费者的例子中，将生产者的 3 步处理用 synchronized 关键字括起来，消费者在这个部分代码全部执行完之前会一直在那里等待，而不会插手。

在机器人程序中，有一段从机器人向手机发信号的代码，因为同时有多个线程向手机发信号，而发信号用的输出对象只有一个，所以为了保证一个线程发信号的时候不会被其他线程打扰，就用 synchronized 关键字将发送代码括了起来。实际代码如下：

```java
/**
 * 发送消息
 * @param msg 消息
 */
public void send(NetMessage msg) {
    synchronized(output) {
        try {
```

```
        System.out.println(
            String.format("Send: %s", msg.toString()));
        output.writeObject(msg);
        output.flush();
    } catch (IOException e) {
        available=false;
    }
}
```

这里的 output 就是发送信号的输出对象,大家可以理解成是一部发报机。代码中,用 synchronized 关键字声明 output 现在只有一个线程可以操作,那么在其中一个线程执行大括号中的代码时,其他线程都要等待。这个大括号就好像是一个专用的发报室,一个人进去之后,就把门关上,其他想要发报的人就必须在门外礼貌地等着,直到里面的人出来后,发报室空了,下一个人才能进去发报。这样可以保证每一段内容都是完整地发送出去,而不会出现一个人发了一半,被别人抢去,导致发送的信息支离破碎的情况。

有些 Java 知识的人可能会说,这里只有一行 output.writeObject(msg)是用来发送信息的,即便不加上 synchronized,也不会出现信息乱掉的情况吧。然而,操作是不是会被打断并不是以函数调用为单位的,而是以字节码指令为单位的,如果深入到这个 writeObject()函数中,会发现里面有 10 行左右的代码,而且又另外调用了几个函数,每个函数中又有好多代码,表面上的一个函数实际上包含了很多的指令,所以,这里的 synchronized 关键字是必需的。

如果程序中涉及多线程,在编写类的时候就要时刻考虑到这个类的对象是否可能同时被多个线程访问,如果可能,那些代码是否需要考虑同步问题。然后在适当的位置写好 synchronized 关键字。synchronized 关键字的写法,除了上面看到的写法,还有一种是作为函数的修饰符存在。这种情况下,相当于:

```
synchronized (this) {
    函数内容
}
```

也就是说对当前对象同步。通过这个对象调用这个方法的线程,都要等待前一个线程执行完毕才能开始调用执行。

多线程编程中,比较常用到的方法有 wait()、notify()和 sleep()3 个方法。由于本书的项目中都没有用到,所以就不在这里进行说明了,有兴趣的读者可以去找讲述 Java 多线程编程的书籍进行学习。

除了 Thread 之外,从 Java 1.3 开始,引入了 Timer 和 TimerTask 来简化完成周期性任务或定时启动任务的多线程创建和执行。用法是编写一个 TimerTask 的子类或者匿名类,在其 run()方法内写上要执行的代码。然后使用 Timer 的 schedule()方法来启动新的线程执行 TimerTask 对象中的任务。如果是定时启动的方式调用 schedule(),则 TimerTask 对象中的代码将在规定的时间开始执行,如果是周期性重复方式调用了 schedule(),则会以指定的时间为间隔,周期性执行 TimerTask 对象里的任务。

在第一个项目中,就使用了一个 Timer 来周期性执行收集机器人信息向手机端报告的任务。

关于 Java 基础知识的介绍,就到此为止了。当然,Java 技术本身还有很多其他方面的知识,而且随着 Java 应用领域的不同,还有很多不同的库和 API。若要将 Java 的各个方面都说清楚,恐怕要有一本比本书还要厚的书才够。但由于其他的知识与本书中的项目关系不大,就留给有兴趣的读者自己去学习吧!

第3章　Android 编程基础知识

本书中的项目,都是需要通过 Android 手机与机器人连接的。说过了 Android 编程和机器人编程都需要用到的编程语言——Java,接着来看看如何在 Android 手机上用 Java 编写程序。

Android 编程随着 Google 公司推出的 Android 操作系统,迅速流行起来,其中的内容也随着 Android 操作系统的发展壮大变得越来越多,要想将所有的 Android 编程内容说清,恐怕又需要一本书,所以本书中还是只说与本书中项目相关的部分。

3.1　Android 开发环境的构建

俗话说,工欲善其事,必先利其器。在开始说明 Android 开发之前,先看看如何搭建起 Android 开发环境。

构建 Android 开发环境需要 Android SDK(Android 软件开发工具包的缩写),这是 Google 提供的开发 Android 程序必不可少的工具包,其中包含了基本的工具、Android 的 API 和库、Android 虚拟机、Android 驱动等很多内容。

Android SDK 可以从很多相关的技术网站下载,下载后通常会附带一个 SDK Manager。如果是从 Google 官方网站上下载的话,常常只有一个 SDK Manager 和少数几个必要工具。启动 SDK Manager 之后,会在里面显示可以下载安装的 Android 版本,如图 2-3-1 所示。

但是由于中国互联网管制的原因,与 Android 开发相关的 Google 站点有时无法顺利访问,导致 Android SDK 的内容常常很难下载。这时,就需要通过国内的代理来下载相关内容。只需要在 SDK Manager 的设置中将代理服务器设置成 mirrors. neusoft. edu. cn,并将代理端口设置成 80 即可,如图 2-3-2 所示。当然,中国的互联网管制政策时常发生变动,虽然目前这一方法有效,并不意味着当读到这本书的时候这一方法还有效。如果失效,可以到网上搜索"Android SDK 下载 国内"或者"国内镜像"这些关键字来找到最新有效的方法。

通过 SDK Manager 下载了相应的 Android SDK 版本之后,就可以开始在 IDE 里面开发 Android 程序了。当前流行的 Android 编程 IDE 主要有 Eclipse 和 Android Studio。虽然之后推出的 Android Studio 有很多 Eclipse 所不具有的优良特性,但由于开发机器人程序时需要使用 Eclipse,所以,最终选择 Android 开发也在 Eclipse 中进行。

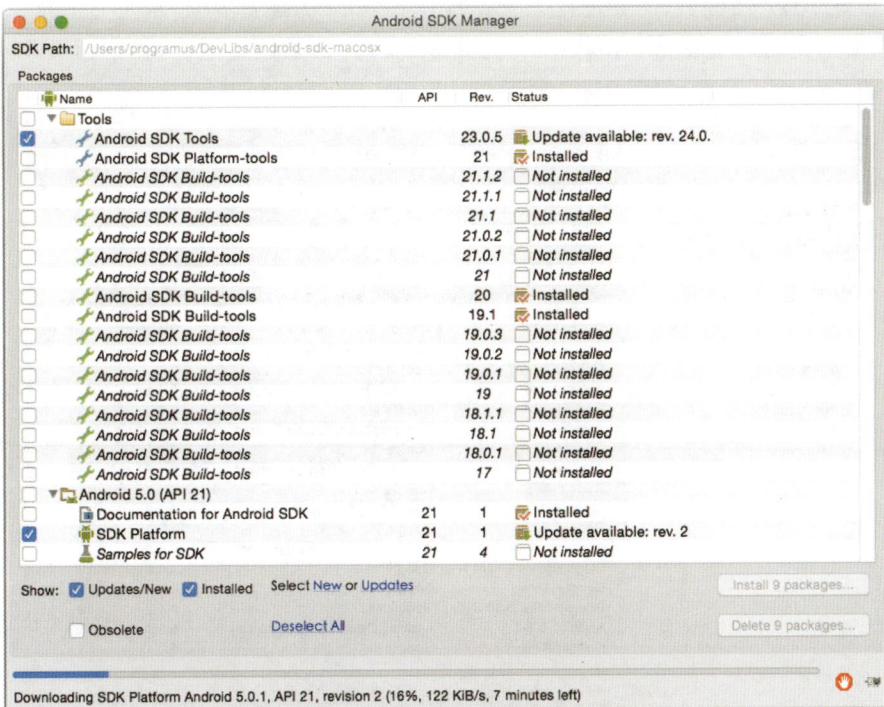

图 2-3-1　Android SDK Manager 界面（Mac OS）

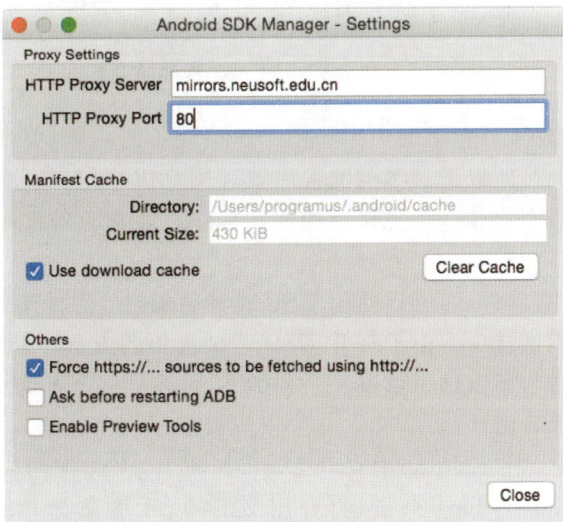

图 2-3-2　Android SDK Manager 的代理设置

　　要在 Eclipse 中开发 Android 程序，需要安装一个 ADT 插件。这一插件同样可以从各大 Android 开发相关的网站上下载安装，也可以通过 Eclipse 中自带的 Marketplace 来进行安装。安装好 ADT 插件的 Eclipse 中，将会在工具栏上看到几个新的图标，可以方便地打开 Android SDK Manager 和 Android Virtual Device Manager。

安装好 ADT 插件后,需要进行配置。打开 Eclipse 的配置界面,从左边选择 Android 一项,在后面指定好安装 Android SDK 的目录即可。如果设置正确,在下面会列出所有安装好的 Android 版本,如图 2-3-3 所示。

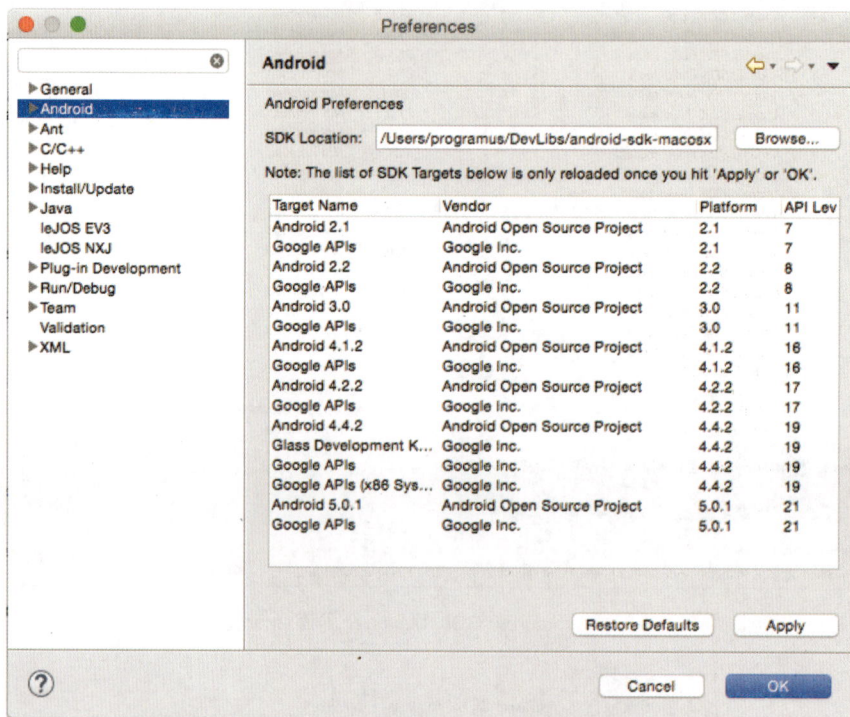

图 2-3-3 Eclipse 中对 ADT 插件的设置

虽然 Android 开发工具包里面提供了创建虚拟设备的机制,但本书中的程序由于涉及蓝牙连接等硬件编程,所以调试本书的程序要使用真机才行。要在真机上运行和调试程序,就需要在计算机上安装好相关机型的驱动程序。通常驱动程序可以从手机厂商的主页上找到并下载。

安装好上面的所有软件后,可以使用 USB 线将 Android 手机连接到计算机上,同时,打开手机上的 USB 调试选项。由于打开 USB 调试选项的方法不同的机型、不同的操作系统版本都会有所不同,所以这里就不一一列举了,可以到网上查询一下自己的手机如何打开开发者选项和 USB 调试。

连接后,稍等片刻,在 Eclipse 中打开 Devices 和 LogCat 视图。可以通过菜单中的 Window→Show View→Others 命令,打开图 2-3-4 所示的选择界面,从中选择这两个视图。

在 Devices 视图中,可以看到连接到计算机上的手机设备,选择这一设备,就可以在 LogCat 视图中看到不断滚动的手机运行日志,如图 2-3-5 所示。这些日志是由所有在手机中运行的程序输出的,今后的调试也要仰赖我们输出的日志,所以 LogCat 视图是调试程序不可或缺的。

至此,开发环境就配置完毕了。

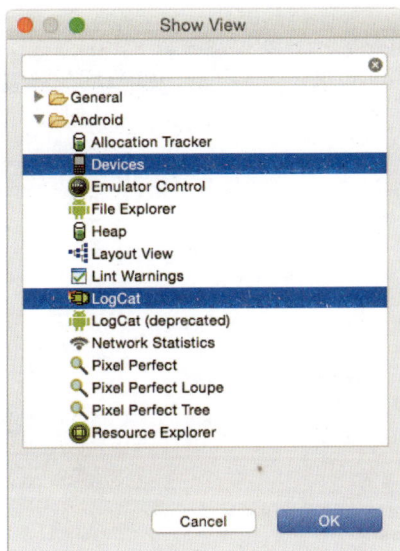

图 2-3-4　Android 开发常用的视图

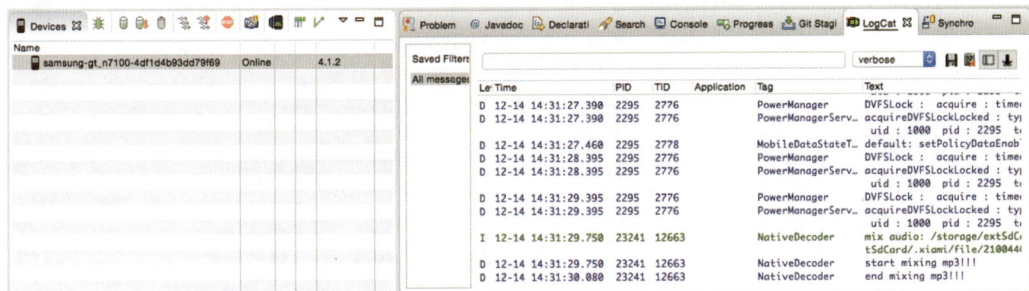

图 2-3-5　Devices 和 LogCat 视图

3.2　创建一个 Android 应用

配置好了开发环境，可以通过 Eclipse 里面的 ADT 创建一个 Android 应用。

如图 2-3-6 所示，通过选择 File→New→Project...菜单命令调出"新建项目"对话框，在图 2-3-7 所示的"新建项目"对话框中选择 Android Application Project，然后单击"下一步"按钮。在"新建 Android 应用"对话框中填上应用名称（Application Name）、项目名称（Project Name）、包名（Pacakge Name），并选好需要支持的 Android 版本。本书中的程序，都是最低支持 API 16 4.1 版本的，如图 2-3-8 所示。然后单击"下一步（Next）"按钮。

在图 2-3-9 所示的新对话框中，从上到下，要选择是否要创建一个自定义图标，是否要创建一个新的 Activity，是否要把这个工程作为一个库以及是否将项目建在工作区内。本书中的大多数应用都是自己创建的 Activity，所以这里可以把第二个复选框的钩去掉。而第一个则根据需要自己选择。如果选择上，后面会有一个界面让你去选择一个自定义的图标。

图 2-3-6　新建项目菜单

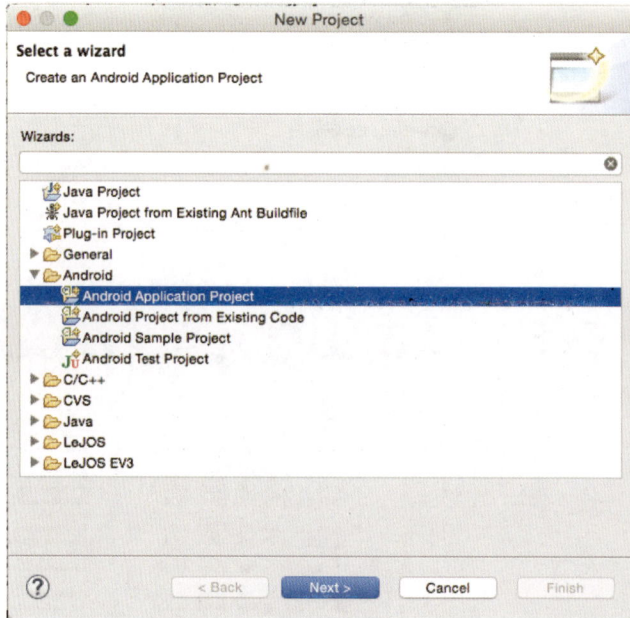

图 2-3-7　"新建项目"对话框

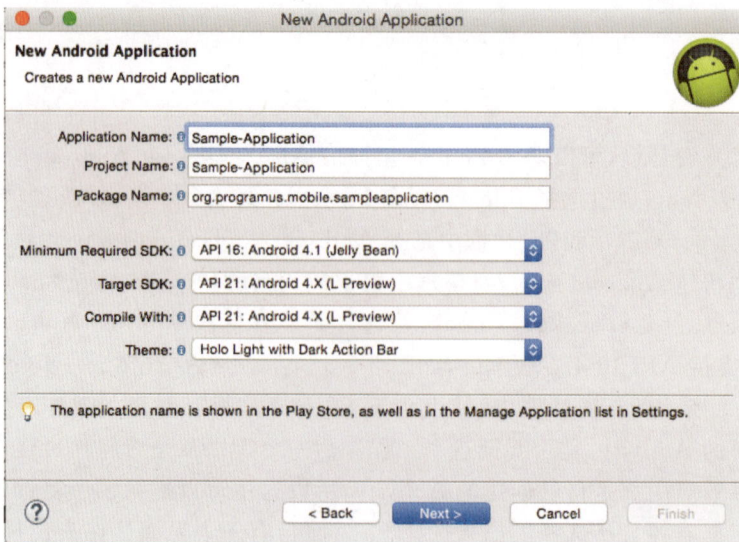

图 2-3-8　"新建 Android 应用"对话框

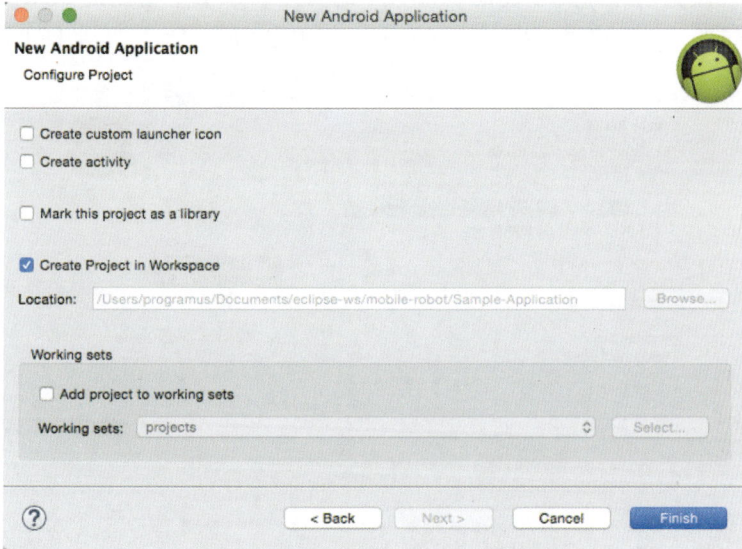

图 2-3-9　"新建 Android 应用选项"对话框

如果前两个复选框都不勾选上，则可以直接结束向导，一个新的空 Android 应用就创建好了。

然而，由于没有选择创建 Activity，所以这个应用暂时无法运行。Activity 在 Android 编程中代表了程序的界面，就好像 Windows 和 Mac OS 中的窗口一样。

所以，接着，我们要创建一个 Activity。

对我们的工程右击，选择右键菜单中的 New→Others... 命令，在弹出的对话框（见图 2-3-10）中，可以看到 Android Activity。选择它，单击"下一步（Next）"按钮。

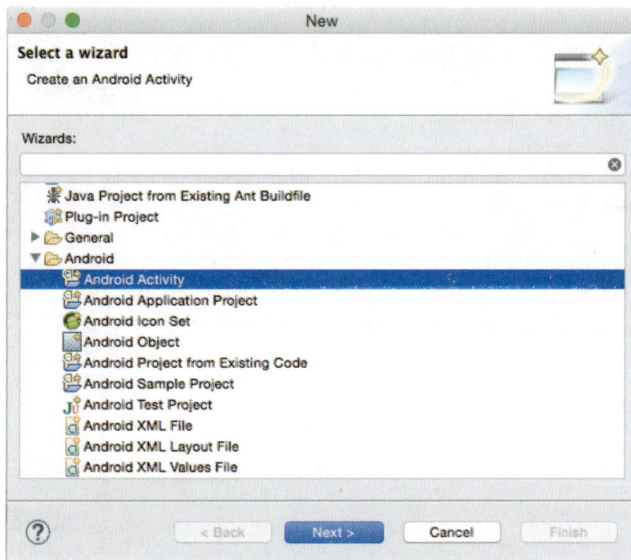

图 2-3-10　选择新建对象

接下来，会让我们选择要创建的 Activity 的类型。本书中常用的 Activity 都是带着一个 ActionBar 的，所以，这里选择 Blank Activity。单击"下一步"按钮，如图 2-3-11 所示。

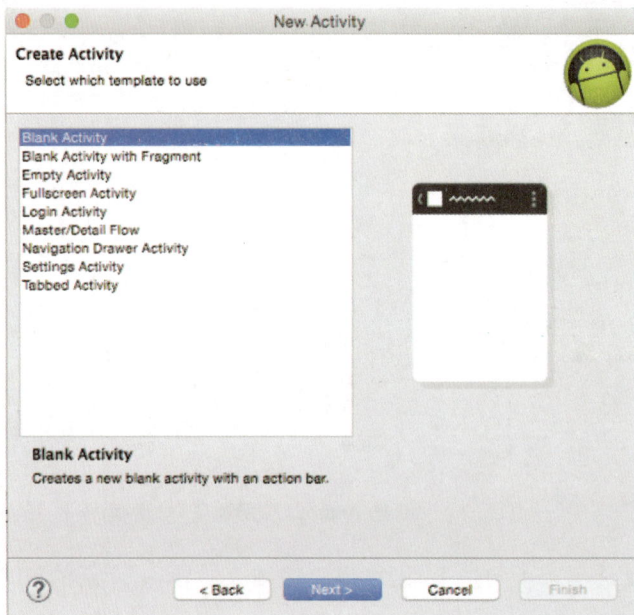

图 2-3-11　选择新建 Activity 类型

最后这个对话框（见图 2-3-12）里，需要填入与 Activity 的相关参数。一般来说，选择保留默认就可以了。单击 Finish 按钮，就完成了一个 Activity 的创建。

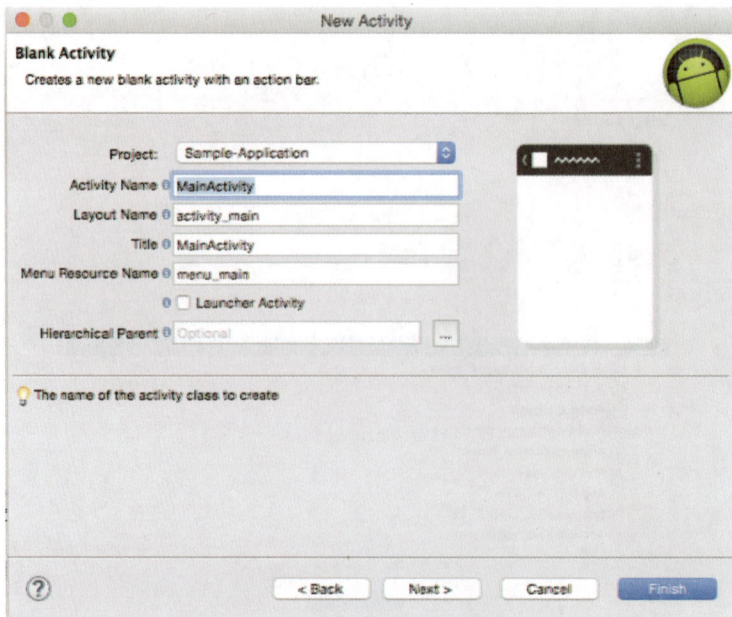

图 2-3-12　填写 Activity 参数

　　当然，如果在创建项目的时候，选择创建 Activity，效果也是类似的。

　　完成了 Activity 的创建之后，会生成一个 main_activity. xml 文件和一个 MainActivity . java 文件，前者是用来设计这个 Activity 界面的，后者则是用来书写 Activity 中执行代码的源文件的。

　　在 Eclipse 中打开 main_activity. xml 文件，会出现一个 Android UI 编辑器，可以让我们方便地通过拖拽来完成界面的设计。关于 UI 设计的各个控件的使用，可以参看与 Android 编程相关的文档和书籍，大多数控件的使用还是比较简单的，在这里就不做过多的论述了。

　　另外，在 MainActivity. java 文件中，可以书写这个 Activity 会运行的代码。关于 Activity 中的详细说明，放在下一节再说。

　　最后，在 Android 应用工程中还有一个很重要的大总管文件——AndroidManifest . xml。这个文件统管了整个 Android 应用。我们创建的 Activity 只有在这里做了登记和设置才有可能被调用，我们的应用所需要的权限也都要在这里做好声明和配置……总之，关于应用的一切信息都汇总在这个文件中。当这个文件不能正确配好的时候，应用就可能无法正常运行。关于此文件的详细语法，可以参阅 Android 编程指南或类似的资料和书籍。通常，对于非专业 Android 开发人员，只要知道这个文件中可以设置一切应用中的内容，当用到了特殊的权限、添加了 Activity 或者其他信息时，现查怎么配置就足够了。

　　修改好这几个文件，接着，就可以在手机上运行程序看看效果了。

　　要运行程序，右击项目，从弹出的快捷菜单中选择 Run As→Android Application 命令，然后如果弹出选择设备的对话框，选择连接的手机，等上一阵子就可以在手机上看到运行效果了。

3.3　Activity 的开发

　　在 Android 的开发中，Activity 是很重要的一个角色，它担负了 Android 程序中界面显示、用户响应等重任。一个 Activity 可以理解成是一个界面。除了 Activity，Android 中还有后台运行的 Service、用来通知的 Notification 等其他重要元素。在我们的机器人程序中，Android 手机主要担任的是控制工作，所以总是需要一个界面的，因此本书中的程序没有用到 Activity 以外的其他元素，基于此，本书仅对 Activity 做出一些介绍。其他内容还请有兴趣的读者参考其他书籍学习。

　　在 3.2 节中，利用向导创建了一个 Activity，生成了两个文件—— 一个负责界面布局的 xml 文件和一个 Java 源代码文件。

　　那么，怎么把这两个文件关联起来呢？在 Android 框架下，所有存在于 res 目录下的 xml 文件都会被自动编译到一个名为 R 的类里面，这个类就是为了方便访问这些 xml 的内容而存在的。比如，main_activity. xml 在 R 类里面对应的变量就是 R. layout. main_ activity。在 MainActivity. java 文件中，有一个方法叫作 onCreate()。这个方法是由系统在创建这个 Activity 的时候调用的。在这个方法的开头，会发现这样一行代码：

```
this.setContentView(R.layout.main_activity);
```

这句代码告诉系统,这个 Activity 要使用 main_activity. xml 中定义的布局来处理界面。

那么,在 main_activity. xml 中放上的那些控件要如何在程序中访问呢?要访问这些控件,首先需要在 main_activity. xml 中对那些控件加上 id。然后在 MainActivity. java 文件中就可以使用 findViewById()来根据 id 取得对应的控件。由于所有的控件都是 View 类的子类,使用这个方法取出的对象被定义成 View 类,然而,我们显然知道那个控件实际上到底是什么类,所以在使用时只要强制转换成它真正的类就可以了。本书中通常会把要用到的控件定义成 Activity 的成员变量,然后统一在 initComponents()方法中取得这些控件。例如:

```
/**
 * 初始化界面控件
 */
private void initComponents() {
    this.mRotateAngleView= (SurfaceView)
this.findViewById(R.id.rotate_angle_view);
    this.mRotateAngleHolder=mRotateAngleView.getHolder();

    this.mRotationSpeedBar=
        (ProgressBar) this.findViewById(
        R.id.rotation_speed_progress);
    this.mRotationSpeedText=
        (TextView) this.findViewById(
        R.id.rotation_speed_text);
    this.mSpeedBar=
        (ProgressBar) this.findViewById(
        R.id.speed_progress);
    this.mSpeedText=
        (TextView) this.findViewById(
        R.id.speed_text);
    ...

}
```

然后,在 onCreate()方法中调用 initComponents()方法以保证这些变量在 Activity 被创建之后就被初始化好了。

在 onCreate()方法被调用之后,一个 Activity 对象就被创建了出来,在这之后,系统会调用 Activity 的 onStart()方法来启动它,接着当 Activity 显示出来的时候调用 onResume()方法来让 Activity 的代码真正执行起来。当有其他窗口遮盖住这个 Activity 的时候,系统会调用其中的 onPause()方法和 onStop()方法,接着当系统销毁这个 Activity 的时候,会调用 onDestroy()方法。这就是一个 Activity 从生到死的整个过程。其中 onStop()方法和 onDestroy()方法在系统内存吃紧的时候有可能会被跳过而直接杀死 Activity 所在的进程,因此通常建议把收尾工作写在 onPause()方法中。例如,在项目 1 中,我们就是将断开网络连接的代码写在 onPause()当中,这就意味着当你正在遥控机器人的时候，如果来电话了或者有其他原因导致某个窗口跳到我们的遥控窗口上面了，手机就断开了和机器人的连接。而机器人端也设置成断开连接后就停下。

　　然而，在项目 2 中，因为语音识别窗口出现时会触发 onPause() 方法被调用，所以，将断开连接的代码放到了 onStop() 中，虽然有不被执行的风险，但在手机内存不是很紧张的情况下，通常不会出现问题。

　　关于 Activity 编程中的其他知识，由于近年相关的书籍层出不穷，相信读者自己不难找到，就不在本书中占用太多的篇幅了。

　　Android 编程涉及的内容远不止在这里介绍的这些，然而碍于篇幅所限，无法在这里做出详尽的介绍，有兴趣继续学习的读者，可以寻找专门讲解 Android 编程的书籍阅读。

第 4 章　leJOS 基础知识

介绍过了手机端的 Android 编程，再来看看机器人端的编程。

乐高机器人自带的编程语言是一种图形编程语言，由一个一个逻辑模块组合成一个程序。这种编程方式对于尚无法进行文字式计算机编程的少年儿童来说比较适用，但对于想要进行高级功能编程的人员来说，显然是远远不够的。

因此，有很多喜欢乐高机器人的技术人员，针对乐高机器人的芯片开发了允许使用 C 语言、Java 等其他语言编程的模块。在早期的乐高机器人 RCX 和 NXT 上，是通过重新刷入固件（firmware）的方式来将这些语言的支持加入到乐高智能单元上的。然而，第三代乐高机器人 EV3 由于采用了通用的 ARM CPU，使得它可以运行通用的操作系统 Linux。因此，对其他语言的支持要更加容易一些。下面就来说说如何在 EV3 上安装 leJOS。

4.1　安装 leJOS

由于 EV3 使用了 ARM 和 Linux 操作系统，所以和计算机一样，允许从其他移动介质上启动。于是 leJOS 开发团队想到了用 Micro SD 卡来启动 EV3 的方法，这样，只要预先将操作系统和 Java 虚拟机安装到 Micro SD 卡上，EV3 启动之后，自然就可以运行 Java 程序了。

具体的步骤，leJOS 主页上给出了一个视频。但由于中国网络管制的原因，无法直接看到这个视频，所以我把它搬运到了优酷视频上。只要在优酷上搜索"leJOS EV3"，就可以找到这个视频了。你也可以从随书光盘上的 softwares 目录下找到这个视频。

视频中演示了如何在 Windows 中准备一张用来启动 EV3 的 Micro SD 卡和如何使用这张卡在 EV3 上安装 leJOS。虽然视频中的字幕是英文的，但都比较简单，相信读者跟着视频一定可以完成安装。视频中提到需要下载的软件，也都已经放在了 softwares 目录下。

如果你使用的是 Mac OS 或者 Linux 操作系统，则需要使用 leJOS_EV3_0.8.1-beta.tar.gz 文件来进行安装。首先解压缩文件中的内容到希望安装 leJOS 的目录下。接着，解压缩 sd500.zip 文件并用 dd 命令或磁盘镜像写入工具将解压出来的 sd500.img 文件写入 Micro SD 卡。这一步是为了在 Micro SD 卡上创建一个 500MB 的 FAT32 文件系统，如果你用其他方法在 Micro SD 卡上分出一个 500MB FAT32 文件系统的分区，也可以跳过这一步。然后，将 lejosimage.zip 文件中的内容解压缩到 Micro SD 卡的根目录下，并将 EV3 用的 JRE 复制到 Micro SD 卡的根目录下。EV3 用的 JRE 所用的文件是：ejre-7u60-fcs-b19-linux-arm-sflt-headless-07_may_2014. tar. gz。

完成这一切之后，将 Micro SD 卡插入到 EV3 中，重新启动 EV3，等待 leJOS 被装入即可。

4.2　安装和使用 Eclipse 插件

在计算机和 EV3 上都安装好 leJOS 之后，接着需要配置一下开发环境。leJOS 团队为了方便大家开发，早已做好了现成的 leJOS EV3 插件。由于插件只能在 Eclipse 上使用，所以开发环境使用 Eclipse。

插件的安装可以选择从网上直接安装，也可以选择本地安装。

从网上直接安装的话，打开 Eclipse 后，选择菜单中的 Help→Install New Software…命令，在弹出的对话框中，单击 Add…按钮，然后在 Name 处填写 leJOS EV3，在 Location 处填写 http://www. lejos. org/tools/eclipse/plugin/ev3，然后单击 OK 按钮。Eclipse 会自动联网加载插件信息，并引导你进行安装。此处正常加载之后，只要一路单击 Next 按钮到最后就可以正常安装了。但 leJOS 的软件下载网站由于中国的网络管制，常常无法连通。所以，我为大家准备了本地安装的方法。

一种方法是使用我导出的插件信息，导入到你自己的 Eclipse 中，步骤如下：

（1）在 Eclipse 中选择菜单 File→Import…命令。

（2）在弹出的"导入"对话框中选择 Install 下面的 Install Software Items from File，单击 Next 按钮。

（3）在弹出对话框上部的地址填写处选择随书光盘中的 leJOS_EV3_Plugin_eclipse. p2f 文件。

（4）在出现的列表中选择 leJOS EV3 plugin。

（5）之后一路单击 Next 按钮，完成安装。

如果上面的方法不好用，还有一种方法是将随书光盘中 lejos_EV3_Plugin_eclipse 目录下的所有内容复制到 Eclipse 的安装目录下，保证 plugins 目录里的内容被复制到 Eclipse 安装目录下的 plugins 目录中，features 目录里的内容被复制到 Eclipse 目录下的 features 目录中。

无论采用哪一种安装方式，安装完毕后，都需要重新启动 Eclipse 才可以使用插件。

插件安装成功后，会在 Eclipse 的设置界面中找到 leJOS EV3 的设置项。在这里，需要对插件进行以下设置，如图 2-4-1 所示。

在 EV3_HOME 一项中，填入 leJOS 的安装目录。这一设置是最重要的，这一项不设置好，整个插件是无法正常运作的。

下一步需要设置的是 Connect to named brick Name 一项。因为本书中的项目都是通过蓝牙连接的，而蓝牙连接后 EV3 的 IP 地址通常都是 10.0.1.1，所以这一项就需要设置成 EV3 的 IP 地址。这个地址也可以在 EV3 的屏幕上查到。

其他的设置并不是很重要，可以根据自己的需要设置。

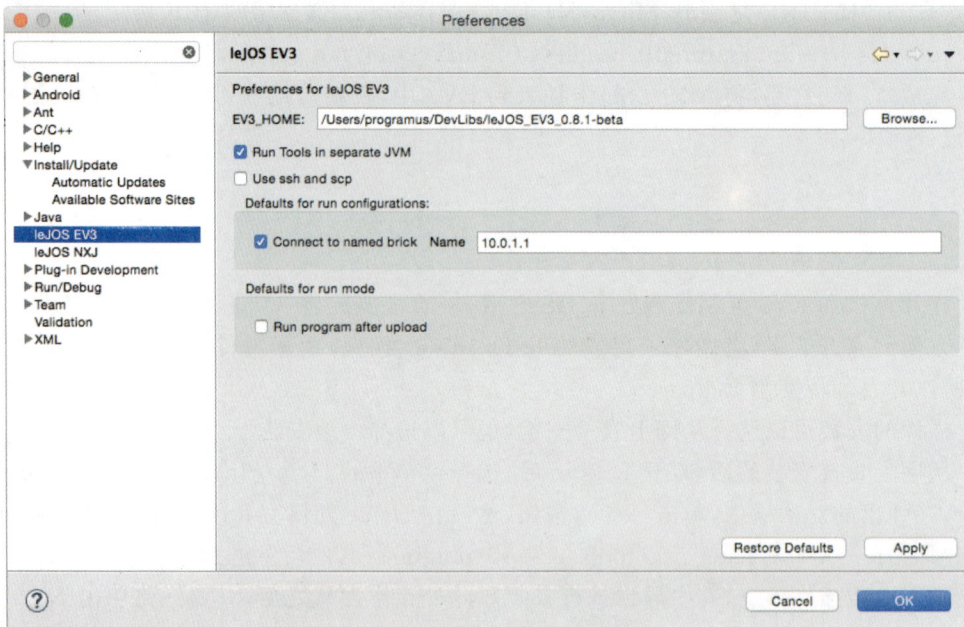

图 2-4-1　leJOS EV3 插件设置

至此，就完成了 Eclipse 插件的安装和设置。

下面来看看如何使用这个插件。

当开发 EV3 机器人程序时，首先在 Eclipse 中创建一个普通的 Java 项目。通过菜单中的 File→New→Java Project 命令，就可以完成这一操作。然后填入项目名字，选择 Java 版本。由于 leJOS 暂时还不支持最新的 Java 1.8，所以，需要选择 Java 1.7。接着按照自己的需要做出其他设置，单击"完成"按钮，就创建好一个 Java 项目了。

然后，右击创建好的 Java 项目，从弹出的快捷菜单中选择 leJOS EV3→Convert to leJOS EV3 project 命令，如图 2-4-2 所示。

图 2-4-2　转换成 leJOS 项目的菜单项

这样，刚才的 Java 项目就被转换成 leJOS 项目了。转换后的项目右上角的图标从普通 Java 程序的蓝色 J 变成了一个白底橙色的 J。打开项目，会发现其中除了 JRE System Library 以外，还多了一个 LeJOS EV3 EV3 Runtime，里面包含若干个 Java 库文件，如图 2-4-3 所示。

接着，只需要像写普通的 Java 程序一样去给 EV3 机器人编程就可以了。EV3 机器人的程序同普通 Java 应用程序一样，也是从一个 main() 函数开始。唯一与普通 Java 程序不同的是，可以使用 leJOS 提供的类来操作机器人。有关这些类的用法可以查看

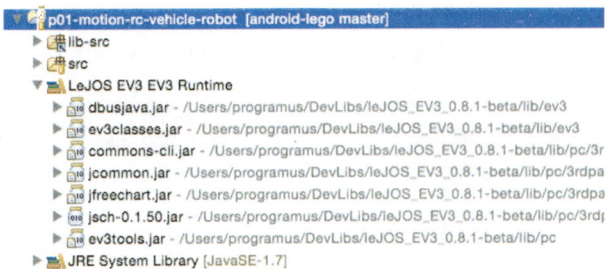

图 2-4-3　leJOS 项目内容

leJOS 的文档。那些文档就放在 leJOS 安装目录下的 docs 目录中。在 docs 目录中，只有一个 ev3 目录，打开这个目录中的 index.html，就可以在浏览器中查看所有这些类的使用了。

除此之外，还可以在 leJOS 的主页上找到 WiKi 文档，里面会有一些更通俗易懂的说明。WiKi 文档的网址为：http://sourceforge.net/p/lejos/wiki/Home/。

然而，仍旧是由于中国的网络管制，这个网站有时无法正常访问，这就只能请各位读者自行想办法了。如何绕过网络管制的防火墙可不在本书的讨论范围之内。

另外，上述所有的文档目前都只有英文，暂时还没有人翻译成中文。本人曾经翻译过部分与 NXT 相关的文档，后来被网友"动力老男孩"接手完成。但与 EV3 相关的文档，我们两人都没有动手翻译，就我所知的范围也暂时无人在做这一工作。故而只好请广大读者努力学习英文，然后去看英文的第一手资料了。

4.3　在 EV3 上运行程序

有了 Eclipse 的 leJOS EV3 插件，不仅可以为我们的程序提供 EV3 类库的支持，还可以直接将写好的程序传到 EV3 上运行。

只要保证 EV3 已经和计算机通过蓝牙连通，并且在插件配置里设置了正确的 IP 地址，写好程序后，只需要右击工程或者包含 main() 函数的文件，在右键快捷菜单中选择 Run As→LeJOS EV3 Program 命令，插件就会自动将编译并打包好的 jar 文件上传到 EV3 中。如果在插件设置中勾选了 Run program after upload 一项，上传完毕后，会自动在 EV3 上执行刚刚上传过的程序。如果没有勾选，则需要手动到 EV3 上选择程序运行。

此外，leJOS 还提供了一个图形界面的工具，方便我们操作 EV3。工具的名字叫 EV3Control，可以通过 Eclipse 的菜单 leJOS EV3→Start EV3Control 命令或者单击工具栏上的对应按钮来启动。

启动后，单击 Search 按钮，程序会自动搜索到当前与计算机连接的 EV3，搜索到后，单击 Connect 按钮便可以开始控制 EV3 了。通过这个工具，可以监视 EV3 的屏幕，可以上传、下载文件，可以运行程序……总之，几乎可以全权控制 EV3。虽然，实测其中还有不少 BUG，但对于用来调试 EV3 上的程序来说，功能已经足够足够了。本书中的 EV3 屏幕截图都是通过 EV3Control 这个工具完成的。

最后,介绍几个 leJOS 的隐藏功能。

(1) 当程序运行个不停,按任何键都没有反应的时候,同时按下 EV3 上的下箭头键和中间的确定键,就可以强制终止当前运行的程序。

(2) 在 leJOS 中,对 EV3 的液晶显示器做了分层,主要包括 LCD 层、STDOUT 层和 EXCEPTION 层。可以通过同时按下左右箭头键来切换当前显示的层。默认是显示所有层,所以程序运行后可能会看到重叠的内容。

有了这些利器,再加上我们习得的 Java 编程知识,开发一个 EV3 的程序就不再是什么难事了。

第5章 计算机网络基础知识

讲过了 Android 手机编程和 leJOS EV3 机器人编程,相信你已经可以自己开发一些简单的 Android 应用或者 leJOS EV3 机器人程序了。

本书中的项目,均是 Android 和 EV3 互联的机器人,两者的互联会用到蓝牙及网络通信。本章就对相关的网络通信编程做一些简单的说明。

5.1 分层的网络

相信到了这个时代,阅读这本书的读者中,应该没有谁还没上过网吧。或许是上网查看视频,或许是上网学习,也可能是上网查找资料,抑或只是上网聊天、玩游戏。不伦通过哪种形式,网络已经在我们身边无处不在了。

稍有一些网络知识的读者,或许还知道网络上的每一个终端都有 IP 地址,每一个网站都有自己的网址。

然而,网络实质上是通过光纤、电缆或者看不到的无线电波来传递数据的,无论使用无线路由器还是插上网线,都可以用同样的方式连接我们常去的网站。这是怎么做到的呢? 要进行网络编程是不是要考虑我们使用的是哪种网络呢?

实际上,大可不必操那么多心。因为网络的分层结构已经很好地为我们解决了这些问题。

由于网络数据传输的底层介质千变万化,不用说现在有了光纤、无线路由、3G/4G 移动网络,在早期,光网线就有好多种规格。如果每一个编程人员都要考虑这些事情,恐怕网络编程人员十个有九个得累吐血了。为了不让自己累死,也为了方便进行分工,网络工程师们开始对网络传输数据的方式进行统一。无论底层是什么样的硬件设备,在软件层级都提供相同的接口。这里所说的接口并不是 Java 语言中的那个接口,说接口是比较专业的术语,通俗一点说,通常就是一些函数定义。一部分硬件工程师将这些函数的实现写入网卡或者其他网络硬件设备的芯片里,并提供调用的函数库,然后公开函数的定义。程序员根据这些定义,以正确的方式调用这些函数,要传送的数据自然就通过硬件传出去了。至于这些硬件是怎么把数据传出去的,对数据中的 1 用高电平还是低电平,出错的时候如何进行检测和修正等一系列问题,程序员都不再需要关心了。

然而,即便这样,由于网络传输不仅涉及数据的传送还涉及如何找到目标机器、如何让数据到达目标机器等判别,即便有了将硬件封装起来的那些接口,写起程序来还是挺麻烦的。于是又有工程师将机器的寻址、路由等再次统一成一个标准,然后做成函数库,供其他人使用……

就这样，网络传输的这些细节被一层一层地统一成标准函数，最终由开发应用软件的程序员完成了普通人类可以识别的界面或者命令的建造，让广大不具备专业知识的用户也可以通过这些简洁明了、通俗易懂的程序在网络上传输数据。

网络分层的特点是上面的层调用下面的层提供的接口发送或接收数据，网络连接的双方在同一层上使用同样的接口，对下层是如何实现的完全不需要关心。或者说，下面的层对它们来说是"透明"的。"透明"的意思是，由于使用同一套接口来进行通信，下面的层是什么样、是否一样、甚至是否存在对上面的层来说都是完全没有影响的。

那么，网络分了几层，我们又需要关心哪些层呢？

关于网络到底分了几层的这个问题，有很多种说法，使用不同的分类方式可以划分出不同的层次。国际标准的分层方式是一种叫作 OSI 模型的分层方式，共分了 7 层。这种分类可以说比较细致，也比较学术。然而，由于在 OSI 模型推出之前，网络的基本架构和统一标准早已成型，使得 OSI 模型并不如实际得到广泛应用的 TCP/IP 模型贴近现实。因此，我们在这里只对 TCP/IP 模型做一下说明。

TCP/IP 模型共分为 4 层，没有包含 OSI 模型中表示硬件的物理层。这 4 层按照从底层到高层的顺序分别是网络接口层、网络互联层、传输层和应用层。我们所写的程序将存在于应用层，所以，调用的接口应该是传输层的接口。

我们主要用到的也是很多程序常用的一种传输层提供的接口——socket。它封装了传输层的 TCP 协议和网络互联层的 IP 协议。关于"协议"的说明放到下一节，这里先看看 socket，这个词被翻译成"套接字"。说实话，我觉得这个翻译跟没翻译差不多，因为虽然都变成了汉字，还是不明白是什么意思。

要解释清楚 socket，还得从它需要哪些信息说起。无论是用什么编程语言，要创建一个 socket，都需要至少两个信息——IP 地址和端口。IP 地址是用来识别网络中的一台终端的，理论上在一个网络中，一个终端只有一个 IP 地址，不同的终端有不同的 IP 地址。如果想让一个终端和另一个终端连接到一起，就需要让它们互相知道对方的 IP 地址才行。这就好像两个人要打电话，就要知道对方的电话号码一样。

然而，在一台计算机上常常可以同时与很多其他机器连接。比如，可以一边上网看网页，一边 QQ 聊天。这时，至少同时连接了提供网页的网站和腾讯 QQ 服务器。如果将一个网络连接想象成一条管道的话，在这个时候，从我们的计算机至少引出了两条管道，那么为了区分这两条管道，就需要对这些管道进行编号。这个编号就是端口。端口的英文原文是 port，我不知道是哪位前辈将其翻译成了这个晦涩难懂的中文词，想一下我们学过的 port 的原始意思，是港口、停靠点的意思。欧美人给计算机世界中的新事物命名的时候用词其实是很贴切的，计算机中的 port 就是网络信息来的时候接收用的停靠点，也是信息出去时的离开点。如果将信息想象成乘客，将传输信息用的网络数据包想象成船舶，那么信息就是经由港口的停靠点（port）登船，离开出发地，在网络大洋上漂泊之后，来到目的地，再经由 port 走入目的地去办事的。而 port 都是有编号的，如港口的 3 号码头、机场的 6 号登机口（机场英文是 airport，也可以看作一种 port）。所以，为了保证数据的正确传输，有必要指定传输用的 port（端口）。

要建立网络连接,首先需要连接的双方中有一方敞开自己的一个端口,准备好迎接即将到来的数据,对于这个敞开端口等待数据的一方,称为 socket 服务器端。而另一方只要指定自己要连接的一方的地址和端口,就可以与对方建立连接了,这一方称为 socket 客户端。一旦连接建立,服务器端和客户端就不再有什么区别了,可以随时互传数据。当然,客户端也会敞开一个端口接收服务器端传来的数据,但这个端口我们不需要知道,因为在建立连接的时候客户端会自己告诉服务器端自己这边的端口是什么。

在计算机中,端口就是一个数字,数字的范围为 1～65 535。

5.2　网　络　协　议

网络协议的概念恐怕是所有涉及网络知识的地方必讲的。那么到底什么是网络协议呢? 我觉得这个词大家无法很好理解的一部分原因或许还是翻译的问题。网络协议的英文原文是 protocol,意思是礼仪、外交礼仪,如果细读英文词典中的英文释义,会发现 protocol 这个词指的是外交等场合中必须遵守的正式的程序和规则。

那么在网络连接过程中,两台计算机进行交互就仿佛两个国家在进行外交,所建立的这个网络连接就好像一条外交渠道,双方必须遵守相互之间达成一致的"外交礼仪"才有可能进行顺畅的交往。换句话说,双方共同遵守同一个 protocol,就可以顺利地完成网络传输了。

protocol 之所以翻译成协议,我想也是因为基于双方必须共同遵守这一点考虑吧。虽然对快速理解或许造成了一些障碍,但这个翻译还算是不错的。

作为数据互传双方必须遵守的程序或者规则,一个协议通常会包含以下内容。

(1) 传输数据格式。

(2) 传输数据的顺序。

(3) 传输数据的方向。

(4) 错误控制。

虽然说起来好像很复杂,但其实在计算机以外的领域,类似协议一类的东西随处可见。比如,拍电报时使用的摩尔斯电码就是一种协议。它将数字、文字编码成长短音,按照一定的规则发送出去,接收方又根据同样的规则还原成文字。

在本书的第一个项目中,就创造了一个在我们的机器人和手机之间传输用的协议。各位读者可以参考一下其中的说明和代码,进一步理解协议这个概念。

在互联网世界,有些协议由于被太多人使用,慢慢变成了标准协议,为了方便使用,对这些协议分配了固定的端口号。例如,HTTP 协议使用 80 端口,TELNET 协议使用 23 端口。然而,协议和端口之间本来并没有必然的联系,这些端口和协议的关系不过是为了方便而制定的标准。也就是说,即便不是 80 端口,也同样可以使用 HTTP 协议进行通信,甚至有的时候为了安全考虑,有些服务器还故意把端口给改掉,以增加黑客的攻击难度。

5.3 Java 中的网络编程

最后说一下 Java 中的网络编程。前面提到过,进行网络编程最常用的就是 socket。所以,就先说说 Java 中的 socket 编程。

在 Java 中,有现成的 Socket 类和 ServerSocket 类,前者代表了 socket 客户端,后者代表了 socket 服务器。

作为服务器端,通常这样写:

```java
ServerSocket server=null;
Socket socket=null;

server=new ServerSocket(PORT);      //建立服务器
socket=server.accept();
```

首先使用一个指定的端口建立一个服务器,然后通过 accept()方法等待客户端的连接。accept()方法被调用后,程序会停在那里等待,直到有客户端连接为止。客户端连接之后,accept()会返回一个 Socket 对象,这个 Socket 对象和后面会看到的客户端的 Socket 对象没有什么本质的区别,所以说从这里开始,服务器端和客户端就没有区别了。

再来看看客户端:

```java
Socket socket=new Socket();
InetSocketAddress address=new InetSocketAddress(ip, PORT);

socket.connect(address);
```

通过 IP 地址和端口来连接服务器,连接时使用的是 connect()方法。当连接被建立起来的时候,就可以用 Socket 对象来进行数据传输了。

那么,怎么用 Socket 对象来进行数据传输呢?

Socket 对象中有两个方法:getInputStream()和 getOutputStream(),通过这两个方法,分别可以取出一个可以读入数据的 InputStream 对象和一个可以写入数据的 OutputStream 对象。有了这两个东西,如果你想从网络的另一端取得数据,就使用 InputStream 对象,想向对方发送数据就使用 OutputStream 对象。这两个对象的使用都遵从了 Java 的 IO 框架。

在 Java 的 IO 框架中,InputStream 和 OutputStream 是最基础的两个类,可以通过一些手段,将它们的对象转换成其他类的对象。例如,本书的项目中,就为了方便操作,将它们分别转换成了 ObjectInputStream 和 ObjectOutputStream 的对象,让直接传送任何实现了 Serializable 接口的类的对象成为可能。

在我们的项目中,实际使用的网络是基于蓝牙的。然而,网络提供到应用层的接口实际上还是基于 socket 的。只是写法上略有不同。另外,leJOS 还贴心地将与蓝牙相关的 socket 细节包装到了它的 API 中,我们并不需要去指定那么多参数就可以建立一个服务器了。不论写法上有什么差异,最终,用来进行网络传输的,实质上是 InputStream 对象和 OutputStream 对象。无论是 Android 端还是 EV3 端的 leJOS,最终都提供了取得这两个对象的方法。所以,实际的网络传输代码与普通的 socket 编程没有任何区别。这让我们将本书中所有的蓝牙连接代码都可以很方便地改成基于 WiFi 或者第一个项目调研中提到的蓝牙 PAN 网络的 socket 编程方式。这也正是网络分层的一大益处。

　　至此,有关本书中用到的基础知识部分就讲完了。当然,实际上涉及的知识可能远不止上面介绍的这些,好在人类的大脑有举一反三的能力,而且聪明的读者们也一定懂得如何利用现在发达的网络自行找到问题的答案。所以,在阅读本书的时候,如果发现一些难懂的概念和知识,请一定积极动脑动手,学懂它们。

附录

附录 A 随书光盘说明

随书光盘按目录分，包含了以下内容。

目　　录	说　　明
/	光盘根目录
+－eclipse-projects	Eclipse 工程
|　+－projects	项目最终执行程序
|　|　+－p01-motion-rc-vehicle	第一个项目
|　|　+－p02-biped-robopet	第二个项目
|　|　+－p03-traffic-sign-car	第三个项目
|　+－research	调研程序
|　|　+－p01-research-bluetooth-comm-client	蓝牙通信框架调研客户端
|　|　+－p01-research-bluetooth-comm-lib	蓝牙通信框架调研共通库
|　|　+－p01-research-bluetooth-comm-server	蓝牙通信框架调研服务器端
|　|　+－p01-research-bluetooth-pan-client	蓝牙 PAN 连接调研客户端
|　|　+－p01-research-bluetooth-pan-server	蓝牙 PAN 连接调研服务器端
|　|　+－p01-research-bluetooth-spp-client	蓝牙 SPP 连接调研客户端
|　|　+－p01-research-bluetooth-spp-server	蓝牙 SPP 连接调研服务器端
|　|　+－p01-research-sensor	传感器调研
|　|　+－p02-research-speech-recognition	语音识别调研
|　|　+－p03-research-image-recognition	图像识别调研
|　+－utilities	工具工程
|　　+－Histogram	直方图工具
|　　+－SignGenerator	路标图像生成工具
+－models	乐高装配图
|　+－p01-vehicle.ldr	项目 1 的装配图(lDraw 版本)
|　+－p01-vehicle.lxf	项目 1 的装配图(LDD 版本)
|　+－p02-biped.ldr	项目 2 的装配图(lDraw 版本)
|　+－p03-vehicle.ldr	项目 3 的装配图(lDraw 版本)
|　+－p03-vehicle.lxf	项目 3 的装配图(LDD 版本)

目　　录	说　　明
+－programs	打包好的程序
｜　+－android	手机应用安装包
｜　｜　+－keystore	手机应用 Key
｜　｜　+－p01-motion-rc-vehicle-remotecontrol. apk	项目 1 的手机程序安装包
｜　｜　+－p02-biped-robopet-mobile. apk	项目 2 的手机程序安装包
｜　｜　+－p03-traffic-sign-car-mobile. apk	项目 3 的手机程序安装包
｜　+－ev3	EV3 机器人程序（需上传到 EV3 中运行）
｜　　+－exit. wav	项目 3 中使用的声音文件
｜　　+－forward. wav	项目 3 中使用的声音文件
｜　　+－p01-MotionRcRobot. jar	项目 1 的运行程序包
｜　　+－p02-RoboPet. jar	项目 2 的运行程序包
｜　　+－p03-RoboCar. jar	项目 3 的运行程序包
｜　　+－shutdown. wav	项目 3 中使用的声音文件
｜　　+－stop. wav	项目 3 中使用的声音文件
｜　　+－turnBack. wav	项目 3 中使用的声音文件
｜　　+－turnLeft. wav	项目 3 中使用的声音文件
｜　　+－turnRight. wav	项目 3 中使用的声音文件
+－readme. doc	光盘说明
+－references	参考文献
｜　+－otsu1979. pdf	大津法论文
+－softwares	所需软件
｜　+－BricksmithComplete3. 0. zip	Bricksmith（支持 lDraw 的 Mac OS 软件）
｜　+－ejre-7u60-fcs-b19-linux-arm-sflt-headless-07_ 　　may_2014. tar. gz	EV3 用 Java 运行环境安装包
｜　+－LDraw_AIOI_2014-01_setup_32bit_v2. zip	lDraw 软件套装（Windows 版）
｜　+－leJOS_EV3_Installer. mp4	leJOS EV3 安装指南视频
｜　+－leJOS_EV3_0. 8. 1-beta. tar. gz	leJOS EV3 0.8.1 运行包（Mac，UNIX 版）
｜　+－leJOS_EV3_0. 8. 1-beta_samples. zip	leJOS EV3 0.8.1 示例程序包
｜　+－leJOS_EV3_0. 8. 1-beta_source. tar. gz	leJOS EV3 0.8.1 源代码包
｜　+－leJOS_EV3_0. 8. 1-beta_win32. zip	leJOS EV3 0.8.1 运行包（Windows 版）
｜　+－leJOS_EV3_0. 8. 1-beta_win32_setup. exe	leJOS EV3 0.8.1 安装包（Windows 版）
｜　+－leJOS_EV3_Plugin_eclipse	leJOS EV3 Eclipse 插件（复制安装用）
｜　+－leJOS_EV3_Plugin_eclipse. p2f	leJOS EV3 Eclipse 插件（导入安装用）
+－tools	编译好的工具
｜　+－Histogram. jar	直方图工具
｜　+－SignGenerator. jar	路标图像生成工具

附录 B 装配图的打开方法

本书的随书光盘的 models 目录下包含了 3 个项目的硬件装配图文件，文件分为两种格式——lxf 和 ldr。

lxf 格式是乐高官方出的 LEGO Digital Designer，简称 LDD 所保存的格式。LDD 使用起来更加简单，还能够自动生成装配图，是一款极其方便的软件。因此，只要有可能，我都会保留一份 lxf 格式文件。但由于零件间计算过于严格，导致有些实际可以搭建的结构在软件中无法重现，例如，项目 1 的履带就无法在软件中装上，项目 2 的结构更是无法完成。所以，同时也只做了一份 ldr 格式文件。

对于 lxf 来说，只要到乐高官网下载 LDD 就可以了。软件支持 Windows 和 Mac OS X 平台。软件主页：

http://ldd.lego.com/

ldr 格式是第三方乐高装配图软件 lDraw 的格式，lDraw 中支持更多的乐高零件，可以更加自由地调整零件之间的位置，正因为此，结构比较复杂的项目 2 装配图只有这种格式。

lDraw 本身是一套乐高零件库，要使用它需要其他软件的配合和支持，因为不同的操作系统中软件有所不同，lDraw 网站做了一个针对各个操作系统的入门指南，网址如下：

http://www.ldraw.org/help/getting-started.html

由于内容全部是英文，针对 Windows 和 Mac OS X 稍微做一下解释说明。

在上述指南页中，选择 Windows™ 下面的链接，就进入针对 Windows 的说明。在说明页的中间 Step 1（第一步）的部分，有一段橙黄色背景的内容，单击其中的链接，下载 LDraw_AIOI_2014-01_setup_32bit_v2.zip 文件（此文件也可以在随书光盘的 softwares 目录下找到）。这个文件中就包含了 Windows 下使用 lDraw 的一套程序。解压缩这个文件，将得到一个安装程序。然后跟着下面这个网页上带有详细截图的指南一路安装配置即可：

http://www.holly-wood.it/ldraw/aioi1-en.html

需要注意的是，这个指南是好多页的，最下面有页码链接，单击页码或者 Next 就可以看到后面的页了。

在最初的入门指南页中，单击 MacOS™ 下的链接，就进入了 Mac OS X 系统相关的指南。Mac OS X 下主要的软件只有一个——Bricksmith。

指南中说，在下载 Bricksmith 之前要下载 lDraw，然而最新版本的 Bricksmith 已经将 lDraw 集成进去了，所以只需要安装 Bricksmith 就可以了。

Bricksmith 3.0 版的安装程序放在了随书光盘的 softwares 目录下。可以参考附录 A 中的表格找到。

附录 C　项目 3 中使用的路标图形

为了方便各位读者进行实验,附上项目 3 中提到的 7 个路标图形,可以直接将它们剪下使用。

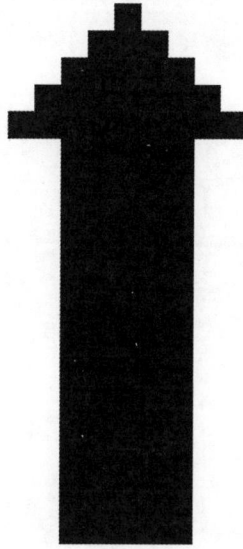

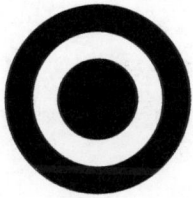

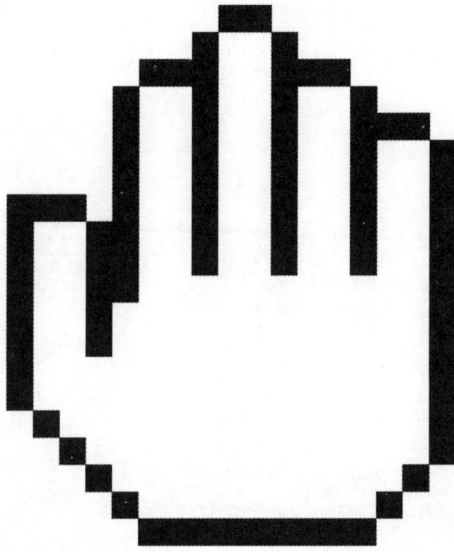

参 考 文 献

Nobuyuki Otsu. A threshold selection method from gray-level histograms. IEEE Trans. Sys. , Man. , Cyber. 1979,9(1):62-66.